Dnyaneshwar Rathod
Mahendra Rai

Fungos endófitos: Minas de ouro para a descoberta de medicamentos

Dnyaneshwar Rathod
Mahendra Rai

Fungos endófitos: Minas de ouro para a descoberta de medicamentos

Endófitos fúngicos, Taxonomia, Compostos bioactivos

ScienciaScripts

Imprint
Any brand names and product names mentioned in this book are subject to trademark, brand or patent protection and are trademarks or registered trademarks of their respective holders. The use of brand names, product names, common names, trade names, product descriptions etc. even without a particular marking in this work is in no way to be construed to mean that such names may be regarded as unrestricted in respect of trademark and brand protection legislation and could thus be used by anyone.

Cover image: www.ingimage.com

This book is a translation from the original published under ISBN 978-620-2-05270-2.

Publisher:
Sciencia Scripts
is a trademark of
Dodo Books Indian Ocean Ltd. and OmniScriptum S.R.L publishing group

120 High Road, East Finchley, London, N2 9ED, United Kingdom
Str. Armeneasca 28/1, office 1, Chisinau MD-2012, Republic of Moldova, Europe
Printed at: see last page
ISBN: 978-620-7-69793-9

ÍNDICE

ABREVIATURAS

0C	Degree Celsius
AFLP	Amplified Fragment Length Polymorphism
AP-PCR	Arbitrarily Primed Polymerase Chain Reaction
BLAST	Basic Local Alignment Search Tool
DBT	Department of Biotechnology
DNA	Deoxyribonucleic Acid
ELISA	Enzyme-Linked Immunosorbent Assay
GC	Gas Chromatography
gm	Gram
HPLC	High Performance Liquid Chromatography
IGS	Inter-Genic Spacer
ITS	Internal Transcribed Spacer
MA	Malt Agar
MEGA	Molecular Evolutionary Genetics Analysis
MIC	Minimum Inhibitory Concentration
MS	Mass Spectroscopy
NCBI	National Center for Biotechnology Information
NIST	National Institute of Standards and Technology
PCR	Polymerase Chain Reaction
PDA	Potato Dextrose Agar
RAPD	Random Amplification of Polymorphic DNA
rDNA	Ribosomal Deoxyribonucleic Acid
RFLP	Restriction Fragment Length Polymorphism
rRNA	Ribosomal Ribonucleic Acid
RT	Retention Time
sp.	Species
TIC	Total Ion Chromatography
TLC	Thin Layer Chromatography
UPGMA	Un-weighted Pair-Group Method with Arithmetic Averages

RECONHECIMENTO

Uma visão sem uma ação é um sonho; uma ação sem uma visão é uma atividade. Mas a visão e a ação juntas podem fazer maravilhas. O meu supervisor de investigação, **Dr. M. K. Rai,** dá sempre o exemplo na perfeição. O conceito de "nós" foi incutido na sua equipa desde o primeiro dia. A sua obsessão e envolvimento revelam a existência de um grande líder. Promoveu sempre e respondeu às curiosidades reflectindo o seu conhecimento ensolarado. Deu um salto em frente levando os seus alunos na bolsa. Fico-lhe grato por todas as orientações que deu, por todas as reflexões que iniciou, por todas as iniciações que admirou e, sobretudo, pela valiosa amizade que cuidou e manteve.

"Sou abençoado" são as únicas palavras que, em contrapartida, posso pensar, por ter definido as minhas percepções e alterado as minhas abordagens, não só no domínio dos estudos, mas também por ter mudado a minha vida e a da minha família.

Aproveito esta plataforma para agradecer ao Departamento de Biotecnologia da Universidade de Sant Gadge Baba Amravati a disponibilização das instalações FIST, BIF e SAP patrocinadas pelo Departamento de Ciência e Tecnologia, Departamento de Biotecnologia, Nova Deli e Comissão de Bolsas Universitárias, Nova Deli, respetivamente.

Estou igualmente grato ao Ministério do Ambiente e das Florestas, Governo da Índia, Nova Deli, por ter concedido apoio financeiro sob a forma de um grande projeto de investigação.

Por último, estou muito grato ao Departamento de Ciência e Tecnologia (DST), Nova Deli, por me ter concedido ajuda financeira para participar em conferências internacionais realizadas em Benasque, Espanha.

DNYANESHWAR RATHOD

CAPÍTULO-1

Introdução geral

1.1. Introdução

Desde há muitos anos, os produtos naturais têm sido utilizados diretamente como medicamentos ou têm fornecido os produtos químicos de base para a medicina para derivar esses medicamentos. Existem pelo menos 200.000 metabolitos naturais com propriedades bioactivas (Berdy, 2005). Por exemplo, cerca de 52% dos novos produtos químicos introduzidos no mercado mundial durante os anos 1981-2002 eram produtos naturais ou seus derivados (Chin *et al.*, 2006). Para além das plantas, os microrganismos constituem uma fonte importante de produtos naturais com propriedades bioactivas adequadas. No final de 2002, eram conhecidos mais de 20.000 metabolitos bioactivos de origem microbiana. Os fungos são um dos grupos mais importantes de organismos eucarióticos que estão a ser explorados para a obtenção de metabolitos para aplicações clínicas. Os medicamentos existentes de origem fúngica incluem os antibióticos P-lactâmicos, a griseofulvina, a ciclosporina A, o taxol, os alcalóides da cravagem do centeio e a lovastatina; no entanto, há cada vez mais relatos de novos produtos naturais de estruturas químicas variadas produzidos por fungos (Mitchell *et al.*, 2008). Por conseguinte, a capacidade sintética versátil dos fungos reflecte o seu modo de nutrição heterotrófico e absorvente e a capacidade de explorar uma variedade de substratos e habitats (Suryanarayanan *et al.*, 2009).

Do mesmo modo, estima-se que as infecções bacterianas e fúngicas ocorram em mais de mil milhões de pessoas por ano, e provas recentes sugerem que a taxa está a aumentar (Hsu, 2011). Os fungos podem infetar quase todas as partes do corpo, incluindo a pele, as unhas, o trato respiratório, o trato urogenital, o trato alimentar, ou podem ser sistémicos. Estas infecções fúngicas podem variar em termos de gravidade, desde superficiais a potencialmente fatais. Os tratamentos medicamentosos disponíveis incluem agentes antifúngicos e antibacterianos, mas a maioria deles tem efeitos secundários. Além disso, *a Tuberculose, a Candida* e outras espécies têm tendência para se tornarem resistentes aos medicamentos. Um inquérito global efectuado por mais de 100 botânicos e outros cientistas concluiu que mais de 10 000 espécies de plantas medicinais estão em vias de extinção, incluindo muitas utilizadas em medicamentos que não podem ser sintetizados comercialmente. Uma vez que os habitats das plantas nativas são destruídos quase diariamente, muitas plantas com valor medicinal desaparecerão antes que os cientistas as possam investigar, pelo que é urgente procurar novos e potentes compostos bioactivos antimicrobianos para combater as doenças.

1.2. O que são os endófitos?

O termo endófito é útil para fungos (ou bactérias ou actinomicetos), que vivem dentro dos tecidos da planta, sem causar quaisquer infecções visíveis. Os endófitos são microrganismos que residem nos tecidos internos das plantas vivas sem causar qualquer efeito negativo. Estes oferecem um potencial notável para a exploração de metabolitos secundários novos e ecológicos utilizados nas indústrias farmacêutica, médica e agrícola. Os endófitos são microrganismos que vivem nos tecidos da planta hospedeira sem causar quaisquer sintomas de doença. Tem havido um interesse crescente na prospeção destes microrganismos como fontes de produtos naturais novos e bioactivos. Estes são relativamente menos estudados e oferecem um enorme potencial de novos metabolitos secundários para exploração na medicina, na indústria farmacêutica e na agricultura. Os endófitos fúngicos foram encontrados em tecidos saudáveis de todos os taxa vegetais estudados até à data e é a sua diversidade química, mais do que a diversidade biológica, a principal responsável pelo interesse nestes organismos. Vanessa *et al.* (2004) relataram que os endófitos invadem os tecidos das plantas vivas e causam infecções inaparentes e assintomáticas inteiramente nos tecidos das plantas sem o aparecimento de quaisquer sintomas de doença.

Os fungos endofíticos são um grupo interessante de microrganismos associados aos tecidos saudáveis das plantas numa relação de mutualismo ou simbiose. Petrini *et al.* (1992) referiram que existe a possibilidade de encontrar mais do que um tipo (diversidade) de fungos endofíticos numa planta. Banerjee (2011) relatou a diversidade de fungos endófitos em plantas tropicais e subtropicais em comparação com outras zonas climáticas. Herre *et al.* (2007) demonstraram que estes desempenham um papel mutualista potencialmente importante, aumentando as respostas de defesa do hospedeiro contra agentes patogénicos. Os endófitos podem contribuir para a proteção do hospedeiro, aumentando a expressão dos mecanismos de defesa intrínsecos do hospedeiro e fornecendo fontes adicionais de defesa, extrínsecas às do hospedeiro. A produção de antibióticos a partir de *Pseudomonas*, como as fenazinas 2-4-diacetilcloroglucinol, a pirrolnitrina, a pioluteorina e os antibióticos de cianina de hidrogénio, apresenta atividade antifúngica, antibacteriana, anti-helmíntica e fitotóxica. Tem havido um enorme interesse na prospeção destes endófitos microbianos como fonte de novos produtos naturais bioactivos. Os endófitos têm a capacidade de apresentar uma grande diversidade química, incluindo alcalóides, péptidos, esteróides, terpenóides, fenóis, ácidos fenólicos, compostos alifáticos, lactonas, isocumarinas, quinonas, fenilpropanóides, lignanos e outros. Entre eles, um certo número de compostos tem uma atividade biológica interessante.

Strobel (2002) apresentou pela primeira vez uma ideia sobre os endófitos fúngicos que residem no interior de plantas medicinais e que também podem produzir metabolitos semelhantes ou com mais atividade do que os dos seus respectivos hospedeiros. Por conseguinte, acredita-se que a procura de novos compostos deve ser orientada para plantas que são utilizadas para fins medicinais importantes, indígenas, que crescem em ambientes únicos e endémicos. Espera-se que estes tipos de plantas alberguem novos endófitos que possam produzir metabolitos únicos com aplicações diversificadas (Strobel e Daisy, 2003). Assim, os endófitos são sintetizadores químicos no interior das plantas, por outras palavras, desempenham um papel de sistema de seleção para os micróbios produzirem substâncias bioactivas com baixa toxicidade para os organismos superiores (Strobel, 2002). Verificou-se que alguns fungos endofíticos produzem compostos medicinais semelhantes aos do hospedeiro. O taxol, um medicamento antitumoral eficaz produzido pela casca do teixo, *Taxus brevifolia,* também é produzido pelo fungo endofítico *Taxomyces andreanae* (Pezzato, 1996). Anteriormente a estas descobertas da produção de taxol por fungos que vivem no interior destas plantas, *o Taxus brevifolia* foi explorado a tal velocidade que esta planta encontrou a sua posição no Red Data book. Além disso, verificou-se também que *Pestalotiopsis microspora* (Strobel *et al.,* 1996), *Periconia* sp., *Bartalinia robillardoides* e *Colletotrichum gloeosporioides* (Gangadevi e Muthumary, 2008), que residem noutras plantas que não as espécies de *Taxus,* produzem taxol.

1.3. Diversidade de endófitos de diferentes plantas medicinais

Em muitos dos ecossistemas terrestres, os que têm maior biodiversidade parecem ser os que também têm endófitos em maior número e com maior biodiversidade. A diversidade biológica máxima nos ecossistemas terrestres encontra-se nas florestas temperadas e tropicais. Estas possuem o maior número de endófitos fúngicos. Estes ecossistemas cobrem apenas 1,44% da superfície terrestre, mas abrigam mais de 60% da biodiversidade terrestre do mundo (Strobel e Daisy, 2003). Hazalin *et al.* (2009) recuperaram 300 endófitos diferentes de diferentes explantes de plantas recolhidas no Parque Nacional de Penang, na Malásia. Alguns destes endófitos mostraram atividade citotóxica contra a linha celular leucémica murina P388 e 1,7% contra uma linha celular de leucemia mieloide crónica humana K562 (Hazalin *et al.,* 2009). Strobel (2002) referiu que os endófitos fúngicos que residem nos tecidos das plantas também podem produzir metabolitos idênticos aos do seu hospedeiro ou mais activos do que os dos respectivos hospedeiros. Por conseguinte, a procura de novos compostos deve ser orientada para plantas que são utilizadas pela população indígena para fins medicinais, ou plantas que crescem em ambientes extremos, ou que são endémicas. Estas têm maior probabilidade de albergar novos endófitos que podem produzir metabolitos únicos (Strobel e Daisy, 2003; Zhang *et al.,* 2006; Deshmukh e Verekar, 2008). Sadrati *et al.* (2013) recuperaram 20 fungos endofíticos diferentes e 23 actinomicetos endofíticos diferentes do trigo *(Triticum durum).* Os fungos endofíticos *Colletotrichum gloeosporioides* isolados de folhas de *Barringtonia acutangula* apresentaram atividade anticancerígena contra linhas celulares de cancro do cólon humano HT29 e verificaram que o fungo endofítico EFB01 apresentou a maior citotoxicidade em comparação com os endófitos EFB01 (Lakshmi e Selvi, 2013).

Os endofíticos fúngicos (micoendófitos) são os endofíticos mais frequentemente isolados de plantas medicinais. Dreyfuss e Chapela (1994) estimaram que pode haver pelo menos 1 milhão de espécies de micoendófitos. Shipunov *et al.* (2008) estudaram as hipóteses de co-introdução e de salto de hospedeiros em plantas, comparando os endófitos isolados da *Centaurea stoebe* *(Centaurea stoebe)* nas suas áreas de distribuição local e invadida. Shipunov e o seu grupo (2008) indicaram que os endófitos podem afetar a competitividade da *C. stoebe* porque, tanto a co-introdução como o salto de hospedeiro dos endófitos apoiam as hipóteses de ataque às plantas que se baseiam numa maior competitividade. Kharwar *et al.* (2008) registaram 183 diversidade micoendófita e 13 taxa fúngicos isolados de diferentes expiantes como tecidos da folha, caule e raiz de *C. roseus* de dois ecossistemas diferentes no Norte da Índia. Verificaram que os tecidos foliares apresentavam uma maior diversidade de endófitos como *Drechslera, Curvularia, Bipolaris, Alternaria* e *Aspergillus* spp. Wei *et al.* (2009) estudaram as frequências de colonização de espécies de *Pestalotiopsis* endofíticas diversas com plantas hospedeiras, idades, tecidos e locais. Ya-li *et al.* (2010) registaram 49 fungos endofíticos que foram recuperados de *Saussurea involucrata* e identificados utilizando técnicas morfológicas e moleculares.

Tabela 1.1. Diversidade de fungos endofíticos de diferentes plantas medicinais e suas aplicações

Sr. No.	Name of Endophytes	Host	Use of plant in traditional medicine	Bioactivity	Reference
1	*Fusarium oxysporum*	*Dianthus caryophyllus*	Gastrointestinal system,	Antimicrobial	Postma and Rattink 1991
2	*Taxomyces andreanae*	*Taxus* sp.	Cancer	Anticancer	Stierle *et al.*1993
3	*Seimatoantlerium nepalense*	*Taxus wallichiana*	Cardiac remedy	Anticancer	Bashyal *et al.*1999
4	*Guignardia sp.*	*Spondias mombin*	Eye inflammation, diarrhea	Antiviral, Antibacterial	Rodrigues-Heerklotz *et al.* 2001
5	*Colletotrichum gloeosporioides*	*Artemisia annua*	Malaria	Antimalarial	Tan and Zou 2001
6	*Paecilomyces sp.*	*Torreya grandis*	Skin infections	Antitumor, antifungal, antiinflammation	Huang *et al.* 2001
7	*Phyllosticta* sp.	*Pasania edulis*	Skin disease	Antimicrobial	Hata *et al.* 2002
8	*Pestalotiopsis microspora*	*Terminalia morobensis*	Anti-oomycetic	Antifungal and antioxidant	Harper *et al.* 2003
9	*Phyllosticta* sp.	*Plumeria rubra*	Venereal disease diarrhoea, leprosy	Antimicrobial	Suryanarayanan and Thennarasan 2004
10	*Phoma medicaginis*	*Medicago* species	Digestive tract and kidneys	Antimicrobial	Weber *et al.* 2004

11	Taxomyces andreanae	Taxus brevifolia	Cancer	Anticancer, Lung cancer	Wiyakrutta et al. 2004
12	Cladosporium cladosporioides	Azadirachta indica	Skin disease diabetic, antiviral	Antimicrobial	Mahesh et al. 2005
13	Colletotrichum species	Musa acuminata, Zingiber officinale	Blood, cholesterol thinning	Antibacterial	Photita et al. 2005
14	Alternaria sp., Phoma spp.	Cactus species	Wound healing	Antiviral	Suryanarayanan et al.2005
15	Phoma sorghina	Tithonia diversifolia	Sprains, bone fractures, hepatitis	Antimicrobial	Borges and Pupo 2006
16	Alternaria alternata	Vitis vinifera	Blood circulation, eye problems	Antifungal	Musetti et al. 2006
17	Curvularia lunata	Azadirachta indica	Skin disdease diabetic	Antifungal	Verma and Kharwar 2006
18	Entrophospora infrequens	Nothapodytes foetida	Cancer	Antileukaemia and antitumor	Amna et al. 2006
19	Muscodor albus	Cinnamomum zeylanicum	Oldest herbal medicines	Antifungal Antibacterial	Strobel 2006
20	Phomopsis	Coffea arabica	Stimulant and hypnotic. Cardiotonic	Antimicrobial	Sette et al. 2006)
21	Muscodor albus	Guazuma ulmifolia	Weight loss, Childbirth, Cold, Cough	Antibacterial. Antifungal	Strobel et al. 2007
22	Phoma sp.	Fagonia cretica	Fever, Vomiting, dysentery, typhoid,	Antifungal, algicidal	Krohn et al. 2007
23	Aspergillus flavus	Calotropis procera	Asthma, leprosy	Antimicrobial	Khan et al. 2007
24	Nigrospora sp., Alternaria sp.	Aegle marmelos	Wound healer, scurvy.	Antimicrobial	Gond et al. 2007
25	Penicillium crysogenum,	Catharanthus roseus	Blood clotting, eyewash, diabetes	Anticancer	Kharwar et al. 2008
26	Phoma capitulum	Justicia gendarussa	Cough, fever, Paralysis	Antispas-modic, carminative	Gangadevi and Muthumary 2008
27	Phoma species	Saurauia scaberrinae	Fever, holistic health care	Antibacterial	Hoffman et al. 2008
28	Fusarium oxysporum	Juniperus recurva	long-continued vomiting	Antimicrobial	Kour et al. 2008
29	Botryosphaeria rhodina	Bidens pilosa	Reduces swelling, headache, Clears heat and toxins	Antifungal, cytotoxic	Randa et al. 2010
30	Fusarium solani	Apodytes dimidiata	Intestinal parasites ear inflammation	Anticancer	Shweta et al. 2010
31	Pichia guilliermondii	Paris polyphylla	Poisonous snake bites, ulcers, fever	Antibacterial activity	Zhao et al. 2010
32	Muscodor crispans	Ananas ananassoides	Gastric pain	Anti-tuberculosis	Mitchell et al. 2010
33	Cylindrocarpon sp., Fusarium species.	Saussurea involucrate	Rheumatoid arthritis, cough	Antimicrobial	Ya-li et al. 2010
34	Penicillium commune	Hibiscus tiliaceus	Fevers, coughs	Antimicrobial	Yan et al. 2010
35	Phyllosticta species	Guazuma tomentosa	Childbirth, wound healing, diarrhea, asthma	Antimicrobial	Srinivasan et al. 2010
36	Pestalotiopsis pauciseta	Tabebuia pentaphylla	Flu, cold and easing smoker's cough	Expectorant,Anti microbial	Vennila et al. (2010)
37	Mycorrhizal fungi	Rhododendron tomentosum	Cough, dyspepsia, dysentery, leprosy	Antibacterial and antioxidant	Kajula et al. 2010
38	Microdiplodia hawaiiensis	Garcinia mangostana	Skin infections, dysentery, or urinary tract infections	Antibacterial	Radji et al., 2011
39	Chaetomium sp.	Michelia champaca	Dyspepsia, nausea and fevers	Anticancer	Immaculate et al., 2012
40	Colletotrichum gloeosporoides	Alpinia calcarata	Digesting and anti-nausea	Amylolytic, Lipolytic	Sunitha et al., 2013

Muitos endófitos produzem metabolitos secundários importantes, que desempenham um papel defensivo contra insectos herbívoros ou são de importância industrial (Hawksworth et al., 1995;

Arnold *et al.*, 2003). Uma nova amida, caracterizada como um inibidor da ras-famesiltransferase, foi extraída do caldo de cultura de uma espécie de *Phoma* endofítica (Ishii *et al.*, 2000). Os micoendófitos são cada vez mais aceites como um grupo ecológico de microrganismos que podem fornecer fontes de novos metabolitos secundários com actividades biológicas úteis. Uma série de princípios activos foi isolada e caracterizada a partir de endofíticos e muitos deles têm diversas bioactividades (anti-cancerígenas, anti-oxidantes, anti-fúngicas, anti-bacterianas, anti-virais, anti-insecticidas e imunossupressoras). O isolamento de fungos endofíticos de plantas de café *(Cofea arabica* e *C. robusta) demonstrou ter* atividade antimicrobiana contra várias bactérias patogénicas humanas (Sette *et al.* 2006). Bacon *et al.* (1977) demonstraram a correlação entre a presença do micoendófito *Epichloe typhina* isolado de *Festuca arundinacea (festuca alta)* e a toxicidade do seu hospedeiro para mamíferos domésticos herbívoros. Além disso, observaram que várias toxinas produzidas por fungos endofíticos conferiam proteção ao hospedeiro contra diferentes herbívoros. Assim, alguns fungos endofíticos produzem novos metabolitos secundários com potencial industrial (Schulz *et al.* 2002; Worapong *et al.* 2002), enquanto outros melhoram a aptidão das suas plantas hospedeiras (Redman *et al.* 2002). A micoendofita *Taxomyces andreanae,* que produz taxol *in vitro,* foi isolada de *Taxus* sp. (Stierle *et al.*, 1993). Vennila *et al.* (2010) estudaram o efeito do taxol extraído do fungo endofítico *Pestalotiopsis pauciseta* recuperado de *Tabebuia pentaphylla* Hems. *T. pentaphylla* (família Bignoniaceae) está distribuída no norte do México, no sul da Florida e em Cuba. Zhou *et al.* (2010) resumiram os avanços recentes em fungos endofíticos produtores de taxol em todo o mundo. Kajula *et al.* (2010) estudaram a produção de sideróforos extracelulares, bem como a produção de compostos antibacterianos e antioxidantes por fungos endofíticos de pinheiro silvestre *(Pinus sylvestris* L.) e chá de Labrador *(Rhododendron tomentosum* Harmaja).

Yang *et al.* (1994) referiram que o fenol e os ácidos fenólicos, detectados no meio de cultura dos endófitos, têm frequentemente actividades biológicas pronunciadas. O ácido 2-hidroxi-6-metilbenzóico foi isolado de espécies de *Phoma* endofíticas que mostraram uma atividade antibacteriana notável. *Phoma medicaginis* existe como uma infeção assintomática prolongada da sua planta hospedeira *(*espécie *Medicago).* Nas primeiras medicinas chinesas, os médicos utilizavam folhas jovens de espécies de *Medicago* para tratar perturbações relacionadas com o trato digestivo e os rins. Produz níveis significativos da toxina Brefeldina, durante e após a passagem da fase endofítica para a fase saprotrófica quando o hospedeiro morre (Weber *et al.*, 2004). Suryanarayanan *et al.* (2005) estudaram o cato *Cylindropuntia fulgida* relativamente à sua diversidade endofítica. Karsten *et al.* (2007) relataram atividade herbicida e algicida no extrato de acetato de etilo de um *Phoma* sp. endofítico isolado de *Fagonia cretica.* Randa *et al.* (2010) isolaram um micoendófito *(Botryosphaeria rhodina)* do caule da planta medicinal *Bidens pilosa* (Asteraceae) que apresentou efeitos anti-inflamatórios, antissépticos e antifúngicos. Luiz *et al.* (2012) recuperaram 39 endófitos fúngicos diferentes, como *Ceratobasidium, Cladosporium*

Colletotrichum, Fusarium, Glomerella e *Mycoleptodiscus* de *Echinacea purpurea*.

Lakshman e Kurandawad (2013) recuperaram oito espécies de fungos endofíticos, tais como *Aspergillus flavipes, A. niger, Aureobasidium pullulans, Bipolaris nodulosa, Cladosporium epiphyllum, Colletotrichum sp., Hymenula affinis* e *Rhizopus nodosus* de 300 segmentos de diferentes plantas medicinais *Spilanthes acmella* L inn. Dandu *et al.* (2013) relataram a diversidade de fungos endofíticos, como *F. oxysporum, C. falcatum, Pestalotiopsis sp, A. fumigatus, A. flavipes*, micélios estéreis, *P. senticosum, Gliocladium roseum, Phomopsis jacquiniana, N. sphaerica*, espécies de *Leptosphaeria, Phomopsis archeri, A. alternata* e *A. niger* isolados de diferentes plantas medicinais como *Boswellia ovalifoliolata, Pterocarpus santalinus, Shorea thumbuggaia, Syzygium alternifolium*. Além disso, também descobriram que, entre todos os endófitos recuperados de diferentes plantas medicinais, o endófito *Colletotrichum falcatum* era mais dominante do que outros endófitos. Os fungos endofíticos, como *Aspergillus, Colletotrichum* e *Curvularia,* foram isolados de tecidos de folhas, caules e frutos de *Solanum rubrum* e *Morinda pubescence* (Jena e Tayung, 2013).

Borges e Pupo (2006) relataram dois novos derivados de hexahidroantraquinona, dendryol isolado de *Phoma sorghina,* que foi encontrado como endófito em associação com a planta medicinal *Tithonia diversifolia*. Schwarz *et al.* (2004) optimizaram as condições de cultura de espécies de *Phoma* e registaram a maior atividade nematocida em meio de glucose de malte de levedura. Os metabolitos secundários produzidos em autolisado de levedura Czapeck e em meios de sacarose de extrato de levedura por várias espécies de *Phoma puderam* ser separados por cromatografia de camada fina e os resultados foram utilizados para clarificar a sistemática do género (Montel *et al.,* 1991). A fomodiona, 2,6-diacetil-7-hidroxi-4a,9-dimetoxi-8,9b-dimetil-4a,9b-dihidrodibenzo furano-1,3, um derivado do ácido úsnico foi isolado do caldo de cultura de uma espécie de *Phoma*, que era um endófito na planta da Guiné *(Saurauia scaberrinae)*. O ácido úsnico e dois dos seus derivados, a cercosporamida e a fomodiona, também foram isolados deste fungo (Hoffman *et al.,* 1998). Smith *et al.* (2008) forneceram provas directas a partir de bioensaios de endófitos isolados de plantas tropicais e de análises bioinformáticas que fornecerão uma nova química de valor potencial. Vieira *et al.* (2012) relataram a diversidade e a atividade antimicrobiana de fungos endofíticos isolados de *Solanum cernuum* Veil. Revelaram que os taxa mais abundantes estavam estreitamente relacionados com *Arthrobotrys foliicola, Colletotrichum gloeosporioides, Colletotrichum* sp. *Coprinellus radian, Glomerella acutata, Diatrypella frostii, Mucor* sp., *Phoma glomerata, Phoma moricola, Phlebia subserialis* e *Phanerochaete sordida*. Foram analisados 265 extractos fúngicos e 64 (26,01%) apresentaram actividades antifúngicas e antibacterianas.

1.4. Mecanismo de transferência horizontal de genes

Foi referido que vários fungos endofíticos produzem compostos bioactivos semelhantes aos do seu hospedeiro. Por exemplo, um fungo endofítico *Taxomyces andreanae* isolado de *Taxus brevifolia* produz o composto bioativo taxol como hospedeiro (Stierle *et al.*, 1993). Presume-se que, quando os endófitos estão presentes nos tecidos da planta, desenvolvem uma relação simbiótica com o hospedeiro. Além disso, também aumenta a capacidade das plantas para tolerar os stresses bióticos e abióticos (Arnold *et al.*, 2003). Zhi-Qiang *et al.* (2013) relataram que os géneros *Glomerella* e *Gibberella* isolados de Taxus produzem taxol. Devido à associação simbiótica, pode haver hipóteses de transferência de material genético da planta para o endófito através de um processo de transferência horizontal de genes.

1.5. Metabolitos secundários endofíticos e sua aplicação

O número de metabolitos bioactivos produzidos pelos micoendófitos é grande em comparação com as bactérias endofíticas. Os compostos naturais dos endófitos fúngicos podem ser agrupados em várias categorias, incluindo alcalóides, esteróides, terpenóides, isocumarinas, quinonas, fenilpropanóides, lignanas, fenol, ácidos fenólicos, metabolitos alifáticos e lactonas, etc. A crescente apreensão em termos de saúde global devido ao fracasso dos antibióticos atualmente utilizados para muitas estirpes super-resistentes tornou necessária a procura de agentes antimicrobianos novos e eficazes. Os produtos naturais provenientes de microrganismos têm sido a principal fonte de antibióticos, mas com a crescente aceitação da fitoterapia como forma alternativa de cuidados de saúde, o rastreio de compostos activos em endófitos fúngicos tornou-se muito popular. De facto, muitos dos medicamentos prescritos, agentes anticancerígenos e antimicrobianos de uso corrente são de origem microbiana. Atualmente, sabe-se que as plantas servem como reservatório de um número incalculável de micróbios conhecidos como endófitos, que são definidos como micróbios que colonizaram tecidos vegetais saudáveis no interior sem causar quaisquer sintomas de doença. Alguns destes endófitos produziram metabolitos bioactivos importantes para aplicações terapêuticas. Mais recentemente, verificou-se também que os endófitos que colonizam plantas medicinais podem produzir os mesmos produtos naturais bioactivos ou derivados que são mais bioactivos do que os dos seus respectivos hospedeiros. Atualmente, existe uma necessidade urgente de procurar metabolitos endofíticos que possam ser desenvolvidos como agentes bioactivos seguros e eficazes, não petroquímicos, amigos do ambiente e facilmente obtidos (Liu *et al.*, 2006).

Sumarah *et al.* (2010) recuperaram endófitos fúngicos de agulhas de *Picea rubens* (abeto vermelho) e isolaram os princípios activos para a avaliação da sua citotoxicidade contra linhas de células cancerígenas. Os extractos brutos do fungo endofítico *A. alternata*, isolado de *Coffea arabica* L., apresentaram uma atividade citotóxica moderada para as células HeLa *in vitro*, quando comparadas com células tratadas com dimetilsulfóxido (Fernandes *et al.*, 2009). Os alcalóides são os agentes anticancerígenos úteis que se encontram frequentemente nos fungos endofíticos. Wagenaar *et al.* (2000) isolaram três novas citocalasinas de espécies de

Rhinocladiella endofíticas que mostraram atividade antitumoral. Kopcke *et al.* (2002) registaram lactonas de um ascomicete endófito não identificado recuperado de *Cistus salviifolius* no Chile. Os compostos antioxidantes de ocorrência natural encontram-se habitualmente nos vegetais, frutos e plantas medicinais. No entanto, tem-se observado que os endófitos são também uma fonte potencial de novos antioxidantes naturais. As espécies endofíticas de *Xylaria* isoladas da planta medicinal *Ginkgo biloba* contêm compostos com actividades antioxidantes (Liu *et al.*, 2007). *Muscodor albus* endofítico foi isolado de *Cinnamomum zeylanicum* (Strobel, 2006). O Muscodor *albus endofítico* produz uma mistura de compostos voláteis, tais como álcoois, ácidos, ésteres, cetonas e lípidos que matam fungos e bactérias patogénicos para as plantas e para o homem.

Zhou *et al.* (2010) resumiram os avanços recentes em fungos endofíticos produtores de taxol em todo o mundo. Karsten *et al.* (2007) relataram atividade herbicida e algicida no extrato de acetato de etilo de um *Phoma* sp. endofítico isolado de *Fagonia cretica*. Randa *et al.* (2010) isolaram um micoendófito *(Botryosphaeria rhodina}* do caule da planta medicinal *Bidens pilosa* (Asteraceae) que apresentou efeitos anti-inflamatórios, anti-sépticos e antifúngicos. Yang *et al.* (2006) relataram duas novas lactonas de anel de 12 membros isoladas dos extractos miceliais de *Cladosporium tenuissimum*. Também foi registado outro alcaloide, a chaetominina, produzido por espécies endofíticas de *Chaetomium* isoladas *de Adenophora axiliflora*. Mostrou um efeito citotóxico contra as linhas celulares de leucemia humana K562 e de cancro do cólon SW1116, que foi superior ao do medicamento comummente utilizado 5-fluorouracil (Jiao *et al.*, 2006). As feosforamidas e dois novos derivados do esqueleto de carbono foram isolados da *Phaeosphaeria avenaria* endofítica. Verificou-se que a feosforamida é um potencial inibidor do transdutor de sinal e ativador da transcrição. Desempenha um papel vital na regulação do crescimento e sobrevivência das células, constituindo um alvo para a terapia anticancerígena (Maloney *et al.*, 2006).

Budhiraja *et al.* (2012) isolaram *Aspergillus* e *Penicillium* spp. de *Gloriosa superba. Estudaram* a atividade antimicrobiana destes endófitos contra 7 estirpes patogénicas padrão, como *S. aureus, B. subtilis, E., P. aeruginosa, Salmonella typhimurium, Saccahromyces cerevisiae* e *Candida albicans.* Santiago *et al.* (2012) relataram que um fungo endofítico isolado de *Cinnamomum mollissimum* apresentou atividade antifúngica contra *A. niger* e também atividade anticancerígena. Vaz *et al.* (2012) isolaram um endófito *Colletotrichum* das folhas de *Myrciaria floribunda* e *Alchornea castaneifolia,* e um endófito *Mycosphaerella* de *Eugenia* aff. *bimarginata.* Relataram que 38 extractos fúngicos demonstraram atividade antimicrobiana contra pelo menos um dos diferentes microrganismos-alvo testados. *Emericellopsis donezkii* e *Colletotrichum gloesporioides* apresentaram os melhores valores de CIM, que eram inferiores ou semelhantes aos CIM de medicamentos antibacterianos e antifúngicos conhecidos. Gond *et al.* (2012) isolaram fungos endofíticos de *Nyctanthes arbor- tristis* e avaliaram a sua atividade antimicrobiana. O *Nigrospora oryzae* endofítico mostrou inibição máxima contra *Shigella* sp. e *P. aeruginosa; C. dematium* e *Chaetomium globosum* exibiram uma ampla gama de atividade antibacteriana, incluindo a inibição de *Shigella flexnii, S. boydii, S. enteritidis, S. paratyphi* e *P. aeruginosa. O C. dematium* endofítico inibiu 55,87% do crescimento radial do fitopatógeno *Curvularia lunata*. Os autores sugeriram que a atividade antimicrobiana destes microrganismos endofíticos poderia ser explorada em indústrias biotecnológicas, medicinais e agrícolas. Lu *et al.* (2000) isolaram uma espécie de *Colletotrichum* endofítico de *A. annua*, que é uma erva tradicional chinesa, bem conhecida pela sua síntese de artemisinina (um medicamento antimalárico). Além disso, caracterizaram 3 novos metabolitos antimicrobianos a partir da cultura de espécies de *Colletotrichum* isoladas de *A. annua*. Guo *et al.* (2008) também estudaram os novos metabolitos antimicrobianos isolados e extraídos da cultura de espécies de *Colletotrichum* recuperadas de A. *annua*.

Tejesvi *et al.* (2008) isolaram espécies endofíticas de *Pestalotiopsis* de *Terminalia arjuna, T. chebula, A. indica* e *Holarrhena antidysenterica*. Além disso, estudaram a atividade antioxidante e anti-hipertensiva medindo a atividade inibidora de 1, 1-difenil-2-picril-hidrazil, a peroxidação lipídica e a atividade de inibição da enzima de conversão da angiotensina. A *Xylaria* sp. endofítica isolada da planta medicinal *Ginkgo biloba* contém compostos com actividades antioxidantes (Lui *et al.*, 2007). Huang *et al.* (2007) observaram que as capacidades antioxidantes das culturas de fungos endofíticos estavam correlacionadas com os seus conteúdos fenólicos totais e sugeriram que os fenólicos eram também os principais constituintes antioxidantes dos endófitos. Sugeriram também que alguns dos endófitos produziam metabolitos com fortes actividades antioxidantes. Os autores concluíram que os metabolitos produzidos por uma grande diversidade de fungos endofíticos em cultura podem ser uma fonte potencial de novos antioxidantes naturais.

Yang *et al.* (2006) relataram duas novas lactonas de anel com 12 membros isoladas dos extractos miceliais de *Cladosporium tenuissimum*. Outros macrólidos poliketides com 12 membros foram produzidos pelo *C. tenuissimum* endofítico de *Maytenus hookeri* (casca sedosa). A espécie micoendófita *Nodulisporium* associada a *Juniperus cedre* (zimbro) produziu sete novos metabolitos. A chaetominina, um alcaloide com uma nova estrutura, produzida por espécies endofíticas de *Chaetomium,* foi isolada de *Adenophora axiliflora*. O efeito citotóxico demonstrado pela chaetominina contra as linhas celulares de leucemia humana K562 e de cancro do cólon SW1116 foi superior ao do medicamento 5-fluorouracil (Jiao *et al.,* 2006). As feosforamidas e dois novos derivados do esqueleto de carbono foram isolados da *Phaeosphaeria avenaria* endofítica. Verificou-se que a feosforamida é um inibidor do transdutor de sinal e ativador da transcrição. Este desempenha um papel vital na regulação do crescimento e da sobrevivência das células, constituindo um alvo para a terapia anticancerígena (Maloney *et al.,* 2006). Rukachaisirikul *et al.* (2007) relataram espécies de *Phomopsis* endofíticas que produzem metabolitos secundários como a fomoenamida, o phomonitroester e o Deacetylphomoxanthone, e mostraram atividade antibacteriana contra *Mycobacterium tuberculosis*. As infecções por tuberculose (TB) estão a aumentar continuamente. Por conseguinte, estão a ser feitos muitos esforços em todo o mundo para encontrar um medicamento eficaz para o seu tratamento. A este respeito, Gordien *et al.* (2010) estudaram extractos de plantas escocesas, líquenes e micoendófitos cuja atividade contra *Mycobacterium aurum rn&M. tuberculosis foi* analisada. As suas observações provam que a maior atividade contra o *M. aurum* foi demonstrada por extractos de raízes de *Juniperus communis* , do líquen *Cladonia arbuscula* e de um micoendófito isolado de *Vaccinium myrtillus* (Gordien *et al.*, 2010). é óbvio que os micoendófitos servem como fonte de compostos medicinais potencialmente úteis. Por exemplo, o ácido 3-Nitropropiónico foi isolado de espécies de *Phomopsis* que inibiram a M. *tuberculosis* (Copp e Pearce, 2007). Mais estudos anti-tuberculose são descritos na secção seguinte.

1.5.1. Compostos anticancerígenos e anti-tuberculose

O cancro é um grupo de doenças caracterizadas pelo crescimento desregulado e pela disseminação de células anormais, que podem resultar em morte se não forem controladas (Pimentel *et al.*, 2010). O cancro tem sido considerado uma das principais causas de morte em todo o mundo (cerca de 13% de todas as mortes). Existem evidências de que os compostos bioactivos produzidos pelos endófitos podem ser uma abordagem alternativa para a descoberta de novos fármacos, uma vez que muitos produtos naturais de plantas, microrganismos e fontes marinhas foram identificados como agentes anticancerígenos (Firakova *et al.*, 2007). As propriedades anticancerígenas de vários metabolitos secundários de endófitos foram investigadas recentemente. Como mencionado acima, o primeiro agente anticancerígeno produzido por endófitos foi o Taxol e os seus derivados. O taxol é um diterpenóide altamente funcionalizado, isolado de espécies de teixo (*Taxus'}* (Bacon e White, 1994). Os produtos foram obtidos a partir do fungo endofítico *Fusarium solani* isolado de *Camptotheca acuminate* (Kusari *et al.*, 2009). A ergoflavina, um outro composto xanteno dimérico ligado na posição 2, pertence à classe dos ergocromos e é descrita como um novo agente anticancerígeno isolado de um fungo endofítico que cresce nas folhas de uma planta medicinal indiana *Mimusops elengi* (Sapotaceae) (Deshmukh *et al.*, 2009). Outro composto, o ácido secalónico, uma micotoxina pertencente à classe dos ergocromos, conhecido por ter potentes actividades anticancerígenas, foi isolado do fungo endofítico do mangue e demonstrou uma elevada citotoxicidade nas células HL60 e K562, induzindo a apoptose das células leucémicas (Zhang *et al.*, 2009). Para combater este flagelo, são também necessários, a nível mundial, novos fármacos de 22-oxa-ciatalasinas (anti-cancro). Estes compostos têm atividade antitumoral (Bills *et al.*, 1996). Os extractos brutos do fungo endofítico *Altemaria alternata,* isolado de *Coffea arabica* L., mostraram uma atividade citotóxica moderada para as células HeLa *in vitro,* quando comparadas com as células tratadas com dimetilsulfóxido

(DMSO) (Fernandes *et al.*, 2009). É necessário procurar novos agentes antimicrobianos porque as doenças infecciosas continuam a ser um problema global devido ao desenvolvimento e à propagação de agentes patogénicos resistentes aos medicamentos.

1.5.2. Alcalóides: Estes são agentes anticancerígenos úteis que se encontram frequentemente em fungos endofíticos. Wagenaar *et al.* (2000) isolaram três novas citocalasinas de espécies de *Rhinocladiella* endofíticas que demonstraram atividade antitumoral. A maioria dos alcalóides foi detectada em culturas de micoendófitos associados a gramíneas, tais como *Epichloe* spp. sexual e espécies de *Neotyphodium assexuadas*. Embora a produção de metabolitos possa ser influenciada por factores ambientais, parece depender principalmente da estirpe ou do genótipo da espécie endofítica e menos do genótipo da erva hospedeira (Siegel *et al.*, 1990). Os alcalóides de micoendófitos incluem aminas e amidas, derivados de indol, pirrolizidinas e quinazolinas. As aminas e amidas são substâncias comuns produzidas por micoendófitos de festuca alta, azevém perene e muitas gramíneas temperadas (Wilkinson *et al.*, 2000). Os alcalóides da cravagem do centeio são o segundo grupo de alcalóides de amina e amida descobertos em culturas de endofíticos de *Neotyphodium*, tendo todos sido caracterizados anteriormente a partir de esclerócios de cravagem do centeio (Tan e Zou, 2001). Estes metabolitos demonstraram mais tarde ser neurotóxicos para insectos e mamíferos herbívoros. A ergovalina e outros ergopeptídeos estruturalmente relacionados são provavelmente responsáveis pela toxicose do gado que consome festuca alta infetada com endófitos. A biossíntese de alcalóides da cravagem do centeio, como a ergovalina, é melhor compreendida no fungo da cravagem do centeio *Claviceps purpurea*.

1.5.3. Esteróides e Terpenóides: Os esteróides têm muitos efeitos fisiológicos importantes, e alguns são encontrados em micoendófitos. Um novo derivado de ergosterol, 4a-homo-22-hidroxi-4- oxaergasta-7, foi isolado de uma estirpe de *Gliocladium* sp., um endófito de *Taxus chinensis* (teixo chinês). Para além de quatro citocalasinas, foram isolados onze novos sesquiterpenóides de culturas do fungo mitospórico *Geniculosporium* species, um endófito associado à alga vermelha *Polysiphonia* species (Krohn *et al.*, 2005).

1.5.4. Quinonas, fenilpropanóides, lignanas, fenóis, ácidos fenólicos e antioxidantes: Foram caracterizados epóxidos de ciclo-hexenona altamente funcionalizados, jesterona e hidroxi-jesterona, a partir de um endófito recentemente identificado, *Pestalotiopsis jesteri*, recuperado de *Fragraea bodenii*. O ácido guignárdico é o primeiro membro de uma nova classe de produtos naturais que foram detectados no caldo de cultura de espécies de *Guignardia* obtidas de *Spondias mombin* (maçã dourada) (Rodrigues *et al.*, 2001). Os fenóis e ácidos fenólicos de endófitos fúngicos têm geralmente actividades biológicas e antioxidantes pronunciadas. A pestacina e a isopestacina são dois novos fenóis portadores de dihidroisobenzofurano que possuem actividades antifúngicas e antioxidantes. Estes foram extraídos de *Pestalotiopsis microspora* endofítica isolada de *Terminalia morobensis* (Harper *et al.*, 2003). O ácido chaetomélico, um inibidor potente e altamente específico da famesil-proteína transferase, foi caracterizado a partir do endófito *Chaetomella acutisea*. Sete lactonas foram também caracterizadas a partir de um endófito ascomicete não identificado isolado de *Cistus salviifolius (esteva* branca) no Chile (Kopcke *et al.*, 2002).

Os compostos antioxidantes naturais encontram-se habitualmente nos legumes, frutos e plantas medicinais. No entanto, foi observado que os endófitos são também uma fonte potencial de novos antioxidantes naturais. A *Xylaria* sp. endofítica isolada da planta medicinal *Ginkgo biloba* contém compostos com actividades antioxidantes (Lui *et al.*, 2007). A pestacina e a isopestacina (1,3-dihidro isobenzofuranos) foram obtidas a partir do fungo endofítico *Pestalotiopsis microspora* isolado de *Terminalia morobensis*, uma planta que cresce na Papua Nova Guiné (Strobel *et al.*, 2002; Harper *et al.*, 2003). Estes compostos, principalmente a isopestacina, possuem atividade antioxidante, eliminando radicais livres de superóxido e hidroxi em solução, para além do facto de a isopestacina ser estruturalmente semelhante aos flavonóides (Strobel *et al.*, 2002). A grafislactona, um composto fenólico isolado do fungo endofítico *Cephalosporium* sp. que reside em *Trachelospermum jasminoides,* demonstrou ter actividades antioxidantes e de eliminação de radicais livres *in vitro* mais fortes do que os padrões, hidroxitolueno butilado (BHT) e ácido ascórbico (Song *et al.*, 2005).

1.5.5. Antibióticos antimaláricos, compostos antifúngicos e antivirais

Os antibióticos são definidos como produtos naturais orgânicos de baixo peso molecular produzidos por microrganismos que são activos a baixa concentração contra outros microrganismos (Moon *et al.* 2002). Foi relatado que os antibióticos de micróbios endofíticos inibem uma variedade de agentes patogénicos. Por exemplo, a criptocandina é um péptido antimicótico único isolado do fungo endofítico *Cryptosporiopsis quercina* (Mohali *et al.*, 2005). Do mesmo modo, *Pestalotiopsis microspora,* isolado de *Torreya taxifolia,* produz vários compostos antifúngicos. Estes incluem pestalosídeo, um glucósido aromático, e duas pironas: pestalopirona e hidroxil-pestalopirona. Os fungos endofíticos são uma fonte promissora de novos agentes terapêuticos e são de particular interesse no tratamento da leishmaniose e da malária. Martinez-Luis *et al.* (2011) relataram que espécies de *Stenocarpella*, *Nectria* e *Mycosphaerella* inibiram em mais de 90% ·a proliferação de *Plasmodium falciparum*. Srinuan *et al.* (2007) comunicaram a atividade antimalárica contra *P. falciparum* de dois novos metabolitos de benzoquinona, 2-cloro-5-metoxi-3-metilciclohexa-2,5-dieno-1,4- diona e xilariaquinona, isolados de espécies endofíticas de *Xylaria*. Elfita *et al.* (2011) isolaram dois alcalóides, o ácido 7-hidroxi-3,4,5-trimetil-6-ona-2,3,4,6-tetrahidroisoquinolina-8-carboxílico e a 2,5-dihidroxi-L-(hidroximetil)piridina-4-ona, de fungos endofíticos de Brotowali e estudaram a sua atividade contra *P. falciparum.*

O fungo endofítico *Muscodor albus* foi isolado de pequenos ramos de *Cinnamomum zeylanicum*

(Strobel, 2006). Este fungo *xilariáceo* (não produtor de esporos) inibe e mata certos outros fungos e bactérias através da produção de uma mistura de compostos voláteis. Dois novos inibidores da protease do citomegalovírus humano, os ácidos ctónicos, foram isolados do fungo endofítico *Cytonaema* sp. (Schmid *et al.*, 1993). Guo *et al.* (2008) estudaram os novos metabolitos antimicrobianos extraídos da cultura de espécies de *Colletotrichum* isoladas de *Artemisia annua*, que é uma erva tradicional chinesa. As *Xylaria, Phoma, Hypoxylon* e *Chalara* endofíticas são produtoras de um grupo de substâncias conhecidas como citocalasinas, das quais são conhecidas mais de 20. Muitos destes compostos possuem actividades antibióticas, mas devido à sua toxicidade celular não foram desenvolvidos como medicamentos. Três novas citocalasinas foram recentemente registadas a partir de uma *Rhinocladiella* sp. como endófito em *Tripterygium wilfordii*.

Os endófitos são considerados como as minas de ouro dos medicamentos, porque estes organismos produzem um vasto número de compostos biologicamente activos, bem como são benéficos para o crescimento e desenvolvimento das plantas hospedeiras (Gangwar *et al.*, 2012). Herre *et al.* (2007) demonstraram que os micoendófitos desempenham um papel mutualista potencialmente importante, aumentando a resposta de defesa do hospedeiro contra agentes patogénicos. Os endófitos podem contribuir para a proteção do hospedeiro aumentando a expressão de mecanismos intrínsecos de defesa do hospedeiro e ou fornecendo fontes adicionais de defesa extrínsecas às do hospedeiro. Tem havido um enorme interesse na prospeção destes endófitos microbianos como fonte de novos produtos naturais bioactivos. Schwarz *et al.* (2004) optimizaram as condições de cultura de espécies de *Phoma* e registaram a maior atividade nematocida em meio de glucose de malte de levedura.

1.6. Fungos endofíticos e sua aplicação na agricultura

A produtividade agrícola sofre grandes perdas devido a agentes patogénicos das plantas, pragas de insectos e várias pressões abióticas. Sendo a agricultura o maior sector económico do mundo, é necessário encontrar e estabelecer a estratégia ideal para uma agricultura sustentável e para a melhoria do crescimento das culturas. Os fungos endofíticos vivem em associação simbiótica com as plantas e desempenham um papel importante na promoção do crescimento das plantas, no aumento do rendimento das sementes e na resistência das plantas a várias doenças e stresses bióticos e abióticos. A colonização da raiz por fungos endofíticos é acompanhada pela promoção do crescimento, maior rendimento de sementes e as plantas são mais resistentes a vários stresses bióticos e abióticos (Rai *et al.*, 2004; Waller *et al.*, 2005; Sherameti *et al.*, 2008a e b). O ácido giberélico (GA) é uma fitohormona, um complexo diterpenóide, que controla o crescimento das plantas e promove a floração, o alongamento do caule, a germinação das sementes e o amadurecimento (Yamaguchi, 2008; Hamayun *et al.*, 2009e). Baker *et al.* (1984) registaram um aumento da biomassa no azevém perene infetado com *Lolium perenne* endofítico, enquanto Latch *et al.* (1985) registaram um aumento significativo da área foliar do azevém perene inoculado com o fungo endofítico *Acremonium lolii*. Clay e Schardl (2002) ilustraram que as plantas de *Lolium multiforum* infectadas com endófitos tinham mais perfilhos vegetativos e atribuíam mais biomassa a raízes e sementes do que as plantas sem endófitos. Schardl e Phillips (1997) demonstraram um maior perfilhamento e crescimento radicular em festuca alta inoculada com *Neotyphodium coenaphialum* endofítico. Pocasangre (2000) e Niere (2001) relataram resultados semelhantes, mostrando um aumento da biomassa de plantas cultivadas em tecidos tratadas com *F. oxysporum* endofítico quando comparadas com plantas de controlo. O aumento da altura até 50% foi alcançado no algodão inoculado com o fungo endofítico de raiz *Cladorrhinum foecundissimum* (Gasoni e De Gurfinkel, 1997). A inoculação com *Piriformospora indica* resultou num aumento de 50% da biomassa fresca *em A. annua* L. (Franken *et al.*, 1998; Varma *et al.*, 1999), melhor crescimento de *Brassica oleracea* var. *capitata* (Kumari *et al.*, 2003) e observou-se uma proliferação profusa de raízes e um crescimento rápido de *A. vasica* (Rai e Varma, 2005). Recentemente, Prasad *et al.* (2013) relataram um aumento da biomassa e da atividade antioxidante em *Bacopa monniera* quando co-cultivada com *P. indica*.

Vários investigadores esforçaram-se por revelar o princípio ativo que está envolvido na melhoria do crescimento das plantas pelos endófitos. A estimulação do crescimento das plantas mediada por endófitos pode ser elucidada pela melhoria da nutrição das plantas e pelo aumento da tolerância a stresses bióticos e abióticos (Machungo *et al.*, 2009). A melhoria da nutrição das plantas ocorre através do aumento da absorção e da concentração de uma variedade de nutrientes do solo, como o fósforo, como no caso da *Festuca rubra* inoculada com o endófito fúngico *Epichloe festucae* (Zabalgogeazcoa *et al.*, 2006), solubilizando certos nutrientes vegetais que não estão disponíveis para as plantas em certos solos (por exemplo, fosfato de rocha) e fixando o azoto atmosférico (Pineda *et al.*, 2010). O endófito radicular *Heteroconium chaetospira* aumentou significativamente a biomassa da couve chinesa devido à transferência de azoto (Usuki e Narisawa, 2007). Rai *et al.* (2001) sugeriram que o aumento significativo do crescimento e do rendimento de plantas de *Spilanthes calva* e *Withania somnifera* inoculadas com um endófito *P. indica* foi causado por uma maior absorção de água e nutrientes minerais devido à extensa colonização das raízes por *P. indica*. Sudha *et al.* (1998) encontraram uma translocação ativa de fosfato em raízes de arroz e de cenoura transformada na inoculação com *P. indica*. O aumento do crescimento por endófitos pode ser o resultado da produção de fitohormonas pelos endófitos fúngicos, como no milho (Nassar *et al.*, 2005). Alguns endófitos sintetizam hormonas de crescimento vegetal, como o ácido indol-3-acético, citocininas e giberelinas, que promovem o crescimento das plantas (Van-Loon *et al.*, 2007; Contreras-Cornejo *et al.*, 2009) e podem também aumentar a fotossíntese acima do solo através da modulação do açúcar endógeno e da sinalização do ácido abscísico (ABA) (Zhang *et al.*, 2008).

As respostas de crescimento das plântulas inoculadas com micróbios em relação ao controlo reforçam o ponto de vista de que as interacções entre o hospedeiro e os micróbios conduzem a alterações fisiológicas e à translocação de açúcares, resultando em alterações nas taxas fotossintéticas das folhas infectadas e nas suas actividades metabólicas (Bacon e White, 2000). Entre as fitohormonas, o ácido giberélico (GA) é o principal responsável pela divisão e alongamento celular, ativação do embrião, enfraquecimento da camada endosperma e mobilização das reservas alimentares do endosperma (Waqas *et al.*, 2012). Além disso, a percentagem de germinação de sementes tratadas com filtrado de cultura de fungos foi significativamente mais elevada em comparação com o controlo (Khan *et al.*, 2011; Waqas *et al.*, 2012). Foi relatado que tanto os GAs como as auxinas desempenham um papel crucial no crescimento, reprodução e metabolismo das plantas e respondem a vários sinais ambientais (Waqas *et al.*, 2012). Naik et al. (2008) sugeriram que é necessário mais trabalho para utilizar estes fungos endofíticos para uma melhor produção de culturas e para minimizar a utilização de fertilizantes químicos. Devido à informação supracitada disponível sobre os endófitos e as suas lacunas/lacunas, o presente estudo foi realizado com os seguintes objectivos.

1.7. Objectivos

1. Recolha de amostras e isolamento de fungos endofíticos de plantas medicinais seleccionadas

2. Identificação de fungos endofíticos com base em características morfológicas e culturais

3. Identificação de lungi endofíticos isolados através da comparação de sequências de rDNA ITS de marcadores moleculares

4. Rastreio de agentes antimicrobianos potentes e metabolitos secundários de fungos endofíticos

1.8. Importância do estudo

Em todo o mundo, os cientistas estão empenhados na procura de novos antibióticos, agentes quimioterapêuticos e agroquímicos que sejam altamente eficazes, possuam baixa toxicidade e tenham um impacto ambiental reduzido. Esta procura é impulsionada pelo desenvolvimento de microrganismos infecciosos resistentes, por exemplo, espécies de *Mycobacterium, Streptococcus* e *Staphylococcus,* etc. Além disso, novas doenças, como a SIDA e a síndrome respiratória, exigem a invenção e o desenvolvimento de novos medicamentos activos para as combater. Do mesmo modo, são necessários novos medicamentos para os doentes imunocomprometidos com cancro que recebem transplantes de órgãos e para os que estão em risco de contrair agentes patogénicos oportunistas, como as espécies de *Aspergillus*, *Cryptococcus*, *Candida*, etc.

A administração de doses mais elevadas de medicamentos conservadores é necessária por um período prolongado para eliminar os agentes patogénicos humanos infecciosos. Esta terapia alargada está frequentemente associada ao aparecimento de resistência nos agentes patogénicos humanos. O insucesso do tratamento resultante não só afecta a qualidade de vida do doente, como também aumenta significativamente os encargos económicos do sistema de saúde. Pode resultar num aumento da mortalidade. Por conseguinte, para evitar e ultrapassar este problema crítico, o composto bioativo dos fungos endofíticos seria a fonte promissora para combater os agentes patogénicos humanos infectantes, como a SIDA, a tuberculose, o cancro, *a candidíase,* as doenças de pele, etc. Porque os compostos bioactivos seriam o novo modo de ação e, por isso, os agentes patogénicos infectantes seriam susceptíveis. Os endófitos produzem novos compostos bioactivos que seriam novos medicamentos para combater as doenças. Isto reduziria o preço de mercado de compostos de elevado valor, uma vez que é possível produzi-los em grande quantidade devido aos fungos endofíticos. Do mesmo modo, se qualquer fungo endofítico isolado dessa planta produzir o mesmo composto que o seu hospedeiro, então não há necessidade de colher plantas medicinais de elevado valor. Podemos salvar as plantas medicinais raras e ameaçadas de extinção que estão a diminuir da biodiversidade da Terra.

Para além das razões acima referidas, existe uma necessidade urgente de procurar moléculas de medicamentos novas e inovadoras para ultrapassar muitos problemas como a escassez de medicamentos, a resistência dos medicamentos disponíveis no mercado, minimizar os efeitos secundários de alguns medicamentos, etc. Tendo em conta as capacidades dos fungos endofíticos para a produção de metabolitos bioactivos, os investigadores devem ser encorajados a isolar e a selecionar fungos endofíticos de diversos habitats e ambientes para procurar novos metabolitos bioactivos.

CAPÍTULO 2

Recolha de amostras e isolamento de fungos endofíticos de plantas medicinais

2.1 Introdução

Os fungos endofíticos são o grupo de microrganismos que residem em tecidos internos saudáveis e funcionais da planta sem causar quaisquer sintomas detectáveis (Petrini, 1992). Normalmente, é referido que os fungos endofíticos associados a uma determinada planta produzem o mesmo tipo de metabolitos (compostos bioactivos) que são geralmente produzidos pela planta hospedeira (Tan e Zou, 2001). Há exemplos bem conhecidos de medicamentos à base de plantas, como o quinino, a digitalina, o taxol, a aspirina, o ipecacuanha, a resperpina, etc. Muitas plantas tornaram-se raras e estão em perigo ou ameaçadas devido à enorme pressão exercida sobre elas em virtude das suas propriedades curativas, por exemplo, a planta taxus está a ser explorada pelo seu teor de medicamentos como o taxol e o taxano (Gangadevi e Muthumary, 2008). De acordo com Pramuan *et al.* (2010), os fungos endofíticos estão presentes em todos os tipos de plantas, como árvores, gramíneas, algas e plantas herbáceas. Vivem no interior de um tecido vegetal sem causar quaisquer sintomas visíveis ou lesões visíveis no hospedeiro. Além disso, também isolaram trinta e cinco isolados de fungos endofíticos pertencentes a 13 géneros diferentes, tais como *Cladosporium* sp., *Acremonium* sp., *Monilia* sp., *Fusarium* sp., *Spicaria* sp., *Humicola* sp., *Trichoderma sp.*, *Rhizoctonia sp.*, *Cephalosporium* sp., *Botrytis* sp., *Penicillium* sp., *Chalaropsis* sp. e espécies de *Geotrichum*. Além disso, os autores verificaram que os géneros mais dominantes eram *Acremonium* sp., *Monilia* sp., *Fusarium* sp., *Cladosporium* sp. e *Trichoderma* sp. encontrados no Sul da China.

O isolamento de fungos endofíticos é muito importante porque tem a capacidade de tolerar a temperatura e a seca e também mostra a resistência das plantas às doenças porque colonizam de forma assintomática. Os fungos endofíticos apresentam diferentes benefícios em termos de aptidão física, dependendo do habitat de isolamento, como se indica a seguir:

2.1.1. Produção de metabolitos secundários

Foi considerada uma série de produtos químicos de defesa que não são apenas produzidos pelas plantas, mas também produzidos por fungos endofíticos. Os produtos químicos produzidos pelos fungos endofíticos ajudam no mecanismo de defesa contra insectos e pragas devido à presença de alcalóides, aminas, diterpenos indol, etc.

2.1.2. Aumentar a aptidão e a capacidade competitiva das plantas

Os fungos endofíticos também contribuem para o mecanismo de resistência ou de aptidão das plantas, ajudando-as a absorver nutrientes do solo através das raízes por associação simbiótica. O aumento da aptidão da planta significa um aumento da defesa anti-herbívora e dos factores de promoção do crescimento. A afirmação normal de que a promoção do crescimento da planta é a principal forma de simbiose fúngica e melhora a aptidão para a atividade anti-herbívora ou a alteração da composição química da planta e induz resistência que ajuda a melhorar a capacidade competitiva e a fecundidade das plantas.

2.1.3. Efeito climático

A associação simbiótica entre as plantas e os fungos endofíticos ajuda a crescer através de benefícios mútuos. Devido às alterações climáticas, as plantas podem perder ou ganhar os endófitos. O mecanismo exato ainda é desconhecido e afecta a defesa e a aptidão das plantas. Além disso, a alteração do clima afecta sempre a existência de endófitos nas plantas.

Os endófitos estão sempre presentes nas folhas, ramos, raízes, frutos e flores, mas variam de explante para explante. Ahmed *et al.* (2012) registaram cento e trinta e dois endófitos diferentes recuperados de várias plantas etnomedicinais. Hata *et al.* (2002) relataram a diversidade de fungos endofíticos, como *Phyllosticta* sp. e *Colletotrichum* sp. isolados de folhas saudáveis de *Pasania edulis*. Além disso, eles também estudaram a localização dos endófitos na folha, por exemplo, *Phyllosticta* sp. foi isolado do pecíolo e da nervura central das folhas. *Phomopsis* sp. do pecíolo e da região da base da folha com nervura central. Do mesmo modo, as espécies de *Colletotrichum foram isoladas* menos frequentemente dos pecíolos e *Ascomycete* sp. isoladas da secção do pecíolo e das secções da base da folha com nervura central do que de outros segmentos. Sugeriram também as possíveis causas de tais distorções na distribuição dos endófitos no interior das folhas. São também sugeridas as diferenças nos modos de infeção e interacções negativas da maioria dos endófitos nas folhas.

Selvanathan e colaboradores (2011) relataram a biodiversidade de fungos endofíticos, tais como *Aspergillus niger, A. flavipes, Alternaría porri, C. lunata, F. oxysporum, Nigrospora sphaerica, C. falcatum, Pestalotiopsis sydowiana, P. exigua, Phomopsis archeri, Leptosphaerulina chartarum* e *Mycelia sterilia* isoladas de dez plantas *de Calotropis gigantea* colhidas em diferentes locais. Um total de doze espécies diversas de fungos endofíticos foram obtidas de *Adhatoda vasica, Costus igneus, Coleus aromaticus* e *Lawsonia inermis*. Destas, 7 pertencem a Hyphomycetes, 4 pertencem a Coelomycetes e uma pertence à família Xylariales. Os fungos endofíticos isolados foram *Cladosporium cladosporioides, Curvularia brachyspora, C. verruciformis, Drechslera hawaiiensis, Colletotrichum carssipes, Colletotrichum falctum, C. gleosporioides, Lasiodiplodia theobromae, Nigrospora Sphaerica, Phyllosticta* sp. e espécies de *Xylariales*. Mais tarde, também estudaram a síntese de enzimas extracelulares como a amilase, a celulase, a lacase, a lipase e a protease através de ensaios qualitativos (Amirita *et al.*, 2012). A diversidade de diferentes endófitos fúngicos, tais como *A. flavus, A. niger, Aspergillus* sp., *Penicillium sublateritium, Phoma chrysanthemicola, P. hedericola, Phoma* sp. e *C. albicans* foi recuperada de *C. procera* recolhida de diferentes locais do campus da Universidade de Karachi (Khan *et al.*, 2007).

Tong e colaboradores (2011) estudaram a diversidade de fungos endofíticos de *Orthosiphon stamineus*. *Recuperaram* 72 isolados fúngicos, dos quais 48 de folhas, 14 de caules, 6 de raízes e 4 de explantes de flores de *O. stamineus*. Além disso, também referiram que os fungos endofíticos eram mais comuns nas folhas do que nas flores. Também sugeriram que o número mínimo de endófitos isolados das flores pode dever-se ao facto de as flores murcharem em poucos dias, o que resulta numa menor colonização. A diversidade de fungos endofíticos de *Buddleja asiatica* foi estudada por Chhetri *et al*. (2013). Relataram uma série de fungos endófitos como *Alternaria, Fusarium, Epicoccum, Phoma* e *Cladosporium* isolados de *B. asiatica*, que foi recolhida de duas regiões temperadas de Katmandu, Nepal. Kim *et al*. (2013) estudaram a diversidade sazonal de endófitos fúngicos de plantas coníferas. Recuperaram 59 endófitos fúngicos diferentes, tais como *Hyphodontia flavipora, Phanerochaete sordida, Irpex hydnoides, Schizophyllum commune, Alternaria alternata, Phyllosticta papayae, Lophodermium pinastri, Colletotrichum gloeosporioides, Coniochaeta velutina, Diaporthe eres, Nemania diffusa, Annulohypoxylon stygium, Annulohypoxylon truncatum, Daldinia childiae, Pestalotiopsis* sp., *Bionectria* sp., *Trichoderma harzianum, Trichoderma viride* e *Nigrospora oryzae* de coníferas. Mais tarde, sugeriram também que o ambiente existente nas plantas hospedeiras e a recolha de amostras sazonalmente são os factores mais importantes para a ocorrência de fungos endofíticos.

2.2. Revisão da literatura

Todos os aspectos da biologia e das inter-relações dos endófitos com os seus respectivos hospedeiros são um campo muito pouco investigado e excitante (Strobel *et al.*, 2002). Wang *et al.* (2008) relataram *C. gloeosporioides* como um endófito de *Taxus mairei*, que mostrou alta colonização na folha. *Colletotrichum* sp. isolado de *Orthosiphon spiralis* (Shobana, 2011), *Piper hispidum* (Orlandelli, *et al.*, 2012) e *Centella asiatica* (Rakotoniriana *et al.*, 2008) foi o segundo género mais dominante, possuindo elevadas frequências de colonização nas suas respectivas plantas medicinais hospedeiras. As variações sazonais também afectam a ocorrência de endófitos foliares, uma vez que o *Colletotrichum* sp. foi o endófito dominante durante o período húmido (Suryanarayanan e Thennarasan, 2004). *C. gloeosporioides* foi dominante nas estações de monção do nordeste e de inverno (Thalavaipandian *et al.*, 2011). *C. dematium* e *C. linicola* foram isolados do caule, folhas, pecíolo e raízes de *Tinospora cordifolia*, enquanto *C. linicola* ocorreu completamente na estação de inverno (Mishra *et al.*, 2012). Immaculate *et al.* (2011) isolaram o fungo endofítico *Phoma* species da parte da folha de Aloé *vera* e caracterizaram-no para a produção de taxol.

A diversidade de endófitos fúngicos como *F. oxysporum, C. gleospoirioides, C. lunata, Helminthosporium papulosum, Aspergillus flavus, Phomopsis viticola* e *Cladosporium cladosporioides* foi bem estudada (Tiwari e Chittora, 2013). Mais tarde, também estudaram a colonização e a frequência de endófitos e descobriram que o número máximo de fungos endofíticos foi recuperado de explantes nodais de *P. pinnata* em comparação com explantes folhosos e intemodais. Sawmya *et al.* (2013) compararam a diversidade de endófitos fúngicos de duas orquídeas *(Bulbophyllum neilgherrense* e *Pholidota pallida}* com diferentes explantes, como folha e raiz, nos quais as espécies de *Xylaria* mostraram presença constante na folha e na raiz, enquanto as espécies de *Guignardia* e *Pestalotiopsis* estavam mais associadas aos tecidos foliares de ambas as orquídeas. Um total de 76 endófitos fúngicos diferentes foram isolados de 13 espécies de plantas medicinais. O fungo endofítico foi confirmado como *Fusarium* sp. que produziu ácido oleico, ácido palmítico, ácido linoleico e ácidos gordos insaturados (Xie *et al.,* 2013). Alguns fungos endofíticos sintetizam os mesmos compostos bioactivos que as suas plantas hospedeiras (Zhao *et al.,* 2011). Deng *et al.* (2009) relataram 290 fungos endofíticos diferentes, como *Fusarium* sp., *Masseria* sp., *Penicillium* sp., *Pezicula* sp. e alguns taxa não classificados isolados de *Taxus* chinensis colhidos na montanha Qinba da China.

A colonização e a diversidade de endófitos foram estudadas por Haiyan *et al.* (2005). Isolaram cento e trinta fungos endofíticos diferentes de doze plantas medicinais tradicionais chinesas, que foram recolhidas no condado de Yuanmou e na montanha Dawei, província de Yunnan, sudoeste da China. Os autores analisaram a atividade antitumoral destes fungos endofíticos através do ensaio MTT contra a linha celular de tumor gástrico humano BGC-823 e a atividade antifúngica contra fungos fitopatogénicos como *Aspergillus niger, Colletotrichum gloeosporioides, Fusarium* sp, *Trichoderma viride* e *Verticillium* sp. *Destes, Marssonina* sp. e *Pithomyces* sp. foram recuperados de *C. gigantea,* dois isolados de *Alternaria* sp. de *Datura stramonium,* três de *Pestalotiopsis* sp. *e Alternaria* sp. de *Jatropha curcas* e dois isolados de Ascomycete sp. micélio estéril, *Hainesia* sp. e *Torula* sp. de *Arisaema erubescens, Beaumontia brevituba, Rhoiptelea chiliantha, Ervatamia* sp. e *Hedyotis diffusa,* respetivamente. *Phomopsis* sp. endofítica foi recuperada da planta medicinal *Mesua ferrea,* que foi avaliada quanto à sua atividade antimicrobiana contra bactérias Gram positivas como *Bacillus subtilis, Micrococcus luteus* e bactérias Gram negativas como *E. coli, K. pneumoniae* e levedura *Candida albicans* (Jayanthia *et al.,* 2011). Chang *et al.* (2001) relataram um total de 39 endófitos fúngicos diferentes isolados de *Artemisia annua* e também analisaram a atividade antifúngica contra agentes patogénicos das culturas, tais como *Gaeumannomyces graminis* var. *tritici, Rhizoctonia cerealis, Helminthosporium satium, F. graminearum, Gerlachia nialis* e *Phytophthora capsici.* Os fungos endofíticos desempenham um papel importante na aptidão das suas plantas hospedeiras. O presente estudo investigou a biodiversidade de endófitos fúngicos e o potencial antimicrobiano de fungos endofíticos isolados de *Saussurea involucrata.* Um total de 49 endófitos fúngicos diferentes foram isolados de *S. involucrata* (Lv *et al.,* 2010).

Deshmukh *et al.* (2010) isolaram diferentes endófitos fúngicos pertencentes a ascomicetes, celomicetes, hifomicetes e micélio estéril pertencentes a géneros *como A. alternata, Arthrinium phaeospermum*, *Aspergillus* sp., *C. globosum*, *C. bostrychodes*, *Cladosporium cladosporioides*, *C. gloeosporioides*, *C. dematum*, *Drechslera* sp, *Emericella nidulans*, *Fusarium* sp., *Nigrospora sphaerica*, *N. oryzae*, *Periconia atropurpurea*, *Pestalotiopsis* sp., *Phomopsis* sp., *Phyllosticta* sp., outros sete endófitos estéreis foram isolados de folhas e rizomas saudáveis de *Cymbopogon citratus*. Zhang *et al.* (2010) relataram o endófito fúngico *Aspergillus terreus* isolado *de Artemisia annua* e analisaram a presença de compostos bioactivos ardeeminas e citochalasinas. Souwalak e colaboradores em (2006) isolaram 377 endófitos fúngicos diferentes dos 1979 fungos endofíticos seleccionados, entre os quais 80 eram morfologicamente diferentes de *G. atroviridis*, 84 de *G. dulcís*, 112 de *G. mangostana*, de *G. nigrolineata* e 45 de *G. scortechinii*. O fungo endofítico *Colletotrichum gloeosporioides*, produtor de taxol, foi isolado de *Justicia gendarussa*, uma planta medicinal, e analisado para a produção de taxol (Gangadevi e Muthumary, 2008). Cento e oitenta e três endófitos fúngicos e 13 taxa fúngicos foram recuperados de diferentes expiantes, como tecidos de folhas, caule e raízes de *C. roseus* recolhidos em diferentes locais do Norte da Índia. Além disso, estudaram a colonização de endófitos como *Alternaria*, *Cladosporium* e *Aspergillus* endófitos foram colonizados com tecidos de raiz enquanto que, endófitos de folha como *Drechslera*, *Curvularia*, *Bipolaris*, *Alternaria* e espécies de *Aspergillus* colonizaram com tecidos de folhas (Kharwar *et al.*, 2008).

Strobel (2002) relatou um novo fungo endofítico *Muscodor albus* isolado de *Cinnamomum zeylanicum* que produz um excelente composto orgânico volátil bioativo, que inibe o crescimento de fungos e bactérias patogénicos para o homem e para as plantas. Debbab *et al.* (2009) relataram *Chaetomium* sp. endofítico recuperado de *Salvia officinalis* de Marrocos. Além disso, também estudaram a atividade citotóxica contra células de linfoma de rato L5178Y. Borges e Pupo (2006) relataram o *Phoma sorghina* endofítico isolado de *Tithonia diversifolia* e avaliaram a presença de três antraquinonas (1,7-dihidroxi-3-metil-9,10-antraquinona, 1,6-dihidroxi-3-metil-9,10-antraquinona e 1-hidroxi-3-metil-9,10-antraquinona), uma nova antraquinona (1,7-dihidroxi-3-hidroximetil- 9,10-antraquinona) e dois novos derivados de hexa-hidroantraquinona e dendríolos. Foi estudada a diversidade de endófitos fúngicos, tais como *A. versicolor, F. oxysporum, Glomerella* sp. e espécies de *Cladosporium*, que foram isoladas de *Coffea arabica* e *C. robusta* (Sette *et al.*, 2006). Yi e colaboradores (2009) relataram quarenta e três fungos endofíticos diferentes, tais como *Penicillium glabrum, F. oxysporum* e *A. alternata*, que foram isolados do tecido interno de plantas marinhas e invertebrados, tendo também estudado a atividade antimicrobiana de largo espetro dos endófitos e constatado que dez endófitos apresentavam melhor atividade do que outros.

A diversidade de endófitos fúngicos altera-se com as mudanças de estação, como o verão e o inverno. Um total de cinquenta e oito endófitos fúngicos diferentes foram isolados de lâminas expiantes esterilizadas à superfície de *Phleum pratense* que foram recolhidas em Roka, Estónia.

Também estudaram as variações sazonais dos endófitos, uma vez que a biodiversidade de endófitos fúngicos também aumentou com o aumento da estação (Varvas *et al.,* 2013). Foi efectuado um estudo completo dos fungos endofíticos relacionados com diferentes expiantes de *Cannabis sativa* recolhidos em Mandi, Himachal Pradesh, e estudada a sua atividade antifúngica. A diversidade de endófitos fúngicos como *A. niger, A. flavus* e *A. nidulans, Penicillium chrysogenum, P. citrinum, Phoma, Rhizopus, Colletotrichum, Cladosporium* e *Curvularia* foi recuperada da *Cannabis sativa* (Gautama *et al.,* 2013). Entre todos os endófitos, *Aspergillus* foi dominante em comparação com todos os outros géneros. Além disso, também estudaram a percentagem de colonização com diferentes expiantes. A maior percentagem de colonização foi encontrada em expiantes de caule (84,94%), seguida de folhas (82,41%) e pecíolos (59,79%). Diferentes endófitos fúngicos como *Colletotrichum falcatum, Pestalotiopsis species, A. fumigatus, A. flavipes, Sterile mycelia, F. oxysporum, Penicillium senticosum, Gliocladium roseum, Phomopsis jacquiniana, Nigrospora sphaerica, Leptosphaeria* species, *Phomopsis archeri, A. alternata* e *A. niger* foram isoladas de *Boswellia ovalifoliolata, Pterocarpus santalinus, Shorea tumbuggaia* e *Syzygium alternifolium.* Também estudaram a percentagem de colonização em diferentes expiantes, como a frequência geral de colonização de endófitos fúngicos na folha e no caule, que se verificou ser a mesma (3,44%). Mas o endofítico *C. falcatum* foi considerado dominante na percentagem de colonização em comparação com outros endófitos fúngicos.

A frequência e a distribuição de endófitos fúngicos em explantes hospedeiros dependem da presença de diferentes flora e alterações climáticas na floresta. Momsia e Momsia (2013) relataram a diversidade de fungos endofíticos como *A. alternata, Aspergillus* sp., *Curvularia* sp., *Penicillium* sp., *Trichoderma* sp., *Helminthosporium* sp., *Fusarium* sp. e espécies de *Phoma* isoladas de *Catharanthus roseus* colhidas em Kukas (Jaipur), Rajasthan. Além disso, também estudaram a colonização de endófitos em explantes. Curiosamente, *A. alternata* demonstrou a percentagem máxima de colonização seguida por *Aspergillus* sp., *Trichoderma* sp., *Curvularia* sp., *Penicillium sp., Fusarium* sp., espécies de *Phoma* e espécies de *Helminthosporium.* Hao e colaboradores (2012) relataram a diversidade de endófitos fúngicos, tais como *Botryosphaeria, Camarosporium, Cryptosporiopsis, Alternaria, Diaporthe, Dictyochaeta, Penicillium, Fusarium, Nectria, Peniophora, Cladosporium, Trichoderma* e espécies de *Schizophyllum* isoladas de *Aralia elata,* que foi recolhida no nordeste da China. Além disso, também estudaram a produção de saponina no filtrado de cultura dos endófitos e verificaram que alguns isolados eram capazes de produzir saponina.

Os endófitos fúngicos como *Cladosporium sphaerospermum, Simplicillium lanosoniveum, Curvularia* sp., *Didymella* sp. e *Penicillium* cl' *raistrickii* foram isolados de ramos saudáveis de bambu (Shen *et al.,* 2012). Mahesh *et al.* (2005) relataram 77 endófitos fúngicos diferentes pertencentes a 15 géneros isolados da casca interna de *Azadirachta indica*. Huang *et al.* (2001) registaram endófitos fúngicos como espécies de *Cephalosporium*, *Paecilomyces* e *Tubercularia* isolados das cascas interiores de *Taxus mairei*, *Cephalataxus fortunei* e *Torreya grandis*, que foram recolhidas na província de Fujian, China. Além disso, também avaliaram a atividade antitumoral e antifúngica dos isolados acima referidos. Destes, *Paecilomyces* sp. apresentou a atividade mais elevada em comparação com as espécies *Cephalosporium* e *Tubercularia*. O endófito fúngico *Pestalotiopsis* species foi isolado de *A. indica*, *T. arjuna*, *T. chebula* e *Holarrhena antidysenterica* (Tejesvi *et al.*, 2008). Do mesmo modo, também estudaram a atividade antioxidante e anti-hipertensiva, como a atividade inibidora de 1,1-difenil-2-picril-hidrazil, a peroxidação lipídica e a atividade de inibição da enzima de conversão da angiotensina.

Os endófitos colonizam e distribuem-se sempre de forma aleatória pelos diferentes explantes das plantas. Novecentos e setenta e três endófitos fúngicos foram isolados de 1144 espécimes de explantes das seis espécies de plantas pertencentes a quatro famílias que foram recolhidas do Jardim Botânico de Pequim (Sun *et al.*, 2008). Além disso, também avaliaram a colonização de endófitos nos explantes de plantas medicinais seleccionadas. Entre 973 isolados, 147 isolados foram recuperados de *Berberidaceae poiretii*, 307 de *Eucommia ulmoides*, 112 de *Forsythia giraldiana*, 98 de *Forsythia ovata*, 149 de *Forsythia suspensa* e 160 de *Rhus potanini*. Os autores relataram a maior percentagem de colonização de endófitos fúngicos *B. poiretii* entre todas as seis plantas seleccionadas. Além disso, noutras plantas, a percentagem de colonização de endófitos fúngicos variou de maior para menor, como *F. ovata* (60%), seguida de *E. ulmoides* (54,8%), *F. suspensa* (54,4%), *F. giraldiana* (51,3%), *R. potanini* (47,9%). Aparentemente, também relataram que a colonização de endófitos fúngicos era máxima nos galhos em comparação com as folhas de seis plantas medicinais seleccionadas. Uma diversidade e distribuição endofítica como *Alternaria alternata*, *Curvularia lunata*, *F. oxysporum*, *Phoma* sp., *Phyllosticta* sp., *Phomopsis* sp., *Pestalotiopsis* sp. e *Ascomycetes* como *Chaetomium indicum*, *Chaetomium* sp, *Sporormiella minima*, *Xylaria* sp., *C. globosum* e espécies de *Talaromyces* foram isoladas de *Coleus aromaticus*, *Leucas aspera*, *Ocimum basilicum*, *O. santum* e *Tridax procumbens* do sul da Índia (Rajagopal *et al.*, 2010). Dos dezoito isolados, seis pertenciam a Ascomycetes, quatro a Coelomycetes, três a Hyphomycetes e os restantes eram estéreis.

Ho *et al.* (2012) relataram endófitos fúngicos *Colletotrichum*, *Guignardia*, *Hypoxykm*, *Nigrospora*, *Phomopsis* e *Xylaria* de *Citrus* e *Zanthoxylum* de Rutaceae e *Cinnamomum* da família Lauraceae, que foram coletados da Estação de Propagação e Melhoramento de Sementes de Taiwan, e Taichung, Taiwan Central e Jardim Botânico de Fushan, Yilan, Norte de Taiwan. A distribuição varietal e o grupo de endófitos fúngicos, tais como *Pestalotiopsis* sp. e *Phomopsis* sp. foram observados em *Cinnamomum camphora* (L.) Presl. que foi recolhida do jardim ayurvédico da Universidade Hindu de Bañaras, Varanasi, Índia (Kharwar *et al.*, 2012). Garcia e colaboradores (2012) relataram endófitos fúngicos como *Cochliobolus intermedins*, *Phomopsis* sp. e não identificados isolados de *S. saponaria*, que foi recolhida do Paraná, Brasil. Diferentes fungos endofíticos, tais *como Aspergillus flavus, Penicillium* sp., *Eurotium* sp., *Sartorya* sp. e *Phomopsis* sp. foram isolados de folhas, caule e raízes de *Enicostemma axillare* (Lam.), que foi recolhido do campus universitário de Nanded (Deepake *et al.*, 2012). Nakarin *et al.* (2012) relataram a diversidade de endófitos fúngicos, uma vez que isolaram 2 774 fungos endofíticos diferentes de folhas e caules saudáveis da árvore de canela selvagem, *Cinnamomum bejolghota*, que foi recolhida no Parque Nacional Doi Suthep Pui, no norte da Tailândia. Bharathidasan e Panneerselvam (2011) relataram a biodiversidade de endófitos fúngicos como *Penicillium sublateritium, Phoma chrysanthemicola, A. flavus, A. niger, Aspergillus* sp., *Phoma hedericola, Phoma* sp. e *Candida albicans* recuperados *de Avicennia marina* recolhida do mangal de Karankadu. Foi relatado que a existência, a diversidade e a percentagem de colonização de endófitos variaram de acordo com as alterações sazonais. As alterações no clima são diretamente proporcionais à distribuição dos endófitos fúngicos no seu respetivo hospedeiro.

Bagchi e Banerjee (2013) recuperaram 300 fungos endofíticos diferentes de 375 secções de amostras de explantes de *Bauhinia vahlii* e encontraram 38 géneros, tais como *Penicillium* sp., *Pestalotiopsis* sp., *Aspergillus* sp., *Phialophora sp.*, *Nigrospora* sp., *Torula* sp., *Bispora* sp., *Curvularia* species. Também estudaram a frequência de colonização e descobriram que os pecíolos foram mais colonizados do que o caule e as folhas. Observaram também que a diversidade endofítica se deveu ao ambiente do solo e ao microclima.

2.3. Materiais e métodos

2.3.1. Materiais

2.3.1.1. Material de vidro Placas de Petri, frascos cónicos, béqueres, tubos de ensaio. Todos os materiais de vidro acima referidos foram adquiridos à Borosil glass works limited, Mumbai.

2.3.1.2. Produtos químicos Hipoclorito de sódio (comercialmente 4-5%), etanol (70%), dextrose, ágar-ágar. Todos os produtos químicos foram adquiridos à Hi Media Pvt. Ltd., Mumbai

2.3.I.3. Os meios Potato Dextrose Agar (PDA) e Malt Agar (MA) foram adquiridos à HiMedia Pvt. Ltd. Mumbai e estes meios foram também preparados no nosso laboratório utilizando a infusão de extrato de batata e de malte.

Tabela 2.1. Composição química do ágar dextrose de batata (PDA)

N.º Sr.	Ingredientes	Quantidade/litro gm/1
1	Infusão de batata	250
2	Dextrose	20
3	Agar-Agar	20
4	pH	5.6±0.2

Tabela: 2.2. Composição química do ágar-malte (MA)

N.º Sr.	Ingredientes	Quantidade/litro gm/1
1	Extrato de malte	30
2	Agar-Agar	20
3	pH	5.5 ±0.2

2.3.1.4. Outros materiais necessários Agulha de dissecação, bisturi, fórceps, pinças, lâminas, lâminas de microscópio, papéis de filtro esterilizados, etc.

2.3.1.5. Materiais vegetais Os materiais vegetais medicinais seleccionados, tais como *Andrographis paniculata* (Chirayta), *Asparagus racemosus* (Shatavari), *Azadirachta indica* (Neem), *Centella asiatica* (Brahmi), *Emblica officinalis* (Amla), *Rauwolfia serpentina* (Sarpagandha), *Holarrhena antidysenterica* (Casca de Kurchi), *Abrus precatorius* (Gunj), *Gymnema sylvestre* (Gurmar), *Gloriosa superba* (Kallavi), *Pueraria tuberosa* (Kidzu), *Withania somnifera* (Ashwagandha), *Morinda citrifolia* (Noni), *Syzyzium cumini* (Jamun), *Terminalia arjuna* (Arjuna), *Terminalia bellerica* (Behda), *Cathranthus roseus* (Sadabahar), *Aloe vera* (Korphad), *Ruta graveolens* (Rue) e *Semecarpus anacardium* (Bhilava) foram colhidas na floresta de Melghat, no distrito de Amravati (MS), Índia.

2.3.2. Métodos

2.3.2.I. Seleção e recolha de material vegetal medicinal

A área do presente estudo, a floresta de Melghat do distrito de Amravati, é um terreno montanhoso da cordilheira de Satpura. Existem mais de 650 espécies de plantas medicinais em Melghat. Tendo em conta a importância e a aplicação de plantas medicinais/etnomedicinais, foram seleccionadas para o presente estudo *Andrographis paniculata, Asparagus racemosus, Azadirachta indica, Centella asiatica, Emblica officinalis, Rauwolfia serpentina, Hollarrhena antidysenterica, Abrus precatoris, Gymnema sylvestre, Gloriosa superba, Pueraria tuberosa, Withania somnifera, Morinda citrifolia, Syzyzium cumini, Terminalia arjuna, Terminalia bellerica, Cathranthus roseus, Aloe vera, Ruta graveolens* e *Semecarpus anacardium*. A principal razão para a seleção de endófitos fúngicos de plantas medicinais de Melghat no presente estudo foi o facto de o número de metabolitos secundários produzidos por endófitos fúngicos ser superior ao de qualquer outro microrganismo endofítico. Além disso, devido à diversidade da flora da região de Melghat, eram de esperar hipóteses de ocorrência de endófitos únicos. Além disso, até à data, não foi efectuado qualquer trabalho sobre endófitos fúngicos de plantas medicinais da região de Melghat do distrito de Amravati. Por conseguinte, a presente investigação foi proposta para isolar, identificar e examinar os endófitos fúngicos de plantas medicinais seleccionadas de Melghat. Os espécimes das plantas medicinais seleccionadas foram levados para o laboratório para o isolamento de endófitos fúngicos e armazenados a 4^0 C para estudo posterior.

2.3.2.2. Isolamento de fungos endofíticos de plantas medicinais colhidas

2.3.2.2.I. Esterilização da superfície dos materiais vegetais

A etapa mais importante do isolamento de endófitos é o isolamento a partir de explantes do hospedeiro esterilizados à superfície. A esterilização da superfície foi efectuada em condições assépticas. Para o isolamento de fungos endofíticos, foram utilizados diferentes explantes saudáveis das plantas medicinais seleccionadas, tais como caule/galho, folhas e frutos. A camada externa dos galhos, frutos e folhas de cada amostra foi removida com a ajuda de uma lâmina afiada esterilizada e as folhas foram lavadas em água corrente da torneira, depois com água destilada esterilizada e cortadas em vários pedaços de aproximadamente 5 mm de diâmetro. Em seguida

~~W~~os explantes foram esterilizados à superfície por tratamento sucessivo com etanol a 70% durante 1-2 minutos, hipoclorito de sódio (comercial) durante 2-3 minutos e, finalmente, foram enxaguados três vezes com água destilada estéril para remover vestígios de hipoclorito de sódio e álcool e os explantes foram deixados a secar em papel de filtro estéril.

2.3.2.2.2. Isolamento de fungos endofíticos

Após a esterilização superficial dos explantes das plantas medicinais seleccionadas, os explantes esterilizados foram secos em papel de filtro esterilizado para remover a gota de água e evitar a contaminação bacteriana. Em seguida, cinco pedaços de cada explante foram colocados na superfície de cada placa de Petri contendo ágar batata dextrose esterilizado suplementado com estreptomicina (30 µg/ml e cloranfenicol (30 µg/ml). As placas foram incubadas a 25 ±2° C e foram verificadas quanto ao crescimento de endófitos fúngicos após cada 24 horas até que o crescimento fosse observado na placa de Petri. Cada colónia de fungos endofíticos isolados foi então selecionada de cada placa e inoculada noutra placa de meio PDA para purificação e incubada a 25 ±2° C durante uma semana.

2.3.2.2.3. Manutenção de endófitos

Após a purificação, os endófitos fúngicos foram transferidos para placas de PDA separadamente e numerados de acordo com o número de acesso do departamento. Por fim, os fungos endofíticos purificados foram mantidos a 4⁰ C para estudos posteriores, por exemplo, identificação por técnicas morfológicas, características culturais e moleculares.

2.4. Resultados e discussão

As plantas medicinais seleccionadas, tais como *Andrographis paniculata, Asparagus racemosus, Azadirachta indica, Centella asiatica, Emblica officinalis, Rauwolfia serpentina, Hollarrhena antidysenterica, Abrus precatoris, Gymnema sylvestre, Gloriosa superba, Pueraria tuberosa, Withania somnifera, Morinda citrifolia, Syzyzium cumini, Terminalia arjuna, T. bellerica, Catharanthus roseus, Aloe vera, Ruta graveolens* e *Semecarpus anacardium* foram colhidas na floresta de Melghat para isolamento de fungos endofíticos **(Figura 2.1., 2.2., 2.3., 2.4).** Um total de 199 endófitos fúngicos diferentes foram isolados de diferentes explantes, tais como folhas, caule e frutos de plantas medicinais seleccionadas da floresta de Melghat. Durante o isolamento de endófitos fúngicos, observámos a ocorrência máxima de endófitos em algumas plantas, enquanto outras apresentaram um número relativamente menor.

Registou-se uma variação sazonal na colonização e diversidade de endófitos. O máximo de endófitos fúngicos foi isolado de *Andrographis paniculata* (22) seguido de *Gymnema sylvestre* (19), *Catharanthus roseus* (16), *Syzyzium cuminii* (13), *Abrus precatorius* (12), *Morinda citrifolia* (12), *Gloriosa superba* (11), *Rauwolfia serpentina* (8), *Azadirachta indica* (8), *Emblica officinalis (T)*, *Asparagus racemosus* (7), *Terminalia arjuna* (6) e menos endófitos foram recuperados de *Semecarpus anacardium* (3), *Pueraria tuberose* (3), *Terminalia bellerica* (3), *Withania somnifera* (3), *Hollarrhena antidysenterica (2)*, *Aloe vera* (3) *Centella asiatica* (2) **(Quadro 2.3).**

Gajalakshmi *et al.* (2012) relataram a diversidade de endófitos fúngicos de *A. paniculata.* Da mesma forma, no presente estudo, foram isolados 22 endófitos fúngicos diferentes de *A. paniculata.* Recentemente, Darbhaa e Tikoleb (2013) relataram 18 endófitos fúngicos diferentes de diferentes explantes, como folhas, caule e raízes de *G. sylvestre. Esta* última é uma planta medicinal bem conhecida, utilizada no sistema ayurvédico e homeopático, pertencente à família *Asclepediaceae,* que apresenta uma elevada atividade antioxidante. No presente estudo, também foram isolados 19 isolados diferentes de *G. sylvestre.* Kumala e Siswanto (2007) isolaram endófitos fúngicos de *Morinda citrifolia,* que é altamente medicinal e utilizada contra várias doenças. Do mesmo modo, Pandi e colaboradores em (2010) estudaram a colonização e a distribuição de endófitos fúngicos de *M. citrifolia.* No presente estudo, também foram isolados 4 endófitos fúngicos diferentes de diferentes explantes, tais como folhas e tubérculos *de M. citrifolia.* Além disso, a percentagem de colonização foi de 30-40%.

Um total de 22 endófitos fúngicos diferentes foram isolados de diferentes explantes da planta medicinal *Gloriosa superba,* que foi recolhida na Universidade S.V., Tirupati, Índia (Budhiraja *et al.,* 2013). No presente estudo, também foram isolados 11 endófitos fúngicos diferentes de *G. superba.* Além disso, foram isolados 183 fungos endofíticos de diferentes explantes, tais como tecidos de folhas, caule e raízes de *Catharanthus roseus,* que foram recolhidos no jardim botânico da Universidade Banaras Hindu, Banaras North India (Kharwar *et al.,* 2008). O presente estudo também inclui um total de 16 isolados de endófitos fúngicos recuperados de *C. roseus.*

Tejesvi e colaboradores em (2008) relataram endófitos fúngicos de *Terminalia arjuna, T. chebula, Azadirachta indica* e *Holarrhena antidysenterica.* No presente estudo, também foi efectuado o isolamento de diferentes endófitos fúngicos de *Terminalia arjuna, T. bellerica, A. indica* e *Holarrhena antidysenterica.* Entre as plantas acima referidas, foram isolados 7 endófitos fúngicos de *A. indica,* 6 de *T. arjuna,* 4 de *T. bellerica* e 3 de *Holarrhena antidysenterica.*

Além disso, foram registados endófitos fúngicos de *Rauwolfia serpentina* (Nath *et al.*, 2013), de *Withania somnifera* (Khan *et al.*, 2010), *Aloe vera* (Rebecca *et al.*, 2QWj,*Abruspulchellus* (Yasuhiro *et al.*, 2011) e *Emblica officinalis* (Nath *et al.*, 2012). Do mesmo modo, no presente estudo também foram isolados vários endófitos fúngicos de expiantes de diferentes plantas medicinais, tais como *R. serpentina, W. somnifera, A. vera, A. pulchellus, E. officinalis, A. precatoris, A. racemosus, C. asiatica, S. cumini, R. graveolens* e *S. anacardium.*

Finalmente, os fungos endofíticos foram isolados de diferentes expiantes, tais como folhas, caule e frutos de plantas medicinais como *A. paniculata, A. racemosus, A. indica, C. asiatica, E. officinalis, R. serpentina, H. antidysenterica, A. precatoris, G. sylvestries, G. superba, P. tuberosa, W. somnifera, M. citrifolia, S. cumini, T. arjuna, T. bellerica, C. roseus, A. vera, R. graveolens* e *S. anacardium.* No presente estudo, foi efectuado o isolamento de fungos endófitos em diferentes estações, como a chuvosa, o inverno e o verão, para verificar o efeito das condições ambientais na colonização dos fungos endófitos no respetivo hospedeiro. Durante o estudo, observou-se que o máximo de endófitos foi recuperado na estação das chuvas e no inverno, em comparação com o verão, em todas as plantas seleccionadas. Por exemplo, 18 endófitos fúngicos diferentes foram isolados de *A. paniculata* na estação das chuvas e do inverno e 4 no verão. Do mesmo modo, 16 isolados endofíticos foram isolados na estação das chuvas e do inverno e 3 no verão de *G. sylvestre.* Também se verificou que em algumas plantas como *R. serpentina, A. racemosus, T. arjuna, M. citrifolia, P. tuberosa, T. bellerica, R. graveolens, S. anacardium, H. antidysenterica, W. somnifera* e *C. asiatica* o crescimento fúngico só se verificou na estação das chuvas e no inverno e não no verão, mesmo após um mês de incubação. Os pormenores do estudo sazonal são apresentados no **Quadro 2.4.** Por conseguinte, a partir dos resultados e da discussão acima referidos, o presente afirma que os endófitos fúngicos colonizam e se distribuem de acordo com as alterações sazonais no ambiente, tendo também recuperado a colonização em conformidade.

2.5. Conclusões

A partir dos resultados e da discussão acima referidos, pode concluir-se que o isolamento, a colonização e a distribuição dos fungos endofíticos dependem das condições meteorológicas do ambiente, tal como descrito acima. No presente estudo, também se verificou que o número máximo de fungos endofíticos foi recuperado na estação das chuvas e no inverno, em comparação com a estação do ano das plantas medicinais seleccionadas. No presente estudo, o isolamento de fungos variou consoante os explantes. O número máximo de fungos endófitos foi isolado da folha, seguido do caule e dos frutos. Várias plantas presentes na terra têm endófitos na sua associação com plantas como relação mútua ou simbiótica. Podemos dizer que todos os habitats das plantas são colonizados por microrganismos endofíticos para o seu objetivo de vida.

Quadro 2.3. Lista de endófitos fúngicos isolados de plantas medicinais seleccionadas da floresta de Melghat

Sr. Não.	N.º de acesso	Anfitrião	Nome comum	Expiantes	N.º de endófitos
1	DBT-49	*Andrographis paniculata*	Chirayta	Folha, caule	22
2	DBT-50	*Gymnema sylvestre*	Gudmar	Folha, caule	19
3	DBT-51	*Catharanthus roseus*	Sadabahar	Folha, caule	16
4	DBT-52	*Syzyzium cuminii*	Jamun	Folha, caule	13
5	DBT-53	*Abrus precatorius*	Gunj	Folha, caule	12
6	DBT-54	*Gloriosa superba*	Kallavi	Folha, caule	11
7	DBT-55	*Rauwolfia serpentina*	Sarpagandha	Folha, caule	8
8	DBT-56	*Emblica officinalis*	Awala	Folha, caule	7
9	DBT-57	*Espargos racemosos*	Shatavari	Folha, caule	7
10	DBT-58	*Azadirachta indica*	Neem	Folha, caule	7
11	DBT-59	*Terminalia arjuna*	Arjuna	Folha, caule	6
12	DBT-60	*Morinda citrifolia*	Noni	Folha, caule	4
13	DBT-61	*Pueraria tuberosa*	Kidzu	Folha, caule	4
14	DBT-62	*Terminalia bellerica*	Behada	Folha, caule	4
15	DBT-63	*Ruta graveolens*	Arruda	Folha, caule	3
16	DBT-64	*Semecarpus anacardium*	Bhilama	Folha, caule, frutos	3
17	DBT-65	*Holarrhena antidysenterica*	Casca de Kurchi	Folha, caule	3
18	DBT-66	*Aloé vera*	Korfad	Folha	3
19	DBT-67	*Withania somnífera*	Ashvagandha	Folha, caule	2
20	DBT-68	*Centella asiatica*	Bramhi	Folha, pecíolo	2

Tabela 2.4 Lista de fungos endofíticos isolados em diferentes estações do ano

Sr. Não.	Anfitrião	Estações do ano			Nº total de endófitos
		Chuvoso	inverno	verão	
1	*Andrographis paniculata*	9	10	3	22
2	*Gymnema sylvestre*	7	8	4	19
3	*Catharanthus roseus*	5	8	3	16
4	*Syzyzium cuminii*	5	6	2	13
5	*Abrus precatorius*	6	4	2	12
6	*Gloriosa superba*	3	7	1	11
7	*Rauwolfia serpentina*	5	3	0	8
8	*Emblica officinalis*	2	3	2	7
9	*Espargos racemosos*	2	5	0	7
10	*Azadirachta indica*	4	2	1	7
11	*Terminalia arjuna*	1	5	0	6
12	*Morinda citrifolia*	1	3	0	4
13	*Pueraria tuberosa*	2	2	0	4

14	Terminalia bellerica	3	1	0	4
15	Ruta graveolens	2	1	0	3
16	Semecarpus anacardium	2	1	0	3
17	Holarrhena antidysenterica	1	2	0	3
18	Aloé vera	1	2	0	3
19	Withania somnífera	1	1	0	2
20	Centella asiatica	1	1	0	2

Figura 2.1. Lista de plantas medicinais recolhidas na floresta de Melghat, **A**= *Centella asiatica,* **B**= *Aloe vera,* **C**= *Syzygium cumini* , **D**= *Pueraria* tuberosa e **E**= *Terminalia arjuna*

Figura 2.2. Lista de plantas medicinais recolhidas na floresta de Melghat, **A**= *Rauwolfia serpentina*, **B**= *Abrus precatoris*, **C**= *Semecarpus anacardium*, **D**= *Cathranthus roseus* e E= *Azadirachta indica*

Figura 2.3. Lista de plantas medicinais recolhidas na floresta de Melghat, **A**= *Terminalia bellerica,* **B**= *Gymnema sylvestre,* **C**= *Morinda citrifolia,* **D**= *Emblica officinalis* e E= *Hollarrhena antidysenterica*

Figura 2.4. Lista das plantas medicinais recolhidas na floresta de Melghat, **A**= *Withania somnífera,* **B**= *Gloriosa superba,* **C**= *Asparagus racemosus,* **D**= *Ruta graveolens* e E= *Andrographis paniculata*

CAPÍTULO-3

Identificação de fungos endofíticos por características morfológicas e culturais

3.1. Introdução

As características morfológicas e culturais, tais como o tamanho e a forma dos conídios ou esporos, a cor da colónia, o tipo de micélio e a forma da colónia desempenham um papel importante na identificação dos fungos. A maioria dos fungos desenvolve-se sob a forma de hifas, que podem ser cilíndricas ou estruturas semelhantes a fios, com 2 a 10 pm de diâmetro. São normalmente formadas pelo aparecimento de novas pontas ao longo de hifas existentes, através de um processo designado por ramificação, dando origem a duas hifas de crescimento paralelo. Normalmente, as hifas podem ser septadas ou coenocíticas.

Um grande número de fungos endofíticos foi identificado com base em caracteres morfológicos e culturais (Sun *et al.*, 2014) mas, por vezes, a identificação de endófitos fúngicos com base em caracteres morfológicos e culturais é difícil porque muitos endófitos apresentam semelhanças nas suas características morfológicas e culturais. Além disso, as características morfológicas continuam a desempenhar um papel importante na identificação de endófitos fúngicos até ao nível do género e da espécie. As características morfológicas e microscópicas gerais de diferentes endófitos fúngicos são micélio (septado ou coenocítico), conidióforos, hialinos, picnídios, conídios, setas, esporos, ascósporos, etc.

3.1.1. Micélio: Os grupos de estruturas filamentosas semelhantes a fios são designados por micélio. Podem ser de dois tipos.

3.1.2. Septado: Micélio que se divide em células discretas através de paredes celulares que se dispõem a intervalos regulares ao longo do comprimento do micélio, designadas por septos ou septos.

3.1.3. Coenocítico: O micélio que não está dividido por septos e forma uma rede tubular contínua.

3.1.4. Picnídio: Um picnídio é um corpo de frutificação assexuado em forma de frasco produzido pelos fungos mitospóricos

3.1.5. Conídios: Esporos assexuados não móveis de fungos, por vezes designados por clamidósporos ou clamidoconídios.

3.1.6. Conidióforos: Uma estrutura de reprodução assexuada que se desenvolve na ponta de uma hifa de fungo e produz conídios

3.1.7. Esporos: Células unicelulares ou multicelulares, reprodutivas ou de distribuição, que se desenvolvem num certo número de fases diferentes dos complexos ciclos de vida dos fungos.

3.2. Características morfológicas e microscópicas de diferentes endófitos fúngicos em PDA

3.2.1. Espécies de *Phoma*: Picnídios escuros, ostiolados, lenticulares a globosos, imersos no tecido do hospedeiro, erumpentes ou com um bico curto perfurando a epiderme, conidióforos curtos ou obsoletos, conídios pequenos, hialinos, unicelulares, ovóides a alongados, parasitas, principalmente em partes da planta que não sejam folhas, geralmente não em pontos necróticos (Boerema, 2004).

3.2.2. Espécies de *Nigrospora*: Conidióforos curtos, células um pouco infladas, escuras, na maioria simples, conídios pretos, unicelulares, globosos a um pouco achatados, situados numa vesícula achatada e hialina na extremidade dos conidióforos, parasitas de plantas ou saprófitas (Barnett e Hunter, 1956).

3.2.3. Espécies de *Colletotrichum*: Acérvulos em forma de disco ou almofada, cerosos, subepidérmicos, tipicamente escuros, com espinhos ou cerdas na borda ou entre os conidióforos, conidióforos simples, alongados, conídios hialinos, unicelulares, ovóides ou oblongos, estágios imperfeitos de *Glomerella*.

3.2.4. Espécie de *Chaetomium*: São visualizados hifas septadas, peritécios, ascos e ascósporos. Os peritécios são grandes, de cor castanha escura a preta, frágeis, globosos a em forma de frasco e têm apêndices filamentosos, semelhantes a pêlos, castanhos a pretos (setas) na sua superfície. Os peritécios têm óstios (pequenas aberturas arredondadas) e contêm ascos e ascósporos no seu interior. Os ascos são de forma clavada a cilíndrica e dissolvem-se rapidamente para libertar os seus ascósporos (4-8 em número). Os ascósporos são unicelulares, de cor castanha azeitona e forma de limão (Barnett e Hunter, 1956).

3.2.5. Espécies de *Chaetophoma*: Picnídios escuros, pequenos, globosos a irregulares, sem ossículos, em aglomerados densos ou soltos, assentados num subículo de cor azeitona, conídios hialinos, unicelulares, muito pequenos, ovóides, saprófitas em material vegetal (Barnett e Hunter, 1956).

3.2.6. Espécies de *Phyllosticta*: Picnídios escuros, ostiolados, lenticulares a globosos, imersos no tecido do hospedeiro, erumpentes ou com um bico curto perfurando a epiderme, conidióforos curtos ou obsoletos, conídios pequenos, hialinos unicelulares, ovóides a alongados, parasitas, produzindo manchas principalmente nas folhas (Van der Aa, 1973).

3.2.7. Espécies de *Helminthosporium*: Micélio claro a escuro em cultura, extenso, conidióforos curtos ou longos, septados simples ou ramificados, mais ou menos irregulares ou curvados, produzindo conídios sucessivamente em novas pontas de crescimento, conídios escuros, contendo tipicamente mais de 3 células, cilíndricos ou elipsóides, por vezes ligeiramente curvados ou curvados e arredondados, parasitas, causando frequentemente manchas foliares em gramíneas (Barnett e Hunter, 1956).

3.2.8. Espécies de *Pestalotia*: Acérvulos escuros, discoides ou em forma de almofada, subepidérmicos, conidióforos curtos, simples, conídios escuros, multicelulares, com células hialinas pontiagudas nas extremidades, elipsoides a fusoides, com dois ou mais apêndices apicais hialinos, parasitas (Barnett e Hunter, 1956).

3.2.9. Espécies de *Curvularia*: Conidióforos castanhos, simples ou por vezes ramificados, contendo esporos como em Helminthosporium, conídios escuros, células terminais mais claras, 3 a 5 células, mais ou menos fusiformes, tipicamente dobradas ou curvadas, com uma ou duas das células centrais alargadas, parasitas ou saprófitas (Barnett e Hunter, 1956).

3.2.10. Espécies de *Aspergillus*: Conidióforos erectos, simples, terminando numa protuberância globosa ou clavada, com fiálides no ápice ou irradiando de toda a superfície, conídios unicelulares, globosos, frequentemente de cores variadas em massa, catenulados, produzidos basipetalmente. Um género grande que contém muitas espécies saprófitas numa grande variedade de substratos e algumas espécies parasitas.

3.2.11. Espécies de *Alternaria*: Conidióforos escuros, simples, bastante curtos ou alongados, tipicamente com uma cadeia de conídios simples ou ramificada, conídios escuros, tipicamente com septos transversais e longitudinais, de formas variadas, obclavados a elípticos ou ovóides, frequentemente acropétalos em cadeias longas, menos frequentemente isolados e com apêndices apicais simples ou ramificados, parasitas ou saprófitas em material vegetal (Barnett e Hunter, 1956).

3.3. Revisão da literatura

Os fungos endofíticos vivem em associação simbiótica com as plantas e desempenham um papel importante na promoção do seu crescimento. Produzem compostos antimicrobianos que têm um enorme potencial para o desenvolvimento de medicamentos antimicrobianos amigos do ambiente contra organismos patogénicos. Hata e colaboradores (2002) estudaram a diversidade e a localização de endófitos fúngicos como *Phyllosticta* sp., *Colletotrichum* sp. e *Phomopsis* sp. isolados de diferentes expiantes como segmentos de pecíolo, segmentos de folha e com nervura central de folhas de *Pasania edulis*. Os endófitos fúngicos foram identificados com base em características morfológicas e culturais como o tamanho, a forma dos esporos e a cor do micélio. Os endófitos fúngicos foram isolados de quatro plantas medicinais, tais como *Coleus aromaticus, Costus igneus, Adhatoda vasica* e *Lawsonia inerims*, que foram identificadas com base em características morfológicas e culturais, tendo sido encontradas 12 espécies de endófitos fúngicos, tais como *Cladosporium cladosporioides, Curvularia brachyspora, C. verruciformis, Drechslera hawaiiensis, Colletotrichum carssipes, C. falcatum, C. gleosporioides, Lasiodiplodia theobromae, Nigrospora sphaerica*, espécies de *Phyllosticta* e espécies de *Xylariales* (Amirita *et al.*, 2012). Entre todos os endófitos acima referidos, com base na morfologia, sete pertencem a

Hyphomycetes, quatro pertencem a Coelomycetes e um pertence a Xylariales.

Pramuan *et al.* (2010) relataram que os fungos endofíticos estão presentes em todos os tipos de plantas, como ervas, árvores e trepadeiras. Além disso, isolaram e identificaram fungos endofíticos com base em características morfológicas e registaram 35 isolados pertencentes a 13 géneros diferentes, tais como *Cladosporium* sp., *Acremonium* sp., *Monilia* sp., *Fusarium* sp., *Spicaria* sp., *Humicola* sp., *Trichoderma* sp., *Rhizoctonia* sp., *Cephalosporium* sp., *Botrytis* sp., *Penicillium* sp., *Chalaropsis* sp. e espécies de *Geotrichum*. Além disso, também descobriram que os géneros mais dominantes eram *Acremonium* sp., *Monilia* sp., *Fusarium* sp. *Cladosporium* sp. e espécies de *Trichoderma*. Bagchi e Banerjee (2013) recuperaram 300 endófitos fúngicos diversos de 375 secções de amostras de expiantes de *Bauhinia vahlii* e identificaram-nos com base em características morfológicas e culturais como o tamanho, a forma dos esporos, o tipo de micélio e confirmaram géneros como *Penicillium* sp., *Pestalotiopsis* sp., *Aspergillus* sp., *Phialophora* sp., *Nigrospora* sp., *Torula* sp., *Bispora* sp., *Curvularia* species. Além disso, os autores também estudaram a frequência de colonização e verificaram que era mais elevada no pecíolo do que nas folhas e no caule.

Strobel e colaboradores (2001) isolaram endófitos fúngicos de ramos de *Cinnamomum zeylanicum* (árvore de canela) e identificaram-nos, com base na morfologia, como *Muscodor albus*. Fernandes e o seu grupo (2009) isolaram 22 endófitos fúngicos diferentes de folhas de *Coffea arabica* L. Os endófitos fúngicos isolados foram posteriormente identificados com base em características morfológicas e confirmados como *C. gloeosporioides, Phoma herbarum, Pestalotiopsis* sp., *Phomopsis* sp., *Microsphaeropsis* sp, *Microsphaeropsis* sp., *Guignardia* sp., *Leptosphaeria* sp., *Microascus* sp., *Myrothecium roridum, Phomopsis stipata, Libertella* sp., *Paracyclothyrium* sp., *Periconia* sp., *A. alternata, Staninwardia* sp., *Pseudohalonectria lutea, P. exigua var. exigua, C. crassipes, Xylaria* sp., *Cladosporium cladosporioides, Hypoxilan* species.

Além disso, 37 vários fungos endófitos foram recuperados de *Coffea arabica* e *C. robusta* (Sette *et al.*, 2006). Mais tarde, identificaram por caracteres morfológicos e descobriram que 36 fungos endofíticos eram filamentosos e pertenciam ao grupo Ascomycetes, incluindo catorze géneros como *Fusarium* sp, *Mycosphaerella* sp., *Phomopsis sp., Aspergillus* sp., *Bipolaris* sp., *Cladosporium* sp., *Clonostachys* sp., *Colletotrichum* sp., *Epicoccum* sp., *Rosellinia* sp., *Talaromyces* sp., *Trichoderma* sp. e&*Xylaria* species. Luiz *et al.* (2012) isolaram 39 fungos endofíticos diferentes de *Echinacea purpurea* e identificaram, com base em características morfológicas (tamanho, forma dos conídios, tipo de micélio), *Ceratobasidium, Cladosporium, Colletotrichum, Fusarium, Glomerella* e *Mycoleptodiscus*. A diversidade de endófitos fúngicos deve-se ao efeito do ambiente nas plantas que, em última análise, afecta a diversidade da existência de endófitos. Em 2013, Dandu e colaboradores relataram fungos endofíticos como *Fusarium oxysporum, Colletotrichum falcatum, Pestalotiopsis* sp, *Aspergillus fumigatus,*

Aspergillus flavipes, Mycelia sterilia, Pythium senticosum, Gliocladium roseum, Phomopsis jacquiniana, Nigrospora sphaerica, Leptosphaeria species, *Phomopsis archeri , Alternaria alternata* e *Aspergillus niger* que foram isolados de diferentes plantas medicinais como *Boswellia ovalifoliolata, Pterocarpus santalinus, Shorea thumbuggaia, Syzygium alternifolium.* Após a identificação morfológica, verificaram que, entre todos os isolados, o *C. falcatum* endofítico era dominante em relação a todos os outros isolados endofíticos. Sharma e Vijaya Kumar (2013) registaram 147 endófitos fúngicos diferentes de *Ocimum sanctum.* Com base nas características morfológicas, os isolados foram confirmados como *Alternaría humicola, Aspergillus candidus, A. deflectus, A. itaconicus, A. japonicus, A. terreus, A. versicolor,* espécies de *Aspergillus , Curvularia trifolli, Drechslera halodes, Fusarium avenaceum, F. chlamydosporum* e *Penicillium chrysogenum.*

Recentemente, Kumar *et al.* (2013) estudaram os fungos endofíticos de *Catharanthus roseus,* que foram identificados com base na morfologia, como a forma dos conídios, o tipo de micélio e a colónia, e confirmaram tratar-se de *F. oxysporum.* Raviraja (2005) registou 18 espécies de endófitos fúngicos que foram recuperados da casca do caule e de segmentos de folhas de *Callicarpa tomentosa* e *Lobelia nicotinifolia,* plantas medicinais dos Ghats ocidentais da Índia. Além disso, foram identificadas por caracteres morfológicos e culturais e confirmadas como *Curvularia clavata, C. lunata, C. pallescens* e *Fusarium oxysporum.* Também compararam a colonização de fungos endofíticos e verificaram que a frequência era maior nas folhas expiantes, em comparação com o caule e a casca. Kharwar *et al.* (2008) estudaram a diversidade de fungos endofíticos, tendo recuperado 183 endófitos fúngicos de diferentes expiantes, tais como tecidos de folhas, caule e raiz de *C. roseus,* que foram recolhidos em dois ecossistemas diferentes do Norte da Índia. Além disso, o autor também estudou a percentagem de colonização e esta foi maior nos tecidos das folhas do que nos tecidos do caule e da raiz. Os endófitos fúngicos colonizados incluem *Drechslera, Curvularia, Bipolaris, Alternaría* e *Aspergillus.*

Nakarin e colaboradores (2012) relataram a biodiversidade de fungos endofíticos, uma vez que 2774 endófitos diferentes foram isolados de folhas e caules saudáveis da árvore de canela selvagem, *Cinnamomum bejolghota,* que foi recolhida no Parque Nacional Doi Suthep Pui, no norte da Tailândia. Para além disso, também identificaram os endófitos isolados com base no tipo de micélio e nos seus corpos de frutificação e confirmaram que se tratava de *Colletotrichum gloeosporioides, C. acutatum, Phomopsis* sp., *Guignardia mangiferae* e fungos xilariáceos. Entre eles, *C. gloeosporioides* e *Phomopsis* sp. eram comuns no caule e nas folhas, pertencendo a ascomicetes e taxa anamórficos. As mudanças sazonais no ambiente afectam sempre a colonização de endófitos, pelo que na estação das chuvas a percentagem de isolamento de fungos endofíticos é maior do que na estação seca. Os fungos endofíticos foram isolados da folha de *Jatropha curcas* e foram identificados com base em características morfológicas como

Colletotrichum truncatum, Nigrospora oryzae, Fusarium proliferatum, Guignardia cammillae, Alternaria destruens e espécies de *Chaetomium* (Kumar e Kaushik, 2013). Recentemente, Verma e colaboradores (2013) registaram 1897 endófitos fúngicos diferentes \vom *Madhuca indica*. Jadson *et al.* (2013) referiram fungos endofíticos isolados do cato *Cereus jamacaru* e identificados com base em características morfológicas - tamanho, forma dos esporos, colónia - e confirmaram que *Cladosporium cladosporioides* e *F. oxysporum* eram os endófitos mais frequentemente isolados, seguidos de *Acremonium implicatum, Aureobasidium pullulans, Trichoderma viride, Chrysonilia sitophila* e *A. flavus*.

3.4. Materiais e métodos

3.4.1. Materiais:

3.4.1.1. Equipamentos e acessórios: Microscópio, agulha de inoculação, lâminas microscópicas, lamelas, agulhas de dissecação, pinças, pincel, bisturi, etc.

3.4.1.2. Meios: Ágar dextrose de batata (PDA) (HiMedia, Mumbai).

3.4.1.3. Produtos químicos: Lactofenol azul algodão (HiMedia, Mumbai), óleo (Merck, Bangalore).

3.4.2. Métodos:

3.4.2.1. Crescimento de fungos endofíticos em PDA

Os fungos endofíticos isolados de plantas medicinais seleccionadas da floresta de Melghat foram cultivados em meio PDA durante 7-10 dias e a identidade foi determinada por características morfológicas e culturais.

3.4.2.2. Identificação morfológica e cultural de fungos endofíticos

Após um período de incubação de 7-10 dias, os caracteres morfológicos e culturais foram observados a olho nu e ao microscópio. Foram observadas diferentes características morfológicas e culturais, tais como, padrão de crescimento, hifas, cor da colónia e do meio, cor dorsal e ventral e taxa de crescimento da colónia, textura do micélio, etc. Os caracteres microscópicos, como os corpos de frutificação, por exemplo, picnídios, conídios, septação, tamanho dos macroconídios e microconídios, foram considerados para identificação. O tipo de fixação dos esporos, o diâmetro dos esporos, a fixação dos cílios, as cerdas, os conídios com bainha, etc. foram observados e a identificação dos endófitos fúngicos isolados foi efectuada segundo Barnett e Hunter (1956). O microscópio de investigação trinocular Axioscope-A-1 da Carl Zeiss foi utilizado para efeitos de identificação e microfotografia.

3.5. Resultados e discussão

No presente estudo, um total de 199 fungos endofíticos diferentes foram isolados de diferentes expiantes saudáveis, tais como folhas, caule e frutos de plantas medicinais seleccionadas, incluindo *Andrographis paniculata* (Kirayata), *Asparagus racemosus (Shatawan), Azadirachta indica* (Neem), *Centella asiatica* (Brahmi), *Emblica officinalis* (Awala), *Rauwolfia serpentina* (Serpagandha), *Hollarrhena antidysenterica* (Casca de Kurchi), *Abrus precatorius* (Gunj), *Gymnema sylvestre* (Gurmar), *Gloriosa superba* (Kallavi), *Pueraria tuberosa* (Kudzu), *Withania somnifera* (Ashwagandha), *Morznda citrifolia* (Noni), *Syzygium cumini* (Jamun), *Terminalia arjuna* (Arjuna), *T. bellerica* (Behda), *Catharanthus roseus* (Sadabahar), *Aloe vera* (Korphad), *Ruta graveolens* (Rue) e *Semecarpus anacardium* (Bhilawa) da floresta de Melghat. Todos os 199 isolados endofíticos identificados com base em características morfológicas e culturais foram categorizados em 10 géneros diferentes. Estes grupos incluem *Pestalotia, Nigrospora, Alternaria, Colletotrichum, Phyllosticta, Curvularia, Phoma, Helminthosporium, Aspergillus* e *Fusarium* **(Quadro 3.1)**. As características morfológicas, culturais e microscópicas pormenorizadas para a identificação de todos os fungos endofíticos isolados de plantas medicinais seleccionadas são apresentadas abaixo:

3.5.1. Identificação de fungos endofíticos isolados de *Andrographis paniculata* (Kirayata)

No presente estudo, foram isolados 22 fungos endofíticos diferentes da folha e do caule *da* camada interna *de A. paniculata* que foi recolhida da região de Chikhaldara da floresta de Melghat. Dos 22 isolados endofíticos, foram confirmados morfologicamente 5 géneros, tais *como Alternaria* sp. (15), *Phoma* sp. (2), *Curvularia* sp. (2), *Fusarium* sp. (2) e *Colletotrichum domatium* (1).

Kurandawad e Lakshman (2012) relataram a diversidade endofítica de *Aspergillus niger, Bipolaris nodulosa, Cladosporium epiphyllum, Colletotrichum, Cunninghamella blacksleeana, F. heterosporum, F. oxysporum Schlechtendahl, Hymenula affinis, Nigrospora sphaerica, R. nodusus* e isolados estéreis de *A. paniculata*. Estudaram a percentagem de colonização em explantes e verificaram que as percentagens máximas se encontravam nas folhas em comparação com o caule. No presente estudo, 22 endófitos diferentes *Alternaria* sp., *Phoma* sp., *Curvularia* sp., *Fusarium* sp. e *Colletotrichum domatium* foram isolados de *Andrographis paniculata*, o que mostrou semelhança com os resultados de Edward *et al.* (2011) e Kurandawad e Lakshman, (2012). Além disso, a percentagem de colonização nas folhas foi maior em comparação com o caule **(Tabela 3.1 Figura 3.4, 3.5, 3.6, 3.8)**, (Edward *et al.*, 2011; Kurandawad e Lakshman, 2012).

As características morfológicas das espécies de *Phoma* endofíticas isoladas de explantes foliares de *A. paniculata* mostraram micélios planos, enegrecidos no lado ventral com margem regular e acinzentados no lado dorsal do PDA. A taxa média de crescimento foi de 4,9 cm após 78 dias de incubação a $25^0 \pm 2^0$ C. Além disso, o estudo microscópico revelou que estavam presentes picnídios escuros, alongados, em forma de frasco, globosos a subglobosos. Em alguns locais, devido a quebra ou rebentamento, os picnídios foram observados como uma boca aberta e libertaram conídios. Além disso, também foram observados pequenos conidióforos e conídios. Os conídios eram unicelulares, hialinos, pequenos, ovóides a alongados e encontravam-se isolados ou em grupos. O tamanho médio dos microconídios das espécies de *Phoma* varia de 2,7 ± 3,16 x 5,6 ±13,6 µm **(Tabela 3.1)**. **A** identidade das espécies de *Phoma* foi determinada de acordo com a chave de identificação proposta por Rai (2000) e Boerema (2004) no seu manual de identificação.

Além disso, a colónia de *Alternaria* sp. endofítica isolada de explantes foliares de *Andrographis paniculata* era preta com micélio plano e margem regular no lado ventral e enegrecida no lado dorsal do PDA. A taxa média de crescimento da colónia foi de 5,6 cm após uma semana de incubação a 25^0 $\pm2^0$ C. Os conídios eram escuros, tipicamente com septos transversais e longitudinais, com diferentes tamanhos e formas. O tamanho médio (comprimento e largura) dos conídios variou de 15 ± 4,42 x 6,7 ± 1,94 µm. Além disso, os conidióforos simples e escuros também foram observados. A partir da descrição morfológica, cultural e microscópica, os isolados endofíticos foram confirmados *como Alternaria* **(Tabela 3.1)**. Os resultados acima mostraram a semelhança com os resultados registados por Gajalakshmi *et al.* (2012). Isolaram *Alternaria* endofítica de *A. paniculata* e identificaram-na através de características morfológicas (cor da colónia, tipo de tamanho) e microscópicas como conidióforos e tipos de conídios.

O *Colletotrichum dematium* endofítico foi recuperado de explantes de caule de *A. paniculata*. A morfologia da colónia mostrou a formação de micélios aéreos cinzentos a cremosos com pigmento no lado ventral e acastanhados a pigmentados no lado dorsal em PDA. O tipo de micélio era algo aéreo e a taxa média de crescimento foi de 5,7 cm após 7-8 dias de incubação a 25^0 $\pm2^0$ C em PDA. A presença de acérvulos em forma de disco e de cerdas escuras entre os conidióforos foi observada microscopicamente. Também foram encontrados conidióforos alongados e simples. Os conídios eram hialinos, unicelulares, ovóides com um tamanho médio de 8,2±0,81 x 2±0,42 µm **(Tabela 3.1)**. As características morfológicas mostraram semelhança com as características relatadas por (Dugan, 2006) em seu manual de identificação.

Do mesmo modo, *a Curvularia* sp. endofítica foi isolada a partir de explantes foliares que apresentavam colónias pretas planas, com margens regulares em PDA. O crescimento médio foi de 5,2 cm após 7-8 dias de incubação a 25^0 $\pm2^0$ C. Além disso, foi efectuada a confirmação de *Curvularia* sp. O conidióforo era simples, amarelo-pálido a preto. Os microconídios estavam ligados aos conidióforos; alguns estavam presentes em grupos separados dos conidióforos. Os conídios eram amarelo-pálido a escuro, com células terminais mais claras, multicelulares, de forma curva. O tamanho médio dos conídios foi de 8,5 ± 0,51 x 5,5 ± 0,48 µm **(Tabela 3.1)**.

Além disso, o *Fusarium* sp. endofítico isolado de explantes foliares de *A. paniculata* apresentou micélio branco cotonoso em cultura no lado ventral e branco a cremoso no lado dorsal das placas de PDA. A colónia atingiu 6,7 cm após 7-8 dias de incubação a $25^0 \pm 2^0$ C. Verificou-se que a taxa de crescimento da colónia era mais rápida em comparação com outros endófitos de *A. paniculata*. Microscopicamente, os conidióforos eram simples, curtos, ramificados e dispostos irregularmente. Os macroconídios eram hialinos, com várias células, ligeiramente curvados, com as extremidades pontiagudas, e foram observados em grupos. O tamanho médio dos macroconídios foi de 43,10 ± 0,26 x 2,80 ± 0,14 µm **(Tabela 3.1).** No presente estudo, as características observadas para as espécies de *Fusarium* endofítico mostraram a semelhança com as características mencionadas por Barnett e Hunter (1956) e (Kurandawad e Lakshman, 2012), que também estudaram a identificação morfológica e microscópica de *Fusarium oxysporum*.

3.5.2. Identificação de fungos endofíticos isolados de *Gymnema sylvestre* (Gurmar)

Um total de 19 fungos endofíticos dissimilares foram recuperados de explantes de folhas e da camada interna do caule de *Gymnema sylvestre*. Dos 19 isolados, 6 géneros, tais como espécies de *Pestalotia*, espécies de *Alternaria*, espécies de *Helminthosporium*, espécies de *Aspergillus*, espécies de *Phyllosticta* e *Phoma* sp. foram identificados com base em características morfológicas e culturais.

Noutro estudo, Darbha e Tikole (2013) registaram 18 endófitos fúngicos diferentes, tais como *Cladosporium* sp., *Mycelia sterilia* sp., *Aspergillus sp.*, *Acremonium* sp., *Curvularia* sp. a partir de folhas, caule e raízes de *G. sylvestre*. Além disso, os autores estudaram as características morfológicas e microscópicas dos isolados, como o tipo e a cor dos micélios, o tamanho, a forma e a cor dos conídios e conidióforos, e confirmaram até ao nível do género e da espécie. No presente estudo, obtiveram-se resultados semelhantes para *Pestalotia* sp. que, inicialmente, apresentava micélios aéreos brancos e, em seguida, a formação de grânulos semelhantes a manchas negras no lado ventral e de branco a cotonoso no lado dorsal em PDA. A taxa média de crescimento foi de 4,8 cm após 7-8 dias de incubação a $25^0 \pm 2^0$ C. As características microscópicas mostraram acérvulos escuros, em forma de almofada, e conidióforos curtos e simples. Os microconídios eram hialinos, escuros, com várias células e extremidades pontiagudas, tendo sido também observados dois ou mais apêndices apicais hialinos ligados aos conídios. O tamanho médio varia de 9,6 ± 0,52 e 3,7 ±0,48 µm **(Tabela 3.1).** Portanto, os isolados foram confirmados como *Pestalotia* porque sua caraterística mostrou similaridade com as características relatadas por Darbha e Tikole (2013).

Do mesmo modo, as espécies de *Alternaria* isoladas de explantes de folhas e caules mostraram a formação de colónias pretas e planas no lado ventral e pretas acinzentadas no lado inverso, com margens regulares, em PDA. Após incubação a $25^0 \pm 2^0$ C durante 7-8 dias, verificou-se que a taxa de crescimento era de 4,6 x 5,7 cm. Para a confirmação até ao nível do género, foi realizado um estudo microscópico e verificou-se que os conídios eram simples, escuros e alongados. Os microconídios eram escuros, tipicamente com septos transversais e longitudinais com várias formas, observados em grupos. O tamanho médio (comprimento e largura) dos conídios estava na faixa del5± 4,42 x 6,7 ± 1,94 μm **(Tabela 3.1).**

Um levantamento da literatura fornece provas de que espécies de *Helminthosporium* endofíticas foram relatadas pela primeira vez a partir de explantes de folhas de *Gymnema sylvestre*. As características morfológicas mostraram inicialmente micélios de cor preta acinzentada e mais tarde esbranquiçada no centro das placas no lado ventral e de cor clara a preta no lado inverso com micélios aéreos em PDA. A taxa de crescimento dos micélios foi rápida e a colónia atingiu 6,4 cm após uma semana de incubação a 25^0 $\pm2^0$ C. Microscopicamente, os conidióforos eram curtos, septados, ramificados e irregulares com conídios nas suas pontas. Os conídios eram escuros com 10-15 septos. Alguns conídios eram curvados a partir do centro, outros tinham 15 septos de comprimento. Além disso, o comprimento dos conídios de *Helminthosporium* apresentou as características mais notáveis entre todos os endófitos isolados de *G. sylvestre*. O tamanho dos conídios varia de 50,6±15,32 x 6,3±1,63 μm **(Tabela 3.1, Figura 3.2).** Alguns conídios estavam ligados aos conidióforos de tal forma que as células basais dos conídios eram muito finas. Por conseguinte, no presente estudo, as características apresentadas por *Helminthosporium* mostraram a semelhança com as características referidas por (Dugan, 2006) no seu manual de identificação.

As espécies de *Phyllosticta* isoladas de explantes foliares de *G. sylvestre* apresentavam uma cor acinzentada a preto fraco no lado ventral e acinzentado fraco no lado inverso com micélios aéreos em PDA. Após um período de incubação de uma semana a 25^0 $\pm2^0$ C, a taxa média de crescimento foi de cerca de 5,6 cm. Verificou-se que os picnídios estavam ausentes. Os conidióforos eram pequenos. Os conídios eram hialinos, pequenos, unicelulares e ovóides a alongados. A bainha hialina foi claramente observada ao redor dos conídios com tamanho (comprimento e largura) variando de 4,5±0,51 x 2,25±0,26 μm **(Tabela 3.1).**

As espécies endofíticas de *Phoma* isoladas de explantes foliares mostraram-se cinzentas a pretas com micélios planos no lado ventral e pretos no lado dorsal em PDA. No presente estudo, a taxa de crescimento da colónia após 7-8 dias de incubação a 25^0 $\pm2^0$ C em PDA foi de 6,5 cm. O crescimento da colónia foi rápido. O estudo microscópico revelou a presença de picnídios escuros, ostiolados a globosos, com um bico curto semelhante a uma cabana. Os picnídios eram em forma de frasco com conídios hialinos. Também foram encontrados pequenos conidióforos. Os conídios eram hialinos, unicelulares, pequenos, hialinos, ovóides a alongados e agrupados. O tamanho médio dos conídios foi de 2,7 ± 3,16 x 5,6 ±13,6 μm.

As espécies endofíticas de *Aspergillus* mostraram-se esbranquiçadas a acinzentadas a algo esverdeadas com micélios aéreos no lado ventral e cremosos a esverdeados no lado inverso do PDA. A taxa média de crescimento após 7-8 dias de incubação a 25^0 $\pm2^0$ C foi de 6,7 cm. Para além do estudo morfológico, as características microscópicas mostraram a presença de conidióforos simples e erectos que terminam em fialdas globosas no ápice. Os conídios eram unicelulares, globosos, de cores variadas em massa. O tamanho médio (comprimento e largura) varia de 3,3 ± 0,2108 x 3,8 ± 0,2108 μm **(Tabela 3.1)**. As características actuais de *Aspergillus* mostraram a semelhança com as características mencionadas por Darbha e Tikole (2013) que estudaram as características morfológicas e microscópicas das espécies de *Aspergillus*.

3.5.3. Identificação de fungos endofíticos isolados de *Catharanthus roseus*

Um total de 16 fungos endofíticos diferentes foram isolados de explantes de folhas e caules de *C. roseus* colhidos na floresta de Melghat. Dos 16, com base na morfologia, 5 géneros foram identificados como *Colletotrichum, Phyllosticta, Curvularia, Phoma* e *Alternaria*.

As características do *C. falcatum* incluem pigmento branco a cinzento com micélios planos na parte ventral e pigmentação castanho-avermelhada no verso do PDA. A taxa média de crescimento foi de 4,7 cm após 7-8 dias de incubação a 25 ± 2^0 C. Da mesma forma, o exame microscópico mostrou cerdas amarelas escuras a pálidas incorporadas entre os conidióforos. Os conidióforos eram simples e alongados. Os conídios eram hialinos, unicelulares e de forma ovoide a ligeiramente curva. O tamanho médio varia de 8,2±0,81x2±0,42μm **(Tabela 3.1). Da** mesma forma, as características morfológicas de *C. dematium* observaram que o diâmetro médio da colónia era de 5,2 cm após 7-8 dias de incubação a 25^0 $\pm2^0$ C. A colónia era acinzentada a enegrecida, com micélios aéreos no lado ventral e dorsal, observados em PDA. A micromorfologia estudada mostrou cerdas escuras como espinhos entre os conidióforos. Os conidióforos eram simples e alongados. Os conídios eram hialinos, unicelulares e ovóides e o tamanho variava de 8,1±0,81x 2±0,41 μm **(Tabela 3.1, Figura 3.6)**. Os presentes achados foram semelhantes aos achados relatados por Sunitha *et al.* (2013). Eles relataram *Colletotrichum* sp. endofítico de *C. roseus*. Posteriormente, determinaram a identidade com base em características morfológicas como o tipo de micélio, a cor, o tamanho da colónia e a forma e cor dos conídios e conidióforos.

O *Phoma* endofítico recuperado de explantes foliares de *C. roseus* inicialmente era preto acinzentado e depois tornou-se preto no lado ventral e preto no lado dorsal do PDA. A colónia era plana com margem irregular. A taxa média de crescimento do micélio foi de 5,8 cm após 7-8 dias de incubação a 25^0 $\pm2^0$ C. Os estudos microscópicos mostraram a presença de picnídios escuros, ostiolados a globosos, semelhantes a frascos. Os conidióforos eram curtos e os conídios eram unicelulares, pequenos, hialinos, ovóides a alongados e de tamanho variando de 2,7 ± 3,16 x 5,6 ±13,6 μm **(Tabela 3.1, Figura 3.4)**. Os achados do presente estudo foram semelhantes aos achados relatados por Momsia e Momsia (2013). Eles relataram as espécies de *Phoma* endofíticas isoladas de *C. roseus* e identificadas com base em características morfológicas como cor da colónia, tipo de micélio.

No presente estudo, as espécies de *Phyllosticta* endofíticas mostraram-se acinzentadas a pretas no lado ventral e dorsal com micélios planos em PDA. A taxa média de crescimento foi de 5,6 cm após 7-8 dias de incubação em PDA a 25^0 $\pm2^0$ C. Microscopicamente, os conídios eram bastante transparentes, com textura, unicelulares, hialinos e seu tamanho médio variava de 4,5±0,51 x 2,25±0,26 µm **(Tabela 3.1). Até à** data, não há registo de *Phyllosticta* endofítica de *C. roseus*.

Além disso, a colónia de espécies de *Curvularia* endofíticas era preta escura no lado ventral e dorsal do PDA com micélios planos. A taxa média de crescimento foi de 6,4 cm após incubação a 25^0 $\pm2^0$ C durante 7-8 dias. As suas observações microscópicas mostraram a presença de conidióforos simples. Os microconídios eram escuros, as células terminais eram mais claras, com 3 a 5 septos, tipicamente curvos. O tamanho médio (comprimento e largura) varia de 8,5±0,51 x 5,5 ±0,48 µm **(Tabela**

3.1, Figura 3.7). Alguns conídios foram encontrados ligados ao conidióforo e outros estavam presentes em grupo. Os resultados acima mostraram a semelhança com os resultados comunicados por Kharwar *et al.* (2008) que identificaram os isolados endofíticos pela cor da colónia e pelo tamanho e forma dos conídios.

Momsia e Momsia (2013) relataram A *alternata, Aspergillus* sp., *Curvularia* sp., *Penicillium sp.*, *Trichoderma* sp., *Helminthosporium* sp., *Fusarium* sp. e espécies de *Phoma* de *Catharanthus roseus*. Além disso, também descobriram que *A. alternata* apresentou a maior colonização de endófitos, seguida por *Aspergillus sp.*, *Trichoderma* sp., *Curvularia* sp., *Penicillium sp.*, *Fusarium* sp., espécies de *Phoma* e espécies de *Helminthosporium*. No presente estudo, foram observados resultados semelhantes para as espécies de *Alternaria* isoladas de explantes foliares de *C. roseus*, que se mostraram pretas a enegrecidas no lado ventral e dorsal com micélios planos em PDA **(Figura 3.5)**. A taxa média de crescimento da colónia de micélio foi de 5,5 cm após 7-8 dias de incubação em PDA a 25^0 $\pm2^0$ C. Assim como os caracteres microscópicos mostraram a presença de conidióforos simples e escuros. Também se observou a presença de conídios escuros em cadeia ramificada, tipicamente com septos transversais e longitudinais, com formas diferentes. O tamanho dos conídios variou de 15± 4,42 x 6,7 ± 1,94 µm **(Tabela 3.1)**.

3.5.4. Identificação de fungos endofíticos isolados de *Syzygium cumini*

Um levantamento da literatura indica que pouco trabalho foi feito sobre os endófitos de *S. cuminii*. No presente estudo, foram isolados de *S. cumini* um total de 5 fungos endofíticos diferentes, a saber, *Phoma, Alternaria, Pestalotia, Curvularia* e *Aspergillus*.

Morfologicamente, as espécies de *Phoma* endofíticas formaram uma colónia negra acinzentada com micélios planos no lado ventral e negros no lado dorsal do PDA. A colónia de *Phoma* sp. atingiu 5,7 cm após 7-8 dias de incubação a 25^0 $\pm2^0$ C em PDA. Muitos investigadores relataram os seus resultados de acordo com os resultados relatados no presente estudo. Além disso, os picnídios eram escuros, ostiolados, lenticulares a globosos com um bico curto perfurando a epiderme. Os conídios eram pequenos, unicelulares, hialinos, ovóides a alongados, com tamanho variando de 2,7 ± 3,16 x 5,6 ±13,6 µm **(Tabela** 3.1). As características encontradas no presente estudo estavam de acordo com as características mencionadas no manual de identificação de Boerema (2004).

O género *Alternaria* foi isolado a partir de explantes foliares de *S. cuminii* que, morfologicamente, se apresentava inicialmente preto-acinzentado com micélios planos no lado ventral e preto no lado dorsal das placas de PDA **(Figura 3.5). O diâmetro da** colónia foi de 5,9 cm após 7-8 dias de incubação a 25^0 $\pm2^0$ C em PDA. As observações microscópicas revelaram a presença de conidióforos simples e escuros. Os conídios eram simples e alguns apresentavam uma cadeia ramificada, de cor amarela pálida a escura, com septos transversais e longitudinais de forma ovoide. Também foram observadas diferentes formas de conídios. O tamanho médio dos conídios variava de 15± 4,42 x 6,7 ± 1,94 µm **(Tabela 3.1).**

A espécie endofítica *Pestalotia* foi isolada de explantes de folhas e caules de *S. cuminii.* Inicialmente, os micélios eram brancos densos e, mais tarde, observou-se o desenvolvimento de manchas negras nos micélios no lado ventral e pigmentação esbranquiçada no lado dorsal da placa de PDA **(Figura 3.3).** A taxa média de crescimento da colónia de todos os *Pestalotia* sp. (isolados) foi de 5,2 x 4,9 cm após 7-8 dias de incubação a 25^0 $\pm2^0$ C em PDA. Estudos microscópicos mostraram a presença de conidióforos simples e curtos. Os microconídios eram escuros, multicelulares, com células hialinas pontiagudas nas extremidades, elipsóides a fusóides, com duas ou mais células hialinas. Na parte apical dos conídios, foram encontrados apêndices semelhantes a cílios ligados a células hialinas. Dois ou mais apêndices apicais são as características peculiares do género *Pestalotia. O* tamanho médio dos conídios varia de 9,6 ± 0,52 x 3,7 ±0,48 µm **(Tabela** 3.1). Portanto, no presente estudo, as características de *Pestalotia* sp. mostraram similaridade com as características relatadas por Barnett e Hunter (1956).

As espécies endofíticas de *Curvularia* eram pretas com micélios planos no lado ventral e dorsal das placas de PDA. A taxa média de crescimento de colónias de micélios foi de 5,8 cm após incubação a 25^0 $\pm2^0$ C durante 7-8 dias. Os conídios eram escuros, alguns foram observados em grupos e outros eram únicos com células terminais mais claras com 3 a 5 septos e tipicamente curvados. O tamanho varia de 8,5±0,51 x 5,5±0,48 µm **(Tabela 3.1).** Os resultados para *Curvularia* sp. endofítica coincidem com os resultados relatados por Bagchi e Banerjee (2013). Eles estudaram o isolamento e a identificação de endófitos de *Bauhinia vahlii.* Os endófitos isolados foram identificados com base em características morfológicas como tipo de micélio, tamanho e forma dos esporos como *Penicillium* sp., *Pestalotiopsis* sp., *Aspergillus* sp., *Phialophora sp., Nigrospora* sp., *Torula* sp., *Bispora* sp. e espécies de *Curvularia.* A caraterística de *Curvularia* sp. mostrou a semelhança com a atual *Curvularia* sp. isolada de *S. cumini.*

Um *Aspergillus* endofítico foi isolado de explantes de caule de *S. cuminii.* Os micélios eram esverdeados a esbranquiçados, com colónias planas na frente e brancas a esverdeadas claras no verso das placas de PDA. A colónia cresceu até aos 6,5 cm após uma semana de incubação a 25^0 $\pm 2^0$ C. Os conidióforos eram simples, com extremidade globosa, inchada, com fiálides no ápice. Os conídios eram unicelulares, globosos, com tamanho médio variando de 2,3 ± 0,2108 x 3,8 ± 0,2108 µm **(Tabela 3.1, Figura 3.10).** Os presentes resultados foram semelhantes aos de Khan *et al.* (2010). O autor estudou o isolamento de *Aspergillus* endofítico de *Withania somnifera*, que identificou posteriormente com base em características morfológicas como caracteres de colónia, tamanho e forma dos esporos.

3.5.5. Identificação de fungos endofíticos isolados de *Abrusprecatorius*

Doze endófitos fúngicos diferentes foram isolados de *Abrus precatorius.* Os isolados morfologicamente endofíticos foram confirmados como *Nigrospora, Colletotrichum, Alternaria, Phoma* e *Phyllosticta.* A espécie endofítica *Nigrospora* sp. pertencente à classe Sordariomycetes foi registada pela primeira vez em *A. precatorius.* As espécies de *Nigrospora mostraram-se* inicialmente cinzentas a densamente acinzentadas com micélios aéreos na frente e acinzentadas a enegrecidas no verso das placas de PDA. A taxa média de crescimento foi de 5,4 cm após 7-8 dias de incubação. Os conidióforos eram curtos, com células simples e escuras. Os conídios eram pretos, unicelulares, globosos, alguns eram achatados e apresentavam-se na célula basal do conidióforo como uma vesícula hialina achatada e em forma na extremidade dos conidióforos. O tamanho dos conídios varia de 4,5±0,5270 x 3,3±0,4830 µm **(Tabela 3.1).** As características relatadas para *Nigrospora* mostraram semelhança com as características relatadas por Zhao e colaboradores (2012). Os autores relataram endófitos *de Moringa oleifera* com base em caracteres morfológicos.

No presente estudo, os resultados foram semelhantes aos relatados por Kurandawad e Lakshman (2012) para *Colletotrichum* endofítico, como já explicado acima neste capítulo. Atualmente, o *Colletotrichum* sp. endofítico, pertencente à classe Sordariomycetes, mostra inicialmente micélio esbranquiçado a preto, plano no lado ventral e preto acinzentado no lado dorsal em PDA. A taxa média de crescimento da colónia foi de 6,5 cm após 7-8 dias de incubação a $25^0 \pm 2^0$ C. A presença de cerdas escuras incorporadas entre os conidióforos é uma caraterística importante. Os conidióforos eram simples e alongados. Os conídios eram unicelulares, hialinos, ovóides, com tamanho variando de 8,2±0,81x 2±0,42 µm. Além disso, as colónias de *Colletotrichum dematium* eram brancas no lado ventral e pigmentadas de castanho no lado dorsal com micélios planos na placa de PDA. Após uma semana de incubação, verificou-se que a taxa média de crescimento das colónias era de 6,8 cm. O crescimento foi rápido em comparação com outros endófitos. As observações microscópicas revelaram que as pequenas e longas cerdas escuras e afiadas estavam incorporadas entre os conidióforos. Os conídios eram unicelulares, hialinos e ovóides e o seu tamanho variava entre 8,2±0,81x2±0,42 μm.

As espécies de *Alternaria* endofíticas pertencentes à classe Dothideomycetes mostraram uma colónia preto-acinzentada no lado dorsal e um ligeiro escurecimento no lado inverso da placa de PDA. A taxa média de crescimento foi de 5,3 cm após 7-8 dias de incubação a 25^0 $±2^0$ C. Microscopicamente, os conidióforos eram simples, escuros e alongados. Os conídios eram simples e escuros, com septos transversais e longitudinais, com tamanhos que variavam de 15±4,42 x 6,7±1,94 μm. As características morfológicas mostraram a semelhança com as características relatadas por Barnett e Hunter (1956).

Karsten *et al.* (2007) relataram *Phoma* sp. endofítico recuperado de *Fagonia cretica* e identificado com base em características morfológicas como tipo e cor da colónia, tamanho e forma dos conídios. O nosso isolado foi considerado semelhante ao *Phoma* sp. endofítico isolado por Kartsen et al. (2007). A colónia em PDA era preta com micélios aéreos; a colónia atingiu 5,6 cm de diâmetro após uma semana. Os conidióforos eram curtos e simples. Os picnídios eram escuros, globosos com forma de saco, alguns estavam quebrados e libertavam conídios. Os conídios eram pequenos, hialinos, ovóides unicelulares a alongados e o seu tamanho variava entre 682,7 ± 3,16 x 5,6 ±13,6 μm. *Phyllosticta* mostrou micélios aéreos com preto no lado ventral e preto-acinzentado no lado dorsal do PDA. A taxa média de crescimento das colónias foi de 6,1 cm após 7-8 dias de incubação a 25^0 $±2^0$ C. Microscopicamente, observou-se a presença de células únicas, transparentes, hialinas, com um intervalo de tamanho de 4,5±0,51 x 2,25±0,26 μm **(Tabela 3.1, Figura 3.9).** Verificou-se que as características actuais de *Phyllosticta* sp. estão estreitamente relacionadas com as características referidas por Hata *et al.* (2002). Estes estudaram as características morfológicas das espécies de *Phyllosticta*, tais como o tamanho e a forma dos conídios e a morfologia das colónias.

3.5.6. Identificação de fungos endofíticos isolados de *Gloriosa superba*

Um total de 11 endófitos fúngicos foram isolados de explantes de folhas e caules de *G. superba*. Estes isolados são morfologicamente divididos em quatro géneros, viz. *Phoma, Alternaria, Phyllosticta* e *Pestalotia*. No presente estudo, o *Phoma* sp. endofítico foi encontrado como micélio plano, inicialmente preto-acinzentado no lado ventral e preto no lado dorsal das placas de PDA. Após incubação a 25°C até uma semana, a taxa média de crescimento da colónia foi de 4,3x4,9 cm. Os picnídios eram escuros, ostiolados a globosos, com um bico curto perfurando a epiderme. Alguns picnídios tinham a forma de frasco e observou-se a libertação de conídios. O tamanho médio dos conídios variou de 2,7 ± 3,16 x 5,6 ±13,6 μm. Além disso, os conídios eram pequenos, unicelulares, hialinos, ovóides a alongados. Os resultados do presente estudo mostraram semelhança com o relatório publicado por Budhiraja e colaboradores (2012). Relataram as espécies de *Phoma* endofíticas isoladas de *G. superba* e identificadas com base em características morfológicas como o tamanho, a forma dos conídios e a morfologia da colónia.

Budhiraja *et al.* (2012) recuperaram uma *Alternaria* endofítica de *G. superba* e identificaram-na com base no tamanho, forma e cor dos conídios através de características morfológicas e culturais. Da mesma forma, no presente estudo também foi recuperada *Alternaria endofítica* de explantes foliares de *G. superba*. As características morfológicas mostraram preto-acinzentado a preto no lado ventral e dorsal com micélios planos na placa de PDA. A taxa média de crescimento dos micélios foi de 5,6 cm após 7-8 dias de incubação a 25^0 C $\pm$ 2^0 C. Os conídios eram escuros, com septos transversais e longitudinais de tamanho, forma e comprimento diferentes. O tamanho médio varia de 15± 4,42 x 6,7 ± 1,94 µm **(Tabela 3.1). .**

Strobel *et al.* (1996) registaram um fungo endofítico de *Taxus wallachiana*. Após o isolamento, a identificação por características morfológicas como o tamanho e a forma dos conídios, o tipo de micélio e a cor da colónia foi efectuada e confirmada como *Pestalotiopsis microspora*. Inicialmente, observaram-se micélios aéreos brancos e, em seguida, manchas pretas ou grânulos desenvolvidos nos micélios no lado ventral e pigmentação branca acastanhada no lado dorsal em placas de PDA. A taxa média de crescimento das colónias foi de 5,2 cm após 7-8 dias de incubação a 25^0 $\pm2^0$ C. Um estudo microscópico adicional mostrou que os conidióforos eram simples e curtos. Os conídios eram escuros, hialinos, com células de extremidades pontiagudas, várias células, apêndices apicais semelhantes a flagelos também foram observados ao microscópio. O tamanho médio dos conídios variou de 9,6 ± 0,52 x 3,7 ±0,48 µm **(Tabela 3.1, Figura 3.9).**

Phyllosticta foi isolada de explantes de folhas e caules de *G. superba*, identificada com base nas características morfológicas, que se mostraram acinzentadas a pretas, com micélios planos no lado ventral e pretos no lado dorsal em placas de PDA. A taxa média de crescimento da colónia variou entre 4,3x5,3 cm após incubação a 25^0 $\pm2^0$ C durante 7-8 dias. Para confirmação adicional, estudos microscópicos mostraram a presença de conídios hialinos, semelhantes a sombra de água, unicelulares. Os conídios foram encontrados tanto isolados como em massa. O tamanho médio dos conídios variou de 4,5±0,51 x 2,25±0,26 µm **(Tabela 3.1, Figura 3.9).** No presente estudo, as características de todos os isolados endofíticos foram semelhantes às características relatadas por (Van derAa,, 1973).

3.5.7. Identificação de fungos endofíticos isolados de *Rauwofia serpentina*

No presente estudo, um total de oito endófitos fúngicos diversos foram recuperados de explantes de folhas e caules de *R. serpentina*. Com base nas características morfológicas e culturais, os isolados foram divididos em espécies de *Pestalotia, Alternaria* e *Phoma*.

Entre os três géneros, a caraterística morfológica do *Pestalotia* sp. era, inicialmente, branca com micélios aéreos, depois desenvolveram-se manchas pretas nos micélios no lado ventral e esbranquiçadas a acastanhadas no lado dorsal. A taxa média de crescimento foi de 5,9 cm após 7 a 8 dias de incubação a 25^0 C $\pm 2^0$ **C (Quadro 3.1).** As características microscópicas revelaram a presença de conídios fusiformes dentro de acérvulos compactos. Os conídios tinham 3-5 células, coloridas no meio e incolores na extremidade das células, com dois ou mais apêndices apicais presentes como cílios **(Figura 3.3).** O tamanho médio (comprimento e largura) dos conídios era de 9,6±0,52 x 3,7±0,48 µm **(Tabela 3.1).** Os conidióforos eram curtos e simples. Os caracteres microscópicos acima foram considerados semelhantes aos caracteres relatados por Barnett e Hunter (1956) para espécies de *Pestalotia.* Uma pesquisa na literatura indica que, até agora, não há relatos de *Pestalotia* endofítica isolada de *R. serpentina.*

Qadri e colaboradores (2013) registaram *Phoma* endofítico isolado de *R. serpentina.* Além disso, confirmaram as espécies de *Phoma* com base em caracteres morfológicos. No presente estudo, foram observados resultados semelhantes para *Phoma* sp. endofítico isolado de *R. serpentina.* As suas características morfológicas e culturais mostraram a presença de uma colónia preta com micélios planos no lado ventral e preto-acinzentado no lado dorsal. A colónia atingiu 4,9 cm de diâmetro após 7-8 dias de incubação a 25^0 $\pm 2^0$ C. Os picnídios eram escuros, ostiolados, lenticulares a globosos, imersos no tecido do hospedeiro, com um bico curto a perfurar a epiderme. Os conídios eram unicelulares, hialinos, ovóides a alongados. Os conídios estavam presentes individualmente e em grupos. O tamanho médio varia de 2,7 ±3,16x 5,6 ±13,6 µm **(Tabela 3.1).**

As espécies de *Alternaria* endofíticas foram recuperadas de explantes de folhas e caules de *R. serpentina.* As características morfológicas de *Alternaria* eram pretas no lado ventral e acinzentadas no lado dorsal com micélio plano em PDA. A taxa média de crescimento dos micélios foi de 4,8 a 5,3 cm após 7-8 dias de incubação a 25^0 $\pm 2^0$ C. As observações microscópicas foram de conidióforos simples, escuros e alongados com conídios em cadeia ramificada. Os conídios eram escuros com septos transversais e longitudinais com formas diferentes. Alguns conídios foram encontrados isolados e em grupos com apêndices apicais ramificados. O tamanho médio varia de 15 ± 4,42 x 6,7 ± 1,94 µm **(Tabela** 3.1). Os achados do presente estudo assemelham-se aos achados relatados por Qadri *et al.* (2013).

3.5.8. Identificação de fungos endofíticos isolados de *Emblica officinalis* (Awala)

Foi recuperado um total de 7 endófitos fúngicos de *Emblica officinalis.* Além disso, com base nas características morfológicas e culturais, os isolados fúngicos foram confirmados como *Nigrospora, Alternaria, Curvularia* e *Phyllosticta.*

Para a identificação de *Nigrospora,* as características morfológicas incluem a formação de micélios algo aéreos, inicialmente cinzentos esbranquiçados, que depois se tornam cinzentos escuros a enegrecidos no lado ventral e acinzentados no lado dorsal em placas de PDA. O crescimento da colónia cobre 6,3 cm após 7-8 dias de incubação a 25^0 $\pm2^0$ C **(Figura 3.1)**. As características microscópicas revelaram a formação de conidióforos curtos, escuros e simples. A presença de conídios mostrou-se negra, unicelular e globosa a ligeiramente achatada horizontalmente, tendo sido também observada uma fina fenda germinativa equatorial. O comprimento e a largura dos conídios variaram de 4,5±0,5270 x 3,3±0,4830 µm **(Tabela 3.1)**.

No presente estudo, as características morfológicas e microscópicas das espécies de *Alternaria* endofíticas isoladas de *E. officinalis mostraram* a semelhança com os resultados registados por Nath *et al.* (2012). A taxa média de crescimento das colónias foi de 5,6 cm após 7-8 dias de incubação a 25^0 $\pm2^0$ C. As observações microscópicas revelaram a presença de conídios em cadeias ramificadas, multicelulares, nalguns locais em septos simples, tanto transversais como longitudinais, com diferentes formas, comprimento e largura. O tamanho médio varia de 15 ± 4,42 x 6,7±1,94 µm **(Tabela 3.1)**.

No presente estudo, foi encontrada uma espécie de *Curvularia* endofítica que até à data não tinha sido registada em *E. officinalis*. No presente estudo, a espécie *Curvularia* apresentou uma colónia de cor preta com micélios planos no lado ventral e acinzentados a pretos no lado dorsal das placas de PDA. A taxa média de crescimento foi de 5,8 cm após uma semana de incubação a 25^0 $\pm2^0$ C. Microscopicamente, foi observada a formação de conidióforos ramificados e de cor escura. Os conídios eram escuros, com células terminais mais claras, com 3 a 5 células, tipicamente curvos, com uma ou duas das células centrais alargadas. O tamanho médio varia de 8,5±0,51 x 5,5 ±0,48 µm **(Tabela 3.1)**.

As espécies endofíticas de *Phyllosticta* foram caracterizadas pela formação de micélios planos, acinzentados a pretos no lado ventral e pretos no lado dorsal das placas de PDA. A taxa média de crescimento das colónias foi de 5,3 cm após 7-8 dias de incubação a 25^0 $\pm2^0$ C. A taxa de crescimento foi ligeiramente mais lenta do que noutras espécies de *Phyllosticta*. Em estudos microscópicos, verificou-se que os conídios eram unicelulares, com aspeto de sombra de água, hialinos, com tamanhos que variavam entre 15 ± 4,42 x 6,7 ± 1,94µm **(Tabela 3.1)**. As características de *Phyllosticta* no presente estudo foram consideradas semelhantes às características registadas por Vaan der Aa (1973).

3.5.9. Identificação de fungos endofíticos isolados *de Asparagus racemosus*

Sete isolados endofíticos diferentes foram recuperados de explantes *de* folhas e caules *de A. racemosus*. Com base nas características morfológicas e culturais, os isolados endofíticos foram diferenciados em 5 géneros como *Alternaria, Phoma, Colletotrichum, Fusarium* e *Curvularia*.

A Alternaria endofítica foi isolada de explantes foliares de *A. racemosus e* a morfologia da colónia era de micélios planos, pretos no lado ventral e dorsal das placas de PDA. A taxa média de crescimento da colónia foi de 5,1 cm após 7-8 dias de incubação a 25^0 $\pm2^0$ C. Os estudos microscópicos revelaram conidióforos simples, escuros e alongados. Da mesma forma, os conídios eram simples, escuros, com septos transversais e longitudinais e de forma ovoide. Alguns conídios eram muito grandes e alongados e outros eram muito pequenos. O tamanho médio dos conídios variou de 15±4,42 x 6,7±1,94 μm **(Tabela 3.1, Figura 3.5).** .

Rather *et al.* (2010) registaram *Phomopsis* endofítico em *A. racemosus*. Considerando as características morfológicas como o tipo de micélio, tamanho e forma dos conídios, os isolados foram confirmados como *Phomopsis*. No presente estudo, a semelhança foi observada no caso das espécies de *Phoma* endofíticas isoladas de A. *racemosus*.

As características relatadas por Barnett e Hunter (1956) para *Colletotrichum* sp. endofítico foram consideradas semelhantes aos resultados do presente estudo. As características morfológicas de *Colletotrichum* sp. mostraram conidióforos simples e alongados. A colónia era preta no lado ventral e dorsal das placas de PDA. A taxa média de crescimento da colónia foi registada em 4,9 cm após 7-8 dias de incubação a $25^0 \pm 2^0$ C. As características microscópicas mostraram acérvulos em forma de disco, escuros, com setas que pareciam incorporadas nos conidióforos. A forma das cerdas era semelhante a uma agulha ou espinha incorporada no micélio. Os conídios eram unicelulares, hialinos e ovóides, de tipo ligeiramente curvo. O tamanho médio dos conídios era de 8,2±0,81 x 2±0,42 μm **(Tabela 3.1, Figura 3.6).** Os presentes resultados foram considerados mais próximos dos resultados relatados por Rather *et al.* (2010). Eles isolaram *Colletotrichum* endofítico de *A. racemosus*.

As espécies endofíticas de *Fusarium* foram recuperadas de explantes foliares de *A. racemosus*. A colónia apresentava um crescimento rápido com micélios aéreos, esbranquiçados a cremosos no lado ventral e incolores a pigmentados no lado dorsal do PDA. A taxa média de crescimento da colónia foi de 6,7 cm após 7-8 dias de incubação a $25^0 \pm 2^0$ C. Os conídios eram de 1 a 2 células, hialinos, fusiformes a curvos. O tamanho dos macroconídios varia de 43,10 ±0,26 x 2,80 ± 0,14 μm **(Tabela 3.1, Figura 3.8).**

A Curvularia endofítica mostrou a presença de micélios planos, pretos no lado ventral e dorsal do PDA. A colónia atingiu 5,3 cm a $25^0 \pm 2^0$ C de incubação. Após a morfologia, foram efectuados estudos microscópicos e verificou-se que o conidióforo simples estava ligado a conídios escuros a amarelo-pálido na extremidade apical. Os conídios eram escuros, com 3-5 células, curvos, com uma ou duas das células centrais alargadas. O tamanho médio variava de 8,5±0,51x 5,5 ±0,48 μm **(Tabela 3.1, Figura 3.7).** No presente estudo, os resultados para *Curvularia* mostraram as características de similaridade relatadas por Barnett e Hunter, (1956) em seu livro de identificação. De acordo com o levantamento da literatura, observou-se que os endofíticos *Alternaria, Fusarium* e *Curvularia* não foram registados em *A. racemosus*.

3.5.10. Identificação de fungos endofíticos isolados *de Azadirachta indica*

O Neem é uma árvore perene das regiões tropicais e subtropicais, amplamente utilizada na Índia como medicina tradicional para vários fins terapêuticos, bem como fonte de agroquímicos durante muitos séculos. Os resultados do presente estudo mostraram a semelhança com os resultados comunicados por Verma *et al.* (2009) e Mahesh e colaboradores, (2005). O presente estudo mostrou uma semelhança nos resultados relativos aos micélios aéreos de *Nigrospora*, com uma cor cinzenta densa no lado ventral e preta no lado dorsal do PDA. A taxa média de crescimento foi de 5,8 cm após 7-8 dias de incubação a $25^0 \pm 2^0$ **C (Figura 3.1).** As observações microscópicas mostraram a formação de conidióforos simples, curtos e escuros. O tamanho médio dos conídios variou de 4,5±0,5270 x 3,3±0,4830 µm **(Tabela 3.1).** Também foi observada uma fenda germinativa equatorial globosa a ligeiramente achatada horizontalmente e fina, vesícula hialina de conídios na extremidade dos conidióforos.

Os caracteres morfológicos de *Phyllosticta* mostraram-se inicialmente esbranquiçados e depois acinzentados no lado ventral e pretos no lado dorsal, com micélios planos na placa de ágar PDA. A colónia atingiu 5,1 cm a $25^0 \pm 2^0$ C de incubação durante 7 dias. Os picnídios estavam ausentes. Os conidióforos eram curtos e os microconídios eram unicelulares, pequenos, hialinos, ovóides a alongados. O tamanho dos conídios variava de 4,5±0,51 x 2,25±0,26 µm **(Tabela 3.1).** As características actuais das espécies de *Phyllosticta* assemelham-se aos resultados relatados por Pandey *et al.* (2003).

Verma e Kharwar (2006) estudaram o isolamento e a identificação morfológica de endófitos de *A. indica.* No presente estudo, foram observados resultados semelhantes relativamente a espécies de *Aspergillus endofíticas.* A colónia apresentou-se esbranquiçada a esverdeada com micélios planos no lado ventral e esbranquiçada no lado dorsal do PDA. A taxa média de crescimento da colónia foi de 5,3 cm a $25^0 \pm 2^0$ C. Os conidióforos eram simples, erectos e terminavam num inchaço globoso. Foram observados esporos unicelulares, globosos, de cores variadas em massa. O tamanho variava de 3-3,5 x 4-5 ± 0,2108 µm.

3.5.11. Identificação de fungos endofíticos isolados de *Terminalia arjuna*

No total, seis isolados endofíticos foram recuperados de *T. arjuna.* Com base nas características morfológicas, os isolados foram confirmados como espécies de *Pestalotia, Phoma* e *Alternaria.*

No presente estudo, *Pestalotia* sp. mostrou-se inicialmente branca com micélios planos, mas mais tarde desenvolveram-se pequenos grânulos aquosos de cor preta no lado ventral e pigmentação esbranquiçada a acastanhada no lado dorsal da placa de ágar PDA. Observou-se que a taxa média de crescimento da colónia era de 6,3 cm a $25^0 \pm 2^0$ C de incubação. O conidióforo era curto e simples. Os conídios estavam presentes em células escuras, em forma de almofada, com extremidades hialinas pontiagudas, elipsoides a lusoides, com dois ou mais apêndices apicais hialinos. As células apicais dos conídios eram hialinas. O tamanho médio variou de 9,6 ± 0,52 x 3,7 ±0,48 µm **(Tabela** 3.1).Os resultados do presente estudo mostraram a similaridade com os resultados relatados por Tejesvi *et al.* (2008) e Gangadevi e Muthumary (2009).

Uma espécie de *Phoma* endofítica foi isolada de explantes foliares de *T. arjuna.* As características morfológicas eram pretas densas com micélios planos no lado ventral e preto acinzentado no lado dorsal das placas de PDA. O tamanho da colónia era de 25^0 $±2^0$ C a 5,4 cm de incubação. Os conidióforos eram curtos. Além disso, os picnídios eram escuros, globosos com um bico curto perfurando a epiderme. Os conídios eram hialinos, ovóides a alongados e unicelulares. O tamanho dos microconídios variava de 2,7 ± 3,16 x 5,6 ±13,6 µm **(Tabela 3.1).**

Do mesmo modo, uma *Alternaria apresentava* micélios pretos e planos no lado ventral e dorsal das placas de PDA. O tamanho da colónia era de 6,2 cm a 25^0 $±2^0$ C após incubação durante uma semana. Os conídios eram escuros e simples, com septos transversais e longitudinais de forma ovoide. Além disso, também se observaram conidióforos escuros, simples e alongados. O tamanho dos conídios variou de 15 ± 4,42 x 6,7 ± 1,94 µm **(Tabela 3.1).**

3.5.12. Identificação de fungos endofíticos isolados de *Monnda citnfoha*

No presente estudo, um total de quatro endófitos fúngicos diferentes foram recuperados de *M. citrifolia* e, com base em caracteres morfológicos, os isolados fúngicos foram confirmados como *Phyllosticta* e *Alternaria.*

Outros *Phyllosticta* endofíticos mostraram-se cinzentos a pretos com micélios planos no lado ventral e pretos no lado dorsal do PDA. O diâmetro da colónia era de 5,7 cm após 7-8 a 25^0 $±2^0$ C de incubação. Os conidióforos eram simples e curtos. Os picnídios estavam ausentes. Os microconídios eram pequenos, celulares, hialinos, ovóides a alongados. O tamanho médio variou de 15± 4,42 x 6,7 ± 1,94 µm **(Tabela 3.1, Figura 3.9).** Os resultados acima mostraram a semelhança com os resultados registados por Wulandari e colaboradores (2010). Do mesmo modo, as espécies de *Alternaria* apresentaram a cor preta escura no lado ventral e dorsal com micélios planos em placas de PDA. Os conidióforos eram simples, escuros e curtos. A taxa média de crescimento da colónia foi de 6,2 cm a 25^0 $±2^0$ C de incubação. Da mesma forma, os conídios eram escuros, com septos transversais e longitudinais de formas variadas. O tamanho médio dos conídios foi de 15± 4,42 x 6,7 ± 1,94 µm **(Tabela 3.1).**

3.5.13. Identificação de fungos endofíticos isolados de *Pueraria tuberosa*

Um total de 4 fungos endofíticos foram recuperados de *P. tuberosa* e identificados como *Phoma* e *Alternaria* com base em características morfológicas e culturais.

No presente estudo, o *Phoma* sp. endofítico apresentou-se preto no lado ventral e no lado dorsal com micélios Hat em placas de PDA. O diâmetro médio da colónia foi de 5,1 cm a 25^0 $±2^0$ C de incubação durante uma semana. Microscopicamente, os picnídios eram escuros, ostiolados a globosos com um bico curto perfurando a epiderme. Os conidióforos eram curtos. Os conídios eram pequenos, unicelulares, hialinos, ovóides a alongados. O tamanho médio, como comprimento e largura, foi de 2-3±3,16 x 5-10 ±13,6 **(Tabela 3.1, Figura 3.4).**

Além disso, *a Alternaria* apresentou micélios inicialmente cinzentos a pretos e depois brancos, desenvolvidos no centro do lado ventral e pretos no lado dorsal das placas de PDA. O crescimento da colónia cobriu 5,2 cm a 25^0 $\pm2^0$ C de incubação durante 7-8 dias. Microscopicamente, os conidióforos eram simples e escuros. Os conídios eram escuros, tipicamente com septos transversais e longitudinais. O tamanho médio varia de 15± 4,42 x 6,7 ± 1,94 µm **(Tabela 3.1).**

3.5.14. Identificação de fungos endofíticos isolados de *Terminalia bellerica*

Um total de 4 fungos endofíticos diferentes foram isolados de explantes foliares de *T. bellerica*. Com base em caracteres morfológicos, os isolados fúngicos foram confirmados como espécies de *Nigrospora, Pestalotia* e *Alternaria*.

Caracteres morfológicos de *Nigrospora* inicialmente cinzentos com margem irregular no lado ventral e cinzento ténue no lado dorsal com micélios algo aéreos em PDA. A taxa média de crescimento da colónia foi de 5,4 cm após 7-8 dias de incubação a 25^0 $\pm2^0$ C. Da mesma forma, os conidióforos eram curtos, escuros e simples. Os conídios eram vesículas hialinas, ligeiramente achatadas horizontalmente e com uma fina fenda germinativa equatorial na extremidade dos conidióforos. O tamanho médio dos conídios variava de 4,5±0,5270 x 3,3±0,4830 µm **(Tabela 3.1).**

No presente estudo, as espécies de *Pestalotia* endofíticas apresentaram uma coloração inicial branca a cremosa com manchas pretas no lado ventral e uma coloração esbranquiçada a pigmentada no lado dorsal do PDA. A taxa média de crescimento da colónia foi de 5,3 cm a 25^0 $\pm2^0$ C de incubação. Os conídios eram acérvulos escuros, hialinos, células com extremidades pontiagudas, em forma de almofada, com dois ou mais apêndices apicais hialinos. Estes apêndices foram observados no bordo apical dos conídios. O tamanho médio dos conídios variou de 9,6 ± 0,52 x 3,7 ±0,48 µm **(Tabela 3.1).** Os resultados do presente estudo mostraram semelhança com o relatório Tejesvi *et al.* (2009). Do mesmo modo, as espécies de *Alternaria* mostraram-se negras no lado ventral e dorsal das placas de PDA. A taxa média de crescimento da colónia foi de 5,7 cm a 25±2^0 C de incubação. Os conidióforos eram simples e escuros. Os conídios eram escuros, tipicamente com septos transversais e longitudinais. O tamanho médio dos conídios variou de 15±4,42 x 6,7±1,94 µm **(Tabela 3.1).**

3.5.15. Identificação de fungos endofíticos isolados de *Ruta graveolens*

Três endófitos fúngicos diferentes foram isolados de *R. graveolens* e, com base na morfologia, identificados como espécies de *Phoma* e *Alternaria*. No presente estudo, as espécies de *Phoma* mostraram uma margem castanha escura, inteira, lisa e afiada no lado ventral, pigmentos castanhos no lado dorsal das placas de PDA. A colónia atingiu 5,4 cm a 25° ± 2° C de incubação. Além disso, os picnídios eram escuros, em forma de frasco, ostiolados a globosos a sub globosos, alongados. Os conidióforos eram curtos. Em alguns locais, os conídios foram libertados dos picnídios após a sua rebentação. O tamanho dos conídios variou de 2-3 ± 3,16 x 5-10 ±13,60 μm (Tabela 3.1). Os conídios eram hialinos, unicelulares, pequenos, ovóides a alongados.

As espécies de *Alternaria* mostraram-se pretas com micélios planos no lado ventral e dorsal das placas de PDA **(Figura)**. A colónia de crescimento suave com margem regular cobria 5,3 a 6,7 cm a 25 ± 2° C de incubação em PDA. O tamanho dos conídios variava de 15±4,42x6,7±1,94 μm. Os conidióforos eram simples e escuros. Os conídios eram escuros, tipicamente com septos transversais e longitudinais **(Tabela 3.1)**.

3.5.16. Identificação de fungos endofíticos isolados de *Semecarpus anacardium*

No presente estudo, foram isolados três endófitos de diferentes explantes, tais como *Pestalotia* da folha, *Colletotrichum* do caule e *Alternaria* do fruto, de *S. anacardium*.

Os caracteres morfológicos das espécies de *Pestalotia* mostraram micélios um pouco aéreos, esbranquiçados com grânulos pretos no lado ventral e esbranquiçados a pigmentados no lado dorsal do PDA. A taxa média de crescimento da colónia foi de 5,8 cm após 7-8 dias de incubação a 25^0 $±2^0$ C. Os conídios eram acérvulos escuros, em forma de almofada, sub-epidérmicos, 3-5 células com hialina pontiaguda nas extremidades, com 2 ou mais apêndices apicais hialinos. O tamanho médio dos conídios variava de 9,6 ± 0,52 x 3,8 ± 0,48 μm **(Tabela 3.1, Figura 3.3)**.

O Colletotrichum endofítico apresentou inicialmente micélios pretos e depois brancos no centro da colónia no lado ventral e pretos no lado dorsal das placas de PDA. O diâmetro da colónia foi de 4,9 cm a $25±2^0$ C de incubação. O tamanho dos conídios foi de 8,2±0,81 x 2±0,42 μm **(Figura 3.6, Tabela 3.1)**. Além disso, foram observadas cerdas escuras embutidas entre os conidióforos e sua forma era de disco acervulado, subepidérmico. Os conídios eram hialinos, oblongos e unicelulares. Os conidióforos eram simples. O tamanho médio dos conídios foi de 8,2±0,81 x 2±0,42 μm.

A identificação morfológica da *Alternaria* revelou cor preta no lado ventral e dorsal do PDA. O diâmetro da colónia era de 6,4 cm após incubação a $25±2^0$ C durante uma semana em placas de PDA. O conidióforo era simples e escuro, com uma cadeia ramificada de conídios. Os conídios eram escuros, com septos transversais e longitudinais com formas diferentes. O tamanho médio dos conídios variou de 15 ± 4,42 x 6,5 ± 1,93 μm **(Tabela 3.1)**. No presente estudo, as características das espécies de *Alternaria* mostraram a semelhança com os caracteres registados por (Alexopoulos 1996) no seu livro de identificação.

3.5.17. Identificação de fungos endofíticos isolados de *Hollarrhena antidysentenca*

No total, foram isolados três fungos endofíticos de *H. antidysenterica* e identificados com base em características morfológicas como *Phyllosticta* e *Aspergillus*. No presente estudo, *Phyllosticta* mostrou uma cor preta ténue com micélios algo aéreos no lado ventral e preto no lado dorsal do PDA. A colónia atingiu 5,7 cm a 25 ± 2^0 C de incubação. Da mesma forma, o conidióforo era curto. Os conídios eram pequenos, unicelulares, hialinos e ovóides a alongados. O tamanho médio varia de 15±4,42 x 6,7±1,94 µm **(Tabela 3.1, Figura 3.9)**. A hialina em torno dos microconídios é a caraterística peculiar das espécies de *Phyllosticta*. As presentes observações foram consideradas semelhantes às observações registadas por Tejesvi e grupos (2008).

Adicionalmente, *Aspergillus* observou morfologicamente uma cor cremosa, com micélios planos no lado ventral e esbranquiçados no lado dorsal das placas PDA. A taxa média de crescimento foi de 5,7 cm a $25^0 \pm 2°$ C de incubação durante uma semana. Também foram observados conidióforos simples e erectos com corpos globosos na parte apical. Os conídios eram unicelulares, globosos. O tamanho médio dos conídios variava de $3,3 \pm 0,2108$ x $3,8 \pm 0,2108$ µm **(Tabela 3.1, Figura 3.10)**.

3.5.18. Identificação de fungos endofíticos isolados de *Withania somnífera*

No presente estudo, o total de dois endófitos fúngicos, tais como *Nigrospora* e *Alternaria,* foi isolado de explantes foliares de *W. somnífera*. *Nigrospora* mostrou inicialmente micélios cinzentos que mais tarde se tornaram cinzentos escuros no lado ventral e cinzentos ténues no lado dorsal em placas de PDA. A velocidade média de crescimento foi de 5,7 cm a $25 \pm 2°$ C durante 7-8 dias de incubação. Os conidióforos eram curtos. Os conídios eram pretos, unicelulares, globosos a um pouco achatados, com vesículas hialinas na extremidade dos conidióforos. O tamanho médio dos conídios variava de 4,5±0,5270 x 3,3±0,4830 µm **(Tabela 3.1, Figura 3.1)**.

No presente estudo, *a Alternaria apresentava* micélios pretos escuros e planos no lado ventral e no lado dorsal preto do PDA **(Figura)**. Após uma semana de incubação, a colónia atingiu 5,2 cm a $25 \pm 2°$ C. Foram observados conidióforos simples e escuros. Os conídios apresentavam septos transversais e longitudinais com formas diferentes de ovóides e escuros. O tamanho médio dos conídios foi de 15±4,42 x 6,7±1,94 µm **(Tabela 3.1)**. Os presentes resultados foram semelhantes aos resultados registados por Khan *et al.* (2010).

3.5.19. Identificação de fungos endofíticos isolados de *Centella asiatica*

No total, dois fungos endofíticos, como *Phoma* e *Nigrospora,* foram recuperados de explantes de folhas e pecíolos de *C. asiatica.* No presente estudo, os caracteres morfológicos da espécie *Phoma* foram observados em placas de PDA pretas com margem inteira lisa com micélios planos no lado ventral e pretos no lado dorsal **(Figura 3.1)**. A taxa de crescimento foi rápida e cobriu 5,2 cm a $25^0 \pm 2^0$ C de incubação **(Tabela 3.1)**. Os picnídios eram escuros, alongados, ostiolados a globosos a sub globosos, em forma de frasco. Os conidióforos eram curtos. Os conídios eram unicelulares, hialinos, pequenos e ovóides a alongados. O tamanho médio dos microconídios foi pequeno em comparação com os macrofomas e variou de 2,7 ± 3,16 x 5,6 ±13,6 μm. Os resultados obtidos para *Phoma* sp. foram semelhantes aos resultados registados por Rakotoniriana *et al.* (2008).

Um fungo endofítico *Nigrospora* também foi isolado de explantes de pecíolo de *C. asiatica*. A colónia atingiu um diâmetro de 5,9 cm a 25 ± 2^0 C, com micélios aéreos pretos, escuros no lado dorsal e preto-acinzentado no lado ventral. Os conídios encontravam-se ligados à célula basal dos conidióforos. Os conídios eram pretos escuros, insuflados, inchados e ampuliformes. O tamanho médio (comprimento e largura) variou de 4,5±0,5270 x 3,3±0,4830 μm **(Tabela 3.1, Figura 3.1).**

3.5.20. Isolamento e identificação de fungos endofíticos de *Aloe vera*

O Aloé vera é utilizado pela sua eficácia cosmética e terapêutica, principalmente para doenças da pele como queimaduras solares, herpes labial e queimaduras pelo frio. Dois fungos endofíticos, como as espécies *Phyllosticta* e *Phoma,* foram isolados do Aloe *vera*.

No presente estudo, as características morfológicas de *Phyllosticta* eram colónias negras no lado ventral e dorsal com micélios ligeiramente aéreos em PDA. A taxa média de crescimento da colónia foi de 4,8 cm a 25 ± 2^0 C de incubação durante 7-8 dias. Os conidióforos eram simples e pequenos. Os picnídios estavam ausentes. Além disso, os conídios eram unicelulares, hialinos, pequenos e ovóides a alongados. O comprimento e a largura dos conídios variaram de 15 ±4,42 x 6,7±1,94 μm **(Tabela 3.1).** Foi observada uma bainha transparente semelhante a água hialina à volta dos conídios, pelo que, comparando todas as características acima referidas, os isolados fúngicos foram confirmados como espécies de *Phyllosticta* **(Figura 3.9).**

No presente estudo, foram observados resultados semelhantes aos relatados por Rebecca *et al.* (2011). Além disso, *Phoma* sp. apresentou micélios pretos e planos nos lados ventral e dorsal das placas de PDA. A taxa média de crescimento foi de 4,5 cm a 25 ± 2^0 C de incubação durante uma semana. Os picnídios eram globosos a sub globosos, escuros, alongados, em forma de frasco. Devido à quebra dos picnídios, os conídios eram libertados num grande trajeto leitoso. Os conídios eram pequenos, unicelulares, hialinos, ovóides a alongados, observados em grupos. O tamanho médio dos conídios foi de 2-3 ± 3,16 x 5-10 ±13,60 μm **(Tabela 3.1).**

3.6. Conclusão

Pode concluir-se que os fungos endofíticos colonizam as plantas hospedeiras e apresentam diversidade dentro do hospedeiro, pelo que a sua identificação é muito importante para o rastreio de novos compostos bioactivos. No presente estudo, as características morfológicas, culturais e microscópicas de diferentes fungos endofíticos foram consideradas marcadores significativos para a identificação preliminar e a diferenciação em diferentes grupos. Infelizmente, verificou-se que alguns endófitos eram difíceis de identificar com base em marcadores morfológicos devido ao facto de serem estéreis, não esporularem e apresentarem semelhanças nas suas características morfológicas e microscópicas. Trata-se de espécies *como Nigrospora, Alternaria, Colletotrichum, Aspergillus* e *Phoma*. Por conseguinte, nestas condições, os marcadores moleculares para uma identificação rápida seriam um instrumento prometedor para a identificação. Além disso, os endófitos que mostraram os seus corpos de frutificação bem definidos para a sua identificação morfológica e microscópica desempenham um papel importante na confirmação do género e da espécie.

Tabela: 3.1. Identificação morfológica de fungos endofíticos isolados de plantas medicinais seleccionadas da floresta de Melghat

Sr. No.	Name of host	Common name	Explants	Colony colour Dorsal	Ventral	Type of mycelium	Colony diameter (cm)	Length and width of conidia (µm) Length	Width	Endophytic fungi	No. of isolates
1	*Andrographis paniculata*	Chirayta	Leaf	Black	Black	Flat	5.6	15 ± 4.42	6.7 ±1.94	*Alternaria* species	22
			Stem	Cream	Brown	Aerial	5.7	8.2±0.81	2±0.42	*Colletotrichum dematium*	
			Leaf	Black	Black	Flat	4.9	2.7 ± 3.16	5.6 ±13.6	*Phoma* species	
			Leaf	Black	Black	Flat	5.2	8.5±0.51	5.5 ±0.48	*Curvularia* species	
			Leaf	White	Cream	Arial	6.7	43.10 ±0.26	2.80 ±0.14	*Fusarium* species	
2	*Gymnema sylvestre*	Gurmar	Leaf	White	Black	Flat	4.8	9.6 ± 0.52	3.7 ±0.48	*Pestalotia* species	19
			Stem	Black	Black	Flat	4.6	15 ± 4.42	6.7 ± 1.94	*Alternaria* species	
			Leaf	Black	Black	Flat	5.7	15 ± 4.42	6.7 ± 1.94	*Alternaria* species	
			Leaf	Black	Black	Aerial	6.4	50.6 ± 15.32	6.3 ±1.63	*Helminthosporium* species	
			Leaf	Greenish	Creamy	Flat	5.7	2 -2.5± 0.2108	2 -2.5± 0.2108	*Aspergillus* species	
			Leaf	Black	Black	Aerial	5.6	4.5±0.51	2.25±0.26	*Phyllosticta* species	
			Stem	Off-white	Creamy	Aerial	6.7	2 ± 0.2108	2 ± 0.2108	*Aspergillus* species	
			Leaf	Black	Black	Flat	6.5	2.7 ± 3.16	5.6 ±13.6	*Phoma* species	
3	*Catharanthus roseus*	Sadabahar	Leaf	Black	Black	Flat	5.5	15 ± 4.42	6.7 ± 1.94	*Alternaria* species	16
			Leaf	White	Brown	Flat	4.7	8.2±0.81	2±0.42	*Colletotrichum falcatum*	
			Leaf	Creamy	Brown	Flat	5.2	8.2±0.81	2±0.42	*Colletotrichum dematium*	
			Stem	Black	Black	Flat	5.6	4.5±0.51	2.25±0.26	*Phyllosticta* species	
			Leaf	Black	Black	Flat	6.4	8.5±0.51	5.5 ±0.48	*Curvularia* species	
			Leaf	Brown	Pink	Flat	5.8	2.7 ± 3.16	5.6 ±13.6	*Phoma* species	
			Stem	Black	Black	Flat	5.4	15 ± 4.42	6.7 ± 1.94	*Alternaria* species	
4	*Syzyzium cuminii*	Jamun	Leaf	Black	Black	Flat	5.7	2.7 ± 3.16	5.6 ±13.6	*Phoma* species	13
			Leaf	Black	Black	Flat	5.9	15 ± 4.42	6.7 ± 1.94	*Alternaria* species	
			Leaf	White	Brown	Aerial	5.2	9.6 ± 0.52	3.7 ±0.48	*Pestalotia* species	
			Stem	White	Brown	Aerial	4.9	9.6 ± 0.52	3.7 ±0.48	*Pestalotia* species	
			Leaf	Black	Black	Flat	5.8	8.5±0.51	5.5 ±0.48	*Curvularia* species	
			Stem	Whitish	Cream	Flat	6.5	2 ± 0.2108	2 ± 0.2108	*Aspergillus* species	
5	*Abrus precatorius*	Gunj	Leaf	Grey	Black	Aerial	5.4	4.5±0.5270	3.3±0.483	*Nigrospora* species	12
			Leaf	White	Brown	Flat	6.8	8.2±0.81	2±0.42	*Colletotrichum dematium*	
			Leaf	White	Brown	Flat	6.5	8.2±0.81	2±0.42	*Colletotrichum species*	
			Leaf	Black	Black	Flat	5.3	15 ± 4.42	6.7 ± 1.94	*Alternaria* species	
			Leaf	Black	Black	Aerial	5.6	2.7 ± 3.16	5.6 ±13.6	*Phoma* species	
			Leaf	Blackish	Black	Aerial	6.1	4.5±0.51	2.25±0.26	*Phyllosticta* species	
			Leaf	Black	Black	Flat	5.9	15 ± 4.42	6.7 ± 1.94	*Alternaria* species	
			Stem	Off-white	Brown	Flat	4.6	2.7 ± 3.16	5.6 ±13.6	*Phoma* species	
6	*Gloriosa superba*	Kallavi	Leaf	Black	Black	Flat	4.9	2.7 ± 3.16	47.7± 13.6	*Phoma* species	11
			Leaf	Black	Black	Flat	4.3	2.6 ± 3.16	5.8 ±13.6	*Phoma medicagenis*	
			Leaf	Black	Black	Flat	5.6	15 ± 4.42	6.7 ± 1.94	*Alternaria* species	
			Leaf	Black	Black	Flat	4.3	4.5±0.51	2.25±0.26	*Phyllosticta* species	
			Leaf	White	Brown	Aerial	5.2	9.6 ± 0.52	3.7 ±0.48	*Pestalotia* species	
			Stem	Black	Black	Flat	5.3	4.5±0.51	2.25±0.26	*Phyllosticta* species	
7	*Rauwolfia serpentina*	Sarpagandha	Leaf	White	Brow	Flat	5.9	9.6 ± 0.52	3.7 ±0.48	*Pestalotia* species	8
			Leaf	Blackish	Black	Flat	4.8	15 ± 4.42	6.7 ± 1.94	*Alternaria* species	
			Leaf	Blackish	Black	Flat	4.9	2.7 ± 3.16	5.6 ±13.6	*Phoma* species	
			Stem	Black	Black	Flat	5.3	15 ± 4.42	6.7 ± 1.94	*Alternaria* species	
8	*Emblica officinalis*	Awala	Leaf	Black	Black	Aerial	6.3	4.5±0.5270	3.3±0.483	*Nigrospora oryzae*	7
			Leaf	Black	Black	Flat	5.6	15 ± 4.42	6.7 ± 1.94	*Alternaria* species	

No.	Plant	Common name	Part	Colony colour	Reverse colour	Elevation	pH	Length	Width	Fungus	Total
			Leaf	Black	Black	Flat	5.8	8.5±0.51	5.5 ±0.48	*Curvularia* species	
			Leaf	Black	Black	Flat	5.3	15 ± 4.42	6.7 ± 1.94	*Phyllosticta* species	
9	*Asparagus racemosus*	Shatavari	Leaf	Black	Black	Flat	5.1	15 ± 4.42	6.7 ± 1.94	*Alternaria* species	
			Leaf	Blackish	Black	Flat	5.8	2.7 ± 3.16	5.6 ±13.6	*Phoma* species	
			Leaf	Black	Black	Flat	4.9	8.2±0.81	2±0.42	*Colletotrichum siamense*	7
			Leaf	White	Cream	Arial	6.7	43.10 ±0.26	2.80 ±0.14	*Fusarium* species	
			Stem	Black	Black	Flat	5.3	8.5±0.51	5.5 ±0.48	*Curvularia* species	
			Leaf	Blackish	Black	Flat	5.8	2.7 ± 3.16	5.6 ±13.6	*Phoma* species	
10	*Azadirachta indica*	Neem	Stem	Black	Black	Flat	5.8	4.5±0.5270	3.3±0.483	*Nigrospora* species	
			Leaf	White	Black	Flat	5.1	4.5±0.51	2.25±0.26	*Phyllosticta* species	
			Leaf	Greenish	Off-white	Flat	5.3	2 ± 0.2108	2 ± 0.2108	*Aspergillus* species	7
			Leaf	Grey	Greyish	Flat	5.8	4.5±0.5270	3.3±0.483	*Nigrospora* species	
			Stem	Green	White	Flat	5.3	2 ± 0.2108	2 ± 0.2108	*Aspergillus* species	
11	*Terminalia arjuna*	Arjuna	Leaf	White	Brow	Flat	6.3	9.6 ± 0.52	3.7 ±0.48	*Pestalotia* species	6
			Leaf	Black	Black	Flat	5.4	2.7 ± 3.16	5.6 ±13.6	*Phoma* species	
			Leaf	Black	Black	Flat	6.2	15 ± 4.42	6.7 ± 1.94	*Alternaria tenuissima*	
12	*Morinda citrifolia*	Noni	Leaf	Black	Black	Flat	5.7	15 ± 4.42	6.7 ± 1.94	*Phyllosticta* species	
			Stem	Black	Black	Flat	6.2	15 ± 4.42	6.7 ± 1.94	*Alternaria* species	4
13	*Pureria tuberosa*	Kidzu	Leaf	Blackish	Black	Flat	5.1	2.7 ± 3.16	5.6 ±13.6	*Phoma* species	
			Leaf	Black	Black	Flat	5.2	15 ± 4.42	6.7 ± 1.94	*Alternaria* species	4
			Stem	Blackish	Black	Flat	5.1	2.7 ± 3.16	5.6 ±13.6	*Phoma* species	
14	*Terminalia bellerica*	Behda	Leaf	Black	Black	Flat	5.7	15 ± 4.42	6.7 ± 1.94	*Alternaria* species	4
			Leaf	Black	Black	Aerial	5.4	4.5±0.5270	3.3±0.483	*Nigrospora* species	
			Leaf	White	Off-white	Flat	5.3	9.6 ± 0.52	3.7 ±0.48	*Pestalotia* species	
15	*Ruta graveolens*	Rue	Leaf	Black	Black	Flat	5.4	2.7 ± 3.16	5.6 ±13.6	*Phoma tropica*	
			Stem	Black	Black	Flat	5.3	15 ± 4.42	6.6 ± 1.95	*Alternaria* species	3
			Leaf	Black	Black	Flat	6.7	15 ± 4.42	6.7 ± 1.94	*Alternaria* species	
16	*Semecarpus anacardium*	Bhilava	Fruit	Black	Black	Flat	6.4	15 ± 4.42	6.5 ± 1.93	*Alternaria* species	
			Leaf	White	Off-white	Aerial	5.8	9.6 ± 0.52	3.8 ±0.48	*Pestalotia* species	3
			Stem	Black	Black	Flat	4.9	8.2±0.81	2±0.42	*Colletotrichum gloeosporioides*	
17	*Holarrhena antidysenterica*	Kurchi Bark	Leaf	Black	Black	Flat	5.7	15 ± 4.42	6.7 ± 1.94	*Phyllosticta* species	3
			Stem	Greenish	Cream white	Flat	5.2	2 ± 0.2108	2 ± 0.2108	*Aspergillus* species	
18	*Withania somnifera*	Ashwagandha	Leaf	Black	Black	Flat	5.7	4.5±0.5270	3.3±0.483	*Nigrospora* species	2
			Leaf	Black	Black	Flat	5.2	2.7 ± 3.16	5.6 ±13.6	*Phoma* species	
19	*Centella asiatica*	Brahmi	Leaf	Black	Black	Flat	5.2	2.7 ± 3.16	5.6 ±13.6	*Phoma* species	
			Petiole	Grey	Grey	Flat	5.9	4.5±0.5270	3.3±0.483	*Nigrospora* species	2
20	*Aloe vera*	Korphad	Leaf	Black	Black	Flat	5.4	15 ± 4.42	6.7 ± 1.94	*Phyllosticta* species	
			Leaf	Black	Black	Flat	4.5	2.7 ± 3.16	5.6 ±13.6	*Phoma* species	3

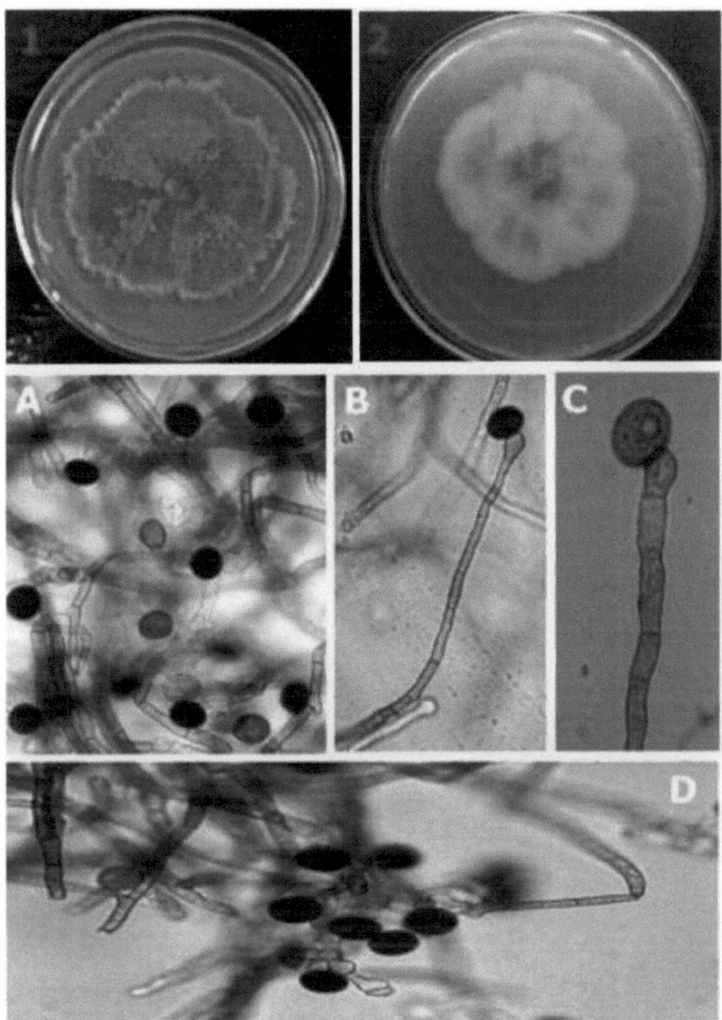

Figura: 3.1. Identificação morfológica de *Nigrospora oryzae* isolada de *Emblica officinalis;* l=lado *central*, 2=lado dorsal, ABCD=diferentes estágios de conídios fixados nas células basais dos conidióforos

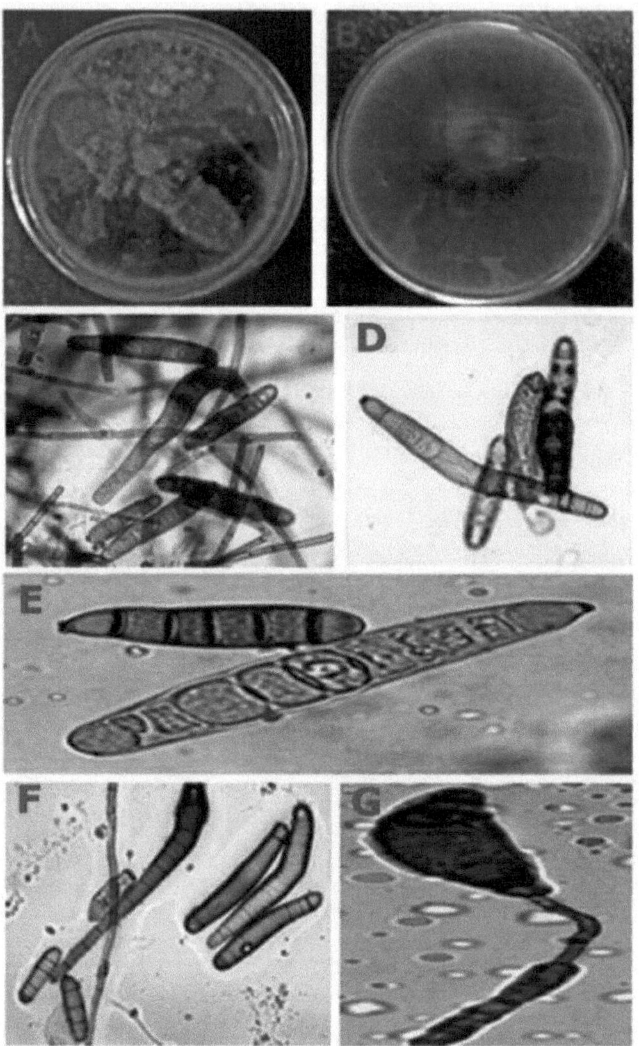

Figura: 3.2. Identificação morfológica de *Helminthosporium* sp. em PDA; A=lado ventral, B=lado dorsal, C=esporo com micélio, **D, E,** F,=diferentes estágios de conídios, G= Conídios ligados a conidióforos

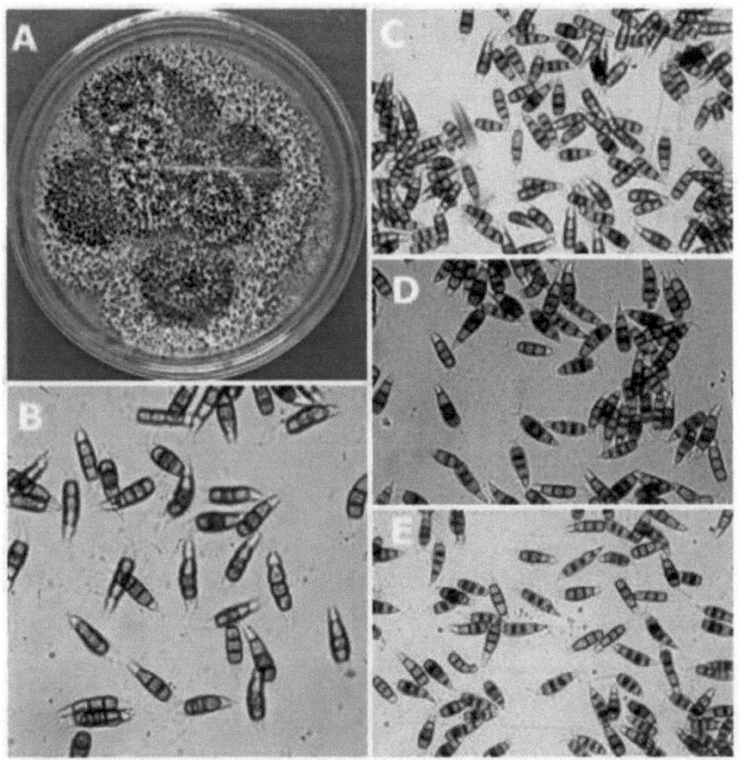

Figura: 3.3. Identificação morfológica de *Pestalotia* sp. em PDA; A=lado central, BCDE=diferentes vistas de conídios de diferentes isolados endofíticos

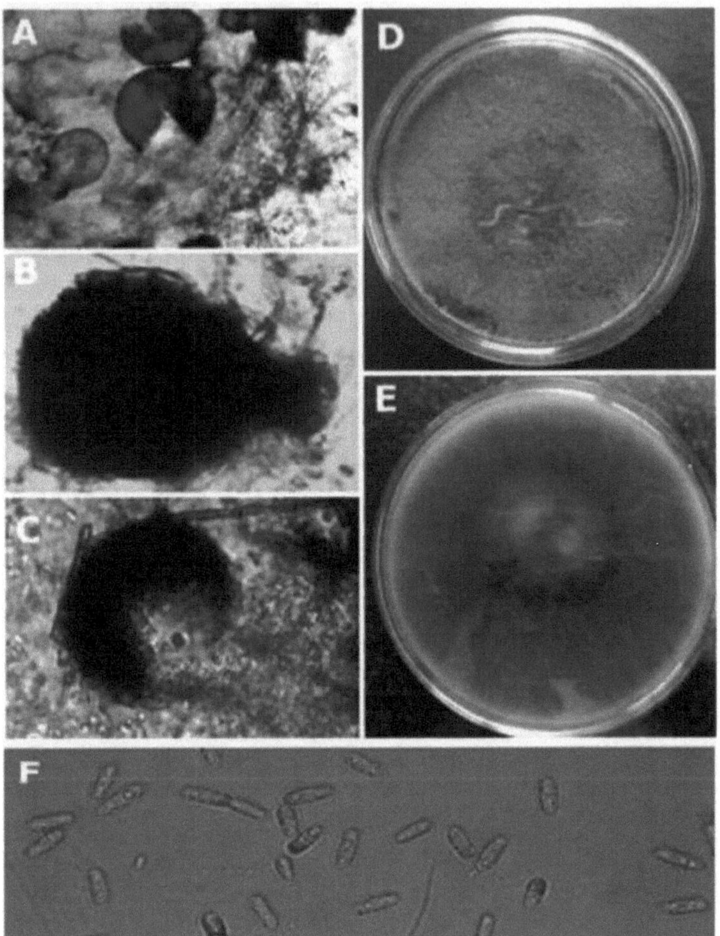

Figura: 3.4. Identificação morfológica de *Phoma* sp. em PDA; A=Picnídios em grupo, B=Alargamento dos picnídios, C=Microconídios libertados devido ao rebentamento dos picnídios, D=Vista ventral, E=Vista dorsal, F= Conídios em grupos

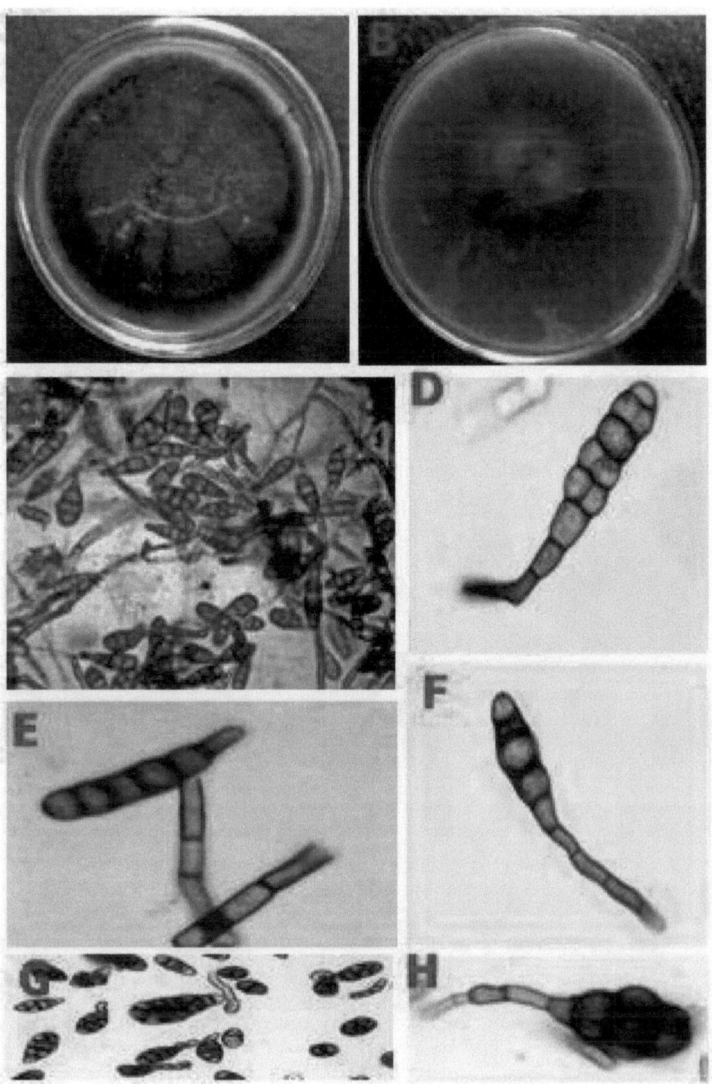

Figura: **3.5.** Identificação morfológica *de Alternaria* sp. em PDA; A=Vista ventral, B=Vista dorsal, C=Conídios em grupo, D,E,G,H=Alargamento dos conídios, com diferentes formas, F=Adesão dos conídios com conidióforo

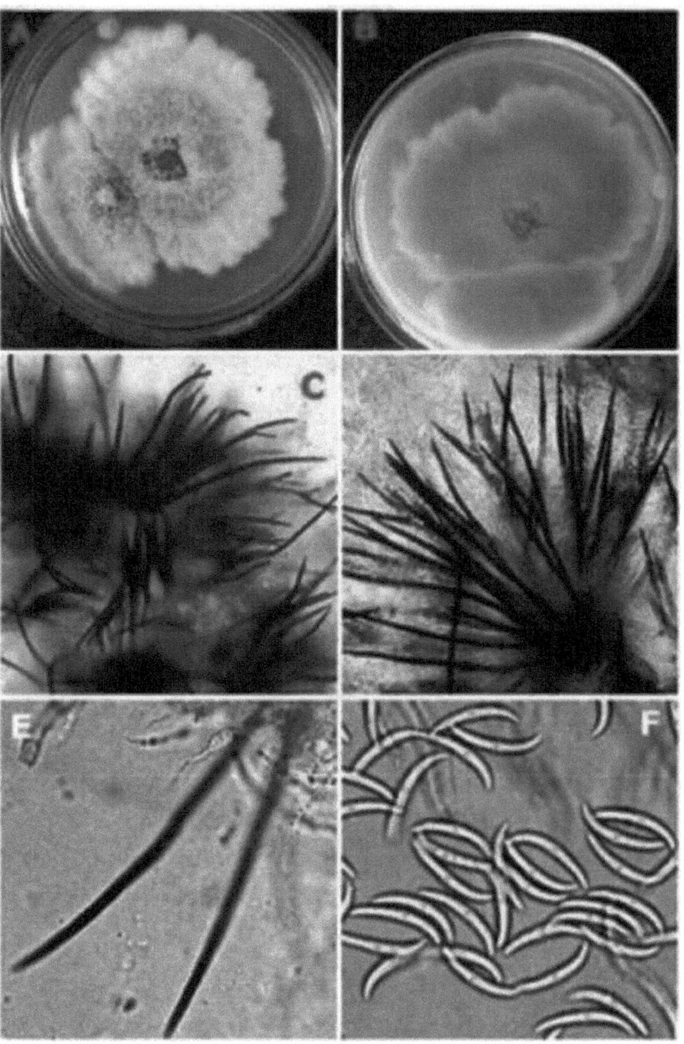

Figura: 3.6. Identificação morfológica de *Colletotrichum* sp. em PDA; A=Vista ventral, B=Vista dorsal, C, D=Sétaes incrustadas no micélio, E=Alargamento das setas, F= Conídios em grupo.

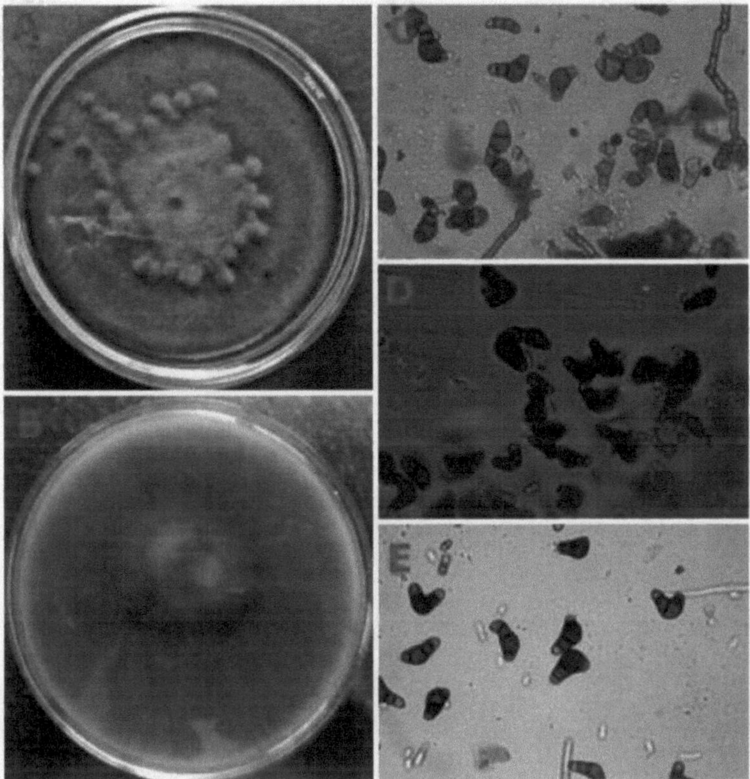

Figura: 3.7. Identificação morfológica de *Curvularia* sp. em PDA; A=Vista ventral, B=Vista dorsal, C=Conídio com micélio, **D,** E= Conídio amarelo pálido em grupo.

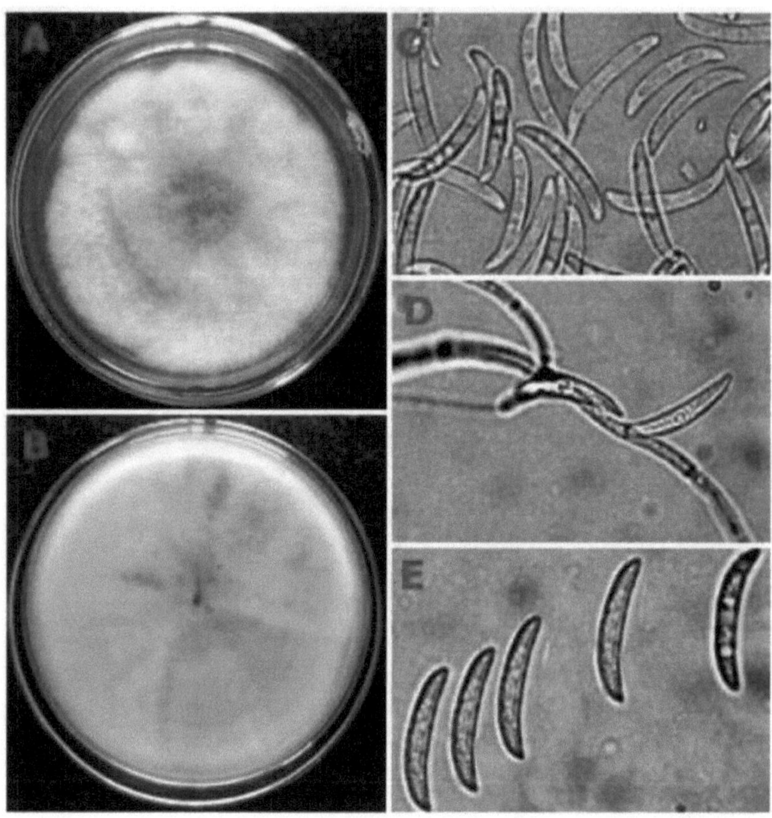

Figura: **3.8.** Identificação morfológica de *Fusarium* sp. em PDA; A=Vista central, B=Vista dorsal, C=Macroconídios em grupo, D=Macroconídios ligados ao micélio, E= Ampliação de macroconídios

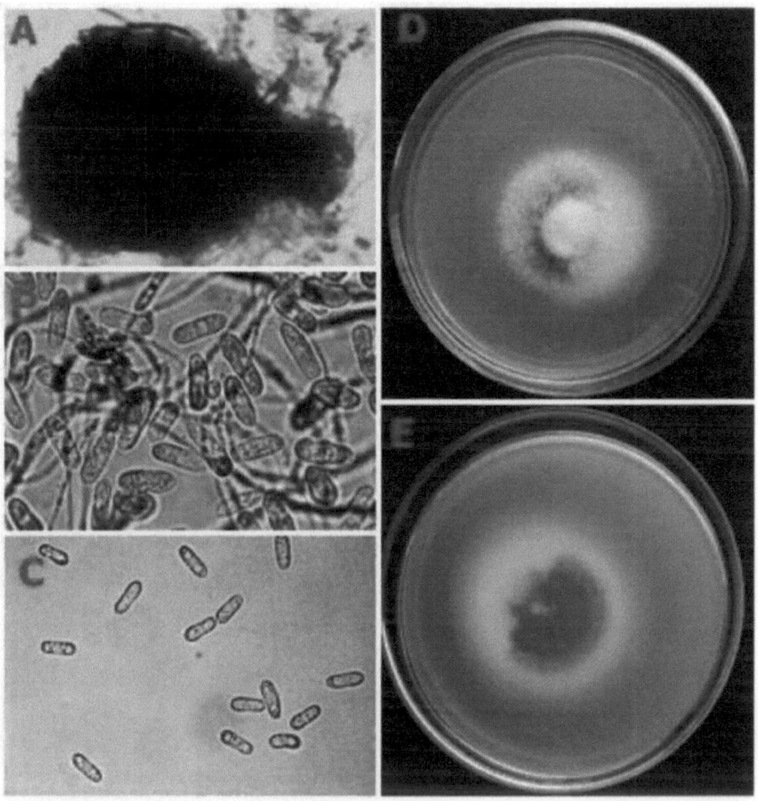

Figura: **3.9.** Identificação morfológica de *Fusarium* sp. em PDA; A= Picnídios em forma de frasco, B=Microconídios com micélio, C=Microconídios separados, D=Vista ventral, E=Vista dorsal

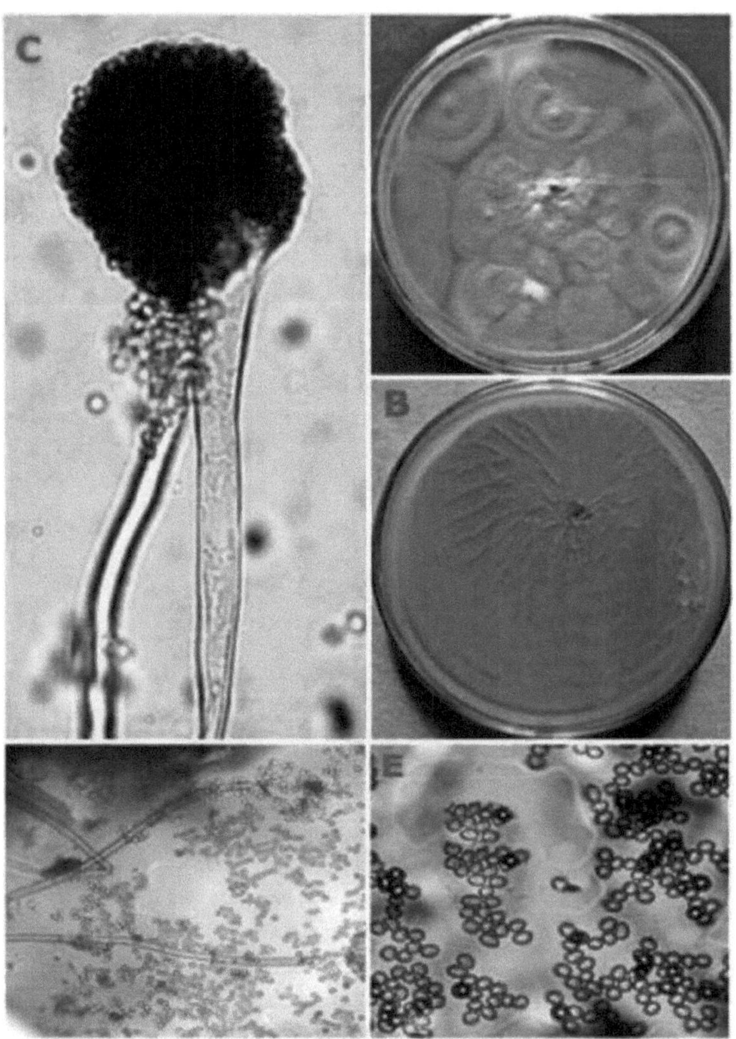

Figura: 3.10. Identificação morfológica de *Aspergillus* sp. em PDA; A=Vista central, B=Vista dorsal, C=Conidióforo com fiálides, D=Conídio com micélio, E= Conídio isolado.

CAPÍTULO-4

Identificação de fungos endofíticos isolados de diferentes plantas medicinais utilizando o marcador molecular ITS rDNA sequence comparison

4.1. Introdução

As características morfológicas e culturais desempenham um papel importante na identificação primária de diferentes fungos endofíticos; pelo contrário, é muito difícil identificar algumas espécies de fungos com características morfológicas, culturais e microscópicas semelhantes. Por conseguinte, a identificação dos endófitos com base nas características morfológicas e culturais não é suficiente para a identificação confirmada até ao nível da espécie. Assim, para a identificação confirmada de tais espécies, os marcadores moleculares, como a comparação da sequência ITS-rDNA, desempenham um papel importante. Muitos investigadores já tinham proposto que os estudos moleculares são mais úteis para resolver as relações dentro do género e das espécies, mas os estudos realizados até à data podem ser considerados apenas preliminares. Ainda assim, muitas questões permanecem por resolver no que diz respeito às relações evolutivas dentro do género e é necessário confirmar um consenso utilizando a estrutura taxonómica (Photita *et al.*, 2005; Kumar *et al.*, 2013).

A diversidade filogenética fornece informação sobre a distribuição e diversidade entre as diferentes espécies a níveis taxonómicos mais elevados, o que complementa o estudo da diversidade ao nível das espécies e pode ser comparada diretamente utilizando métodos estatísticos padrão (Arnold *et al.*, 2003). Medidas convencionais de diversidade e similaridade de comunidades têm sido usadas em estudos de endófitos. Mas a sua interpretação é atrasada por definições duvidosas de espécies e pela falta de um quadro estatístico para comparar valores. Em contraste com as medidas tradicionais de diversidade e semelhança, a diversidade filogenética tem em conta a amplitude taxonómica das amostras sem depender de morfotaxa, espécies ou designações de tipo de sequência (Shaw *et al.*, 2003).

De acordo com Smith e Black (1990) e Sutton (1992), os métodos tradicionais de identificação que utilizam características morfológicas, como a cor da colónia, o tamanho e a forma dos conídios, a temperatura ideal para o crescimento e a taxa de crescimento, podem variar devido a influências ambientais e também afectam a estabilidade dos traços morfológicos. Por conseguinte, as características ou critérios morfológicos nem sempre são suficientes para uma diferenciação fiável entre o mesmo género de espécies diferentes. Devido a isso, a sobreposição de caracteres morfológicos e fenótipos entre espécies dificulta a diferenciação separada. Assim, após os métodos morfológicos, as técnicas moleculares fornecem métodos alternativos ou soluções para estudos taxonómicos; a diferenciação entre o mesmo género e a classificação também desempenham um papel importante na resolução dos problemas de delimitação de espécies (MacLean *et al.*, 1993). É necessário identificar a biodiversidade de fungos endofíticos presentes num hospedeiro e desenvolver métodos moleculares baseados na PCR para uma deteção precoce e precisa, de modo a ajudar a minimizar os problemas relacionados com características morfológicas semelhantes. Atualmente, estão disponíveis vários métodos para a deteção molecular de fungos endofíticos, que também são úteis para distinguir cada estirpe de qualquer espécie de outras estirpes da mesma espécie.

No presente estudo, foram utilizados marcadores moleculares para a identificação e confirmação de fungos endofíticos após a identificação morfológica, uma vez que muitos fungos endofíticos são estéreis ou não produzem esporos, quer sexualmente quer assexuadamente. Estes fungos formam um grupo, não uma divisão taxonómica, e são utilizados por uma questão de conveniência. Uma vez que estes fungos não produzem quaisquer esporos ou corpos de frutificação, é impossível identificá-los por comparação morfológica. Assim, nesta situação, as técnicas moleculares podem ser aplicadas para confirmar o nível de género até ao nível de espécie para determinar a sua história evolutiva.

4.1.1. Reação em cadeia da polimerase (PCR)

A PCR é um método revolucionário desenvolvido por Kary Mullis na década de 1980. A PCR baseia-se na utilização da capacidade da ADN polimerase para sintetizar uma nova cadeia de ADN complementar à cadeia modelo oferecida. Como a ADN polimerase só pode adicionar um nucleótido a um grupo 3'-OH pré-existente, necessita de um iniciador ao qual possa adicionar o primeiro nucleótido. Este requisito permite delinear uma região específica da sequência modelo que o investigador pretende amplificar. No final da reação de PCR, a sequência específica será acumulada em milhares de milhões de cópias (amplicões). Uma vez ocorrida a reação, foram utilizados vários métodos para a identificação e caraterização dos produtos de amplificação de acordo com o seu tamanho após migração em géis de agarose (Saiki *et al.*, 1985).

Os requisitos básicos da PCR incluem um modelo de ADN que contém a região de ADN (alvo) a ser amplificada. Dois primers reversos e avançados complementares às extremidades 3' (três primes) de cada uma das cadeias de ADN alvo com sentido e anti-sentido. Taq polimerase com temperatura óptima de cerca de 70°C. Trifosfatos de desoxinucleósidos (dNTPs), os blocos de construção a partir dos quais a polimerase de ADN sintetiza uma nova cadeia de ADN. Solução tampão que proporciona um ambiente químico adequado para uma atividade e estabilidade óptimas da ADN polimerase. Para o ADN mediado por PCR, são utilizados catiões divalentes, iões de magnésio, geralmente Mg^{2+}.

Todos os componentes da reação de PCR são misturados e o procedimento consiste numa sucessão de três passos, que são determinados pelas condições de temperatura: desnaturação do molde, recozimento do iniciador e extensão. Na primeira etapa, a incubação da mistura de reação a uma temperatura elevada (90-95°C) permite a desnaturação do molde de ADN de cadeia dupla. Ao arrefecer a mistura a uma temperatura de recozimento, que é normalmente de cerca de 55°C, os iniciadores de oligonucleótidos específicos do alvo recozem à extremidade 5' dos dois modelos de cadeia simples. Para a etapa de extensão, a temperatura é aumentada para 72°C e as cadeias do iniciador-alvo. O tempo de incubação para cada passo é geralmente de I -2 min. As cadeias de ADN recém-sintetizadas que se separam das cadeias originais após a desnaturação servem de molde nos passos de recozimento e extensão. Teoricamente, *n* ciclos de PCR permitem uma amplificação de *2n* vezes da sequência de ADN alvo. Para a identificação de diferentes fungos endofíticos, estão disponíveis várias técnicas moleculares, como RAPD, RFLP, AFLP, estudo de rDNA (ITS, DlD2 e IGS), etc., mas, de entre estas, apenas a comparação da sequência ITS-rDNA desempenha um papel importante na confirmação e identificação até ao nível do género e da espécie de diversos fungos endofíticos (Saiki *et al.*, 1988).

No presente estudo, a comparação da sequência ITS-rDNA e a análise filogenética são utilizadas como marcadores moleculares para a identificação rápida e para descobrir a diversidade genética de fungos endofíticos seleccionados isolados de plantas medicinais seleccionadas da floresta de Melghat.

4.1.2. Comparações de sequências de ADN ribossómico (rDNA)

As comparações de sequências do ARN ribossómico (ARNr) e do seu ADN ribossómico (ADNr) modelo têm sido amplamente utilizadas para avaliar as relações próximas e distantes entre muitos tipos de organismos. Segundo Kurtzman (1994), o rRNA/rDNA é importante porque os ribossomas estão presentes em todos os organismos celulares e parecem ter uma origem evolutiva comum, proporcionando assim uma história molecular partilhada por todos os organismos. Além disso, algumas sequências de rRNA/rDNA estão adequadamente conservadas, pelo que são homólogas em todos os organismos e servem de ponto de orientação que permite o alinhamento das áreas menos conservadas utilizadas para medir as relações evolutivas. As sequências taxonómicas e filogenéticas de rDNA são sempre utilizadas porque estão presentes universalmente nas células vivas. Assim, a sua evolução pode refletir a evolução de todo o genoma. Estas sequências também contêm regiões variáveis e conservadas, permitindo a comparação e a discriminação de organismos a diferentes níveis taxonómicos. O rDNA nuclear dos fungos está organizado em unidades de rDNA, que se repetem aleatoriamente. Uma unidade inclui três genes de rRNA: o pequeno rRNA nuclear (do tipo 18S), o rRNA 5.8S e o grande rRNA (do tipo 28S). Numa unidade, os genes estão separados por dois espaçadores transcritos internos (ITS1 e ITS2). O rRNA 18S evolui de forma relativamente lenta e é útil para comparar organismos distantemente relacionados, enquanto as regiões não codificantes (ITS) evoluem mais rapidamente e são úteis para comparar espécies de fungos dentro de um género ou estirpes dentro de uma espécie. Algumas regiões do rDNA 28S são também variáveis entre espécies.

Cada uma das classes de tamanho de ARN foi examinada quanto à extensão da informação filogenética presente. O primeiro ARNr a ser sequenciado foi o ARNr 5S. Devido à natureza conservada e ao pequeno tamanho (cerca de 120 nucleótidos) do 5S rRNA, as suas sequências foram facilmente determinadas e têm sido amplamente utilizadas para estimar as relações filogenéticas gerais. A análise da sequência do rRNA 5.8S não foi frequentemente utilizada nos estudos de filogenia de leveduras e fungos. A sua sequência inclui apenas cerca de 160 nucleótidos e não oferece muito mais informação do que o 5S rRNA. Nos eucariotas o RNA ribossómico tem várias classes de tamanho. Os genes que codificam os rRNAs de subunidade grande (25S a 28S), de subunidade pequena (16S a 18S) e 5.8 ocorrem como repetições em tandem com 100 a 200 cópias. O gene 5S rRNA transcrito separadamente também pode ser incluído nas repetições (Garber *et al.*, 1988).

4.1.3. Regiões ITS

Os espaçadores internos transcritos (ITS) são regiões não codificantes de sequências de ADN que separam os genes que codificam os ARN ribossómicos 28S, 5.8S e 18S. Estes genes de RNA ribossómico (rRNA) são altamente conservados em todos os taxa, enquanto os espaçadores entre eles podem ser específicos de cada espécie. A conservação dos genes rRNA permite um acesso fácil às regiões ITS com iniciadores "versáteis" para a amplificação da reação em cadeia da polimerase (PCR). A variação nos espaçadores revelou-se útil para distinguir entre uma grande diversidade de taxa difíceis de identificar. A região ITS é subdividida na região ITS1, que separa os genes 18S e 5.8S rRNA, e na região ITS2, que se encontra entre os genes 5.8S e 28S rRNA (White *et al.*, 2001). Foram desenvolvidos dois primers ITS universais selectivos para a identificação rápida dos diferentes fungos endofíticos. Estes primers, ITS1 e ITS4, foram concebidos comparando as sequências alinhadas das regiões espaçadoras transcritas internas (ITS) de uma gama de diferentes fungos endofíticos. Verificou-se que os iniciadores concebidos demonstraram especificidade para diferentes fungos endófitos e foram amplificados exclusivamente produtos de aproximadamente 500-600 pb. A sensibilidade da PCR variou entre 100 e 10 ng para ADN extraído de micélio de endófitos seleccionados (White *et al.*, 2001).

4.1.4. Análise filogenética

A análise filogenética de taxa com base em caracteres moleculares tem sido valiosa para fornecer pistas sobre a localização de taxa com posição taxonómica duvidosa. É também designada por Dendrograma, que mostra as inter-relações evolutivas de um grupo de organismos derivados de um ancestral comum. As árvores filogenéticas, embora especulativas, constituem um método conveniente para estudar as relações filogenéticas. A evidência de dados morfológicos, bioquímicos e de sequências de genes sugere que todos os organismos na Terra estão geneticamente relacionados e que as relações genealógicas dos seres vivos podem ser representadas por uma vasta árvore evolutiva, a Árvore da Vida. A Árvore da Vida representa então a filogenia dos organismos, ou seja, a história das linhagens de organismos à medida que mudam ao longo do tempo. A taxonomia molecular utiliza a estrutura das moléculas para obter informações sobre a história evolutiva de um organismo e a análise é expressa sob a forma de uma árvore filogenética, sendo assim designada por filogenia. Os recentes e importantes desenvolvimentos no domínio da filogenia influenciaram e provocaram alterações significativas nos conceitos tradicionais de sistemática.

A parcimónia faz parte de uma classe de métodos de estimação de árvores baseados em caracteres que utilizam uma matriz de caracteres filogenéticos distintos para supor uma ou mais árvores filogenéticas favoráveis para um conjunto de taxa ou espécies. Além disso, o método da máxima verosimilhança para a inferência da filogenia avalia uma hipótese sobre a história evolutiva em termos da probabilidade de o modelo proposto e a história hipotética darem origem ao conjunto de dados observados. O método procura a árvore com a maior probabilidade ou verosimilhança. O método de agrupamento de pares não ponderados com média aritmética (UPGMA) é um método de agrupamento aglomerativo ou hierárquico simples que calcula a distância genética a partir de alinhamentos de sequências múltiplas, também utilizado para a classificação de unidades de amostragem com base nas suas semelhanças de pares em variáveis relevantes. Muitos dos métodos de alinhamento de sequências, como o ClustalW, criam árvores através de algoritmos mais simples de construção de árvores, tendo sido referido que a associação da variância das sequências ITS com as verdadeiras fronteiras das espécies não é conhecida para muitos grupos de fungos e é suscetível de diferir entre clados (Jacobs e Rehner, 1998; Kim e Breuil, 2001). De acordo com Guo e colaboradores (2003), para a confirmação da identificação BLAST, alguns estudos utilizaram análises filogenéticas de dados ITS, mas nesses casos não foram fornecidos critérios claros para a delimitação de espécies.

4.2. Revisão da literatura

Os marcadores moleculares são ferramentas poderosas para a identificação e diferenciação de espécies diferentes após a identificação morfológica entre o mesmo género. Kharwar *et al.* (2008) apresentaram uma análise da sequência ITS-rDNA para confirmação rápida, identificação e diferenciação de 13 taxa fúngicos isolados de tecidos de folhas, caule e raízes de *Catharanthus roseus* recolhidos em dois locais com ecossistemas diferentes no Norte da Índia. Além disso, estudaram também a análise filogenética, diferenciando o mesmo género em espécies diferentes. Photita *et al.* (2005) referiram que a análise da sequência do espaçador do ADN ribossómico (ITS) é uma técnica potencial para a identificação de espécies de fungos endofíticos *Colletotrichum*. Além disso, os autores estudaram o tamanho total das regiões 1TS1 e 1TS2, incluindo o gene 5.8S rDNA, que variou de 581 a 620 pb. Para a diferenciação e confirmação, também efectuaram a análise filogenética pelo método de máxima parcimónia das sequências de rDNA e descobriram que 98 árvores parcimoniosas e consenso estrito. Além disso, após a análise Blast e a filogenia, o mesmo género endofítico *Colletotrichum* foi diferenciado em *C. musae e C. gloeosporioides*. Com base nos resultados acima referidos, o autor afirmou que a correlação entre agrupamentos morfológicos e moleculares demonstrou as relações genéticas entre as espécies de *Colletotrichum* e concluiu que os dados da sequência ITS-rDNA eram potencialmente úteis na determinação e classificação taxonómica das espécies.

Leme *et al.* (2013) estudaram os marcadores de DNA ribossômico (rDNA) para descobrir a diversidade de endófitos presentes no hospedeiro e verificar a biodiversidade em um hospedeiro. O uso da comparação da sequência ITS-rDNA para confirmação de espécies isoladas confirmou a presença de espécies como *Curvularia* com um valor de bootstrap (BP) de 100%, *Alternaria* com 100% BP, *Epicoccum* com 60% BP, *Phoma* com 89% BP e *Saccharicola* com 100% BP. Por último, concluíram que os marcadores moleculares como a sequência ITS-rDNA e o polifilético provaram ser uma abordagem valiosa para determinar a relação entre as diferenças entre os endófitos e as suas plantas hospedeiras associadas.

Radji e colaboradores (2009) deliberaram sobre a variação genética entre 5 fungos endofíticos diferentes isolados de plantas de *Garcinia porrecta*. A análise da sequência do gene do RNA ribossómico (rRNA) foi utilizada para identificar a variação genética destes cinco isolados de fungos endofíticos. Além disso, foram utilizados os iniciadores NS1 e NS4 para amplificação e sequenciados após o processo de PCR. As sequências foram analisadas através da ferramenta Basic Local Alignment Search Tool (BLAST), tendo-se verificado que, dos cinco isolados, quatro foram identificados até ao nível de espécie, como *Penicillium purpurogenum, Zasmidium cellare, C. gloeosporioides* e *Nectria curta*, e um até ao nível de género, como *Pestalotiopsis*. Por último, afirmaram que a análise da sequência ITS-rRNA era um instrumento poderoso para a identificação e diferenciação de fungos endofíticos. A identificação por marcadores moleculares como ITS-5.8S e sequências de rDNA de subunidade grande (LSU) foi considerada a técnica mais fiável, rápida e poderosa para a classificação e confirmação até ao nível de espécie (Yoo e Eom, 2012). Além disso, os autores também estudaram a análise das sequências ITS por BLAST e identificaram os isolados fúngicos como *Eurotiomycetes* sp., *Leotiomycetes* sp., *Lophodermium conigenum, Polyporales* sp., *Rhytismataceae* e *Septoriapini-thundergii*.

Sánchez Márquez *et al.* (2008) estudaram a identificação da base molecular de cento e três isolados fúngicos endofíticos diferentes isolados de gramíneas costeiras utilizando a sequência de nucleótidos da região ITS1-5.8S rRNA-ITS2. De igual modo, dos 103 isolados, os géneros mais abundantes foram *Alternaría, Acremonium, Podospora, Penicillium, Microdochium, Arthrinium, Leptosphaeria, Epicoccum, Cladosporium* e *Beauveria*. Os autores consideram que o marcador molecular sequência ITS-rDNA é o método mais rápido e consistente para a identificação.

Rakotoniriana *et al.* (2008) identificaram e diferenciaram os fungos endofíticos utilizando marcadores moleculares como as regiões ITS (Internal Transcribed Spacer) do ADN ribossómico. No seu estudo, também analisaram sequências através da análise BLAST e descobriram que a presença dos principais endófitos era de taxa *Xylariaceous* como *Colletotrichum higginsianum,*

Guignardia mangiferae e *Glomerella cingulata*. Concluíram que a análise da sequência ITS-rDNA é a técnica fiável e mais simples para a identificação rápida de endófitos fúngicos até ao nível da espécie. Zhou e colaboradores (2009) efectuaram a identificação de fungos endofíticos através da análise da sequência de ADN ribossómico isolados de *Taxus chinensis* var. *mairei* e confirmaram os isolados morfologicamente identificados. Além disso, amplificaram um fragmento de 1555 pb do ADN da estirpe endofítica EFY-36 e os resultados da explosão de nucleótidos revelaram que as percentagens de identidade entre *Pestalotiopsis* sp., *Pestalotia rhododendri, Seimatoantlerium* sp. e *Pestalosphaeria* sp. eram de 99%. Além disso, também efectuaram a análise da árvore filogenética e indicaram que a sequência do ARN do ribossoma 18S da estirpe EFY-36 estava estreitamente relacionada com *Pestalotiopsis*.

Os fungos endofíticos isolados de *Taxus cuspidata* foram identificados com base em marcadores moleculares como 18S rDNA e a região ITS, incluindo o 5.8S rDNA. Além disso, após uma pesquisa de homologia nas bases de dados GenBank e de ADN fúngico, verificou-se que as sequências dos isolados fúngicos HD86-9 apresentavam uma semelhança de até 98% com *Aspergillus niger*. Além disso, mais tarde foi também confirmado por análise filogenética e verificou-se que se encontrava no mesmo clado que o Aspergillus *niger* (Zhao *et al.,* 2009). Nancy *et al.* (2012) identificaram os isolados endofíticos *de Michelea champaca*. Eles usaram ITS1, 5.8S rRNA, ITS2 e 28S rRNA para a confirmação até o nível de espécie. A análise da sequência BLAST confirmou que o isolado endofítico *de M. champaca* era uma espécie de *Chaetomium*, pelo que se concluiu que a análise da sequência de rDNA era uma técnica rápida para a identificação de fungos endofíticos. Tayung e colegas (2011a) efectuaram a identificação e diferenciação de isolados endofíticos da casca de teixo através da análise da sequência ITS rDNA. Após a análise da sequência com base no BLAST da sequência ITS-rDNA, os isolados foram confirmados como *Fusarium solani* (Mart.). Assim, os autores previram que a análise da sequência ITS-rDNA é uma técnica rápida e confirmatória e pode ser utilizada para a identificação rápida de géneros não identificados até ao nível da espécie.

Refaei *et al.* (2011) demonstraram a identificação morfológica e molecular de diferentes isolados endofíticos de *Rafflesia cantleyi. Recuperaram* três isolados de fungos endófitos e diferenciaram-nos em três grupos, como *Colletotrichum, Cytospora* e *Gliocladiopsis,* com base em características morfológicas e culturais. Além disso, utilizaram primers ITS universais para amplificar e confirmar a identificação dos isolados endofíticos. As amplificações de PCR mostraram uma banda de amplificação do tamanho esperado para cada espécie que testaram. Além disso, o gene fúngico 5.8S e as regiões espaçadoras transcritas internas flanqueadoras do rDNA foram sequenciados e a sua análise BLAST confirmou que se tratava de *Colletotrichum siamense, C. gloeosporioides, Colletotrichum* sp. e *Cytospora* sp. (Refaei *et al.*, 2011).

Gherbawy e Gashgari (2013) demonstraram a identificação de isolados de fungos endofíticos recuperados de *Calotropis procera* com base em características morfológicas. Posteriormente, a identificação molecular foi efectuada como região ITS do rRNA depois de sequenciada com a ajuda da análise de ferramentas BLAST, confirmada como *A. flavus, C. globosum, Cochliobolus lunatus, Fusarium dimerum, F. oxysporum* e *Penicillium chrysogenum.* Assim, a análise da sequência ITS-rDNA foi considerada uma técnica infalível para a identificação e confirmação de fungos endofíticos. Com base nas características morfológicas, o fungo endófito isolado de *Taxus baccata* foi identificado como uma espécie de *Fusarium.* Para confirmação adicional, o rDNA da região ITS foi amplificado e o produto da PCR foi sequenciado utilizando primers universais forward (1TS4) e reverse (1TS5). Além disso, com a ajuda da análise de pesquisa BLAST, foi confirmado como *Fusarium solani* (Mart.) Sacc (Tayung *et al.,* 2011b). O isolamento de fungos endofíticos de *Emblica officinalis* foi identificado com base nas características morfológicas do género como *Phomop sis, Epacris, Xylaria* e *Diaporthe.* Adicionalmente, para confirmação, os autores aplicaram marcadores moleculares como a análise da sequência ITS-rDNA usando primers universais ITS. Em seguida, o alinhamento da sequência BLAST e a árvore de filogenia previram que os isolados eram as espécies mais próximas de *Phomopsis* sp., *Epacris* sp., *Xylaria* sp. e *Diaporthe* sp. A partir dos resultados acima, os autores concluíram que o BLAST e a análise filogenética foram considerados uma ferramenta molecular poderosa para a identificação rápida e confirmada de fungos endofíticos (Nath *et al.,* 2012).

Arenal *et al.* (2007) estudaram a identificação de espécies de *Preussia* endofíticas através da região ITS combinada com os domínios D1-D2 do gene 28S rRNA e um fragmento do gene do fator de alongamento EF-la. Após BLAST, a espécie de *Preussia* foi confirmada como *Preussia mediterranea.* Além disso, os autores estudaram as características morfológicas de *P. mediterranea* e verificaram que era semelhante a *P. australis, P. africana* e *P. similis.* Mas quando a análise filogenética gerada por Máxima Verosimilhança e uma abordagem Bayesiana de Monte Carlo em Cadeia de Markov, verificou-se que a *P. mediterranea estava* mais próxima de *P minima* e *P. isabellae.*

Xie *et al.* (2013) estudaram o isolamento de diferentes endófitos fúngicos (76) de amendoim, semente de uva, soja, girassol, gergelim, algodão e *Perilla, Jatropha, Rabdosia nervosa, Vitex trifolia, Platycodon grandiforus, Aconitum carmichaeli* Debx e *Strobilanthes cusia* recolhidos no Jardim Botânico da China. Com base nas características morfológicas, os isolados foram identificados como sendo do género *Fusarium.* Posteriormente, os autores realizaram o estudo molecular para a confirmação dos resultados morfológicos, utilizando a comparação da sequência de nucleótidos do RNA ribossómico com o iniciador universal 1TS6 e 1TS4 utilizado para amplificar. O alinhamento da sequência BLAST e a árvore de filogenia das sequências da região 5.8S-1TS2-28S revelaram que os isolados apresentavam as semelhanças nucleotídicas mais elevadas com *F. buharicum* NRRL 13371, pelo que foi confirmado como género *Fusarium.*

Strobel (2014) afirmou que é extremamente importante fazer estudos taxonómicos críticos através de marcadores moleculares. Com base na morfologia de *Gliocladium roseum*. Mas quando a identificação foi realizada pela análise da sequência ITS-rDNA, o *G. roseum* mostrou 99% de similaridade com *Ascocoryne sarcoides* (Heliotiales) do que com os fungos relatados como *Gliocladium* sp. (Hypocreales). Considerando este facto, o autor concluiu que apenas os estudos genéticos e morfológicos comparativos são mais importantes para a identificação de organismos. Izumi e colegas (2008) estudaram a identificação com base em análises de sequências de 224 estirpes endofíticas isoladas, tendo sido confirmadas 218 pertencentes à família Xylariaceae. Disseminaram-se por diferentes grupos de Xylariaceae na árvore filogenética com base nas sequências da região 28S rDNA D1/D2. Além disso, a análise filogenética e a pesquisa BLAST indicaram que 19 espécies relativas do género *Xylaria* e *Nemania* com anamorfos de *Geniculosporium-\\VQ* são provavelmente os endófitos de Xylariaceae mais frequentemente isolados.

4.3. Materiais e métodos

4.3.1. Materiais

4.3.1.1. Artigos de vidro: Tubos de ensaio, béqueres, placas de Petri, frascos cónicos, tubos eppendorf e suporte, micropontas, tubos PCR, micropipetas, balde de arrefecimento, luvas de mão, etc. Todos os objectos de vidro utilizados foram adquiridos à Jain Scientific Glassware (JSGW), Ambala, Hariyana, HiMedia Private Limited (Mumbai), Índia, sistema informático, software MEGA6, etc.

4.3.1.2. Produtos químicos: ADN modelo, mistura principal de PCR, Taq ADN polimerase, cloreto de magnésio, tampões de PCR, primers universais ITS, água destilada sem nuclease, agarose, escadas de ADN, corante de carregamento de gel, tampão Tris-acetato-EDTA (TAE), brometo de etídio (Et-Br), etc. Todos os produtos químicos acima referidos foram adquiridos à Fermentas Life Sciences, Canadá.

4.3.1.3. Equipamentos: Fluxo de ar laminar, autoclave, aparelho de eletroforese (Genei, Bangalore, Índia) e sistema de documentação de gel (Alpha Imager-2200, Alpha Innotech Corporation, EUA).

4.3.2. Extração de ADN

Os fungos endofíticos seleccionados para identificação molecular foram cultivados em PDA a 25 $\pm$ 2^0 C durante 3-4 dias. A massa micelial cultivada foi colhida e o ADN total foi extraído utilizando o kit de isolamento de ADN genómico fúngico adquirido à Chromous Biotech Pvt. Ltd, Banglore, Índia, de acordo com as instruções do fabricante.

4.3.3. Cálculo da concentração de ADN

A concentração e a pureza das amostras de ADN foram determinadas por meio de um espetrofotómetro, medindo a densidade ótica (DO) a 260 nm e 280 nm. Uma DO de 1 corresponde a aproximadamente 50 µg/ml de ADN de cadeia dupla. Foram adicionados 5 µl de amostra de ADN a 495 µl de água destilada sem nuclease (NFD) e as DO foram medidas em relação à NFD como branco. A pureza e a concentração do ADN foram estimadas a partir das medições. A pureza do ADN foi estimada a partir do rácio A260/A280. Um rácio de 1,8-2,0 sugere uma concentração mínima de proteínas e é indicativo de uma boa qualidade do ADN. A concentração (µg/ml) foi calculada como: **A260 X 50 µg/ml X fator de diluição**

4.3.4. Amplificação ITS-rDNA

As regiões ITS-rDNA do espaçador interno transcrito (ITS) de fungos endofíticos seleccionados (estéreis, não produtores de esporos, e também uma espécie representativa de cada uma identificada com base em caracteres morfológicos) foram amplificadas por PCR utilizando os primers ITS1 (5'- TCCGTAGGTGAACCTGCGG3') e ITS4 (5'-TCCTCCGCTTATTGATATGC-3') concebidos e sintetizados por Chromous Biotech Pvt. Ltd, Bangalore, Índia. Cada mistura de reação de PCR continha, 2X PCR master mix (12,5µl) (Fermentas Life Sciences, Canadá), ADN genómico (5µl), IpM de cada um dos primers ITS1 e ITS4 (Iµl), 25 mM MgC12 (1.5µl) (fornecido com a mistura principal de PCR), Taq DNA polimerase adicional (0,3µl) (Genaxy, 5U/µl) e água destilada sem nuclease (3,7µl) (fornecida com a mistura principal de PCR da Fermentas) num volume total de 25µl.

Após toda a mistura, a PCR foi efectuada numa máquina de PCR de gradiente (Palm-Cycler da Corbett Research, Austrália) e num termociclador (Eppendorf, Alemanha). O programa incluía as mesmas condições utilizadas para a amplificação do ADN para efeitos de sequenciação do ADN-TI. Inclui a desnaturação inicial a 94^0 C durante 2 minutos, 35 ciclos com desnaturação a 94^0 C durante 30 segundos, recozimento a 38^0 C durante 1 minuto, extensão a 72^0 C durante 2 minutos e extensão final a 72^0 C durante 5 minutos com temperatura de manutenção a 4^0 C durante 10 minutos. Foi mantido um controlo negativo (sem ADN modelo) em cada conjunto de experiências para testar a presença de bandas inespecíficas. Todas as experiências foram repetidas três vezes. Os produtos da PCR foram submetidos a eletroforese em agarose a 1 % utilizando o tampão IX TAE (Fermentas Life Sciences, Canadá), corados com brometo de etídio, visualizados num transiluminador UV e o gel foi fotografado utilizando o sistema Gel Doc (Alphaimager, Gel documentation system, EUA). Após amplificação adequada, os produtos da PCR foram enviados para sequenciação para a Chromous Biotech Pvt. Ltd, Bangalore, Índia.

4.3.5. Análise BLAST

A identificação de fungos endofíticos através de características morfológicas não é apenas suficiente para a confirmação de fungos endofíticos identificados preliminarmente, mas os marcadores moleculares, como o ADN-STI, também desempenham um papel importante para uma maior confirmação, pelo que se efectuou uma análise BLAST em linha. Após a sequenciação, as sequências ITS foram adicionadas à janela de sequências de teste no programa BLAST em linha, que forneceu resultados sob a forma de melhores correspondências com as sequências disponíveis no GenBank.

4.3.6. Interpretação de dados e geração de árvores filogenéticas

Para tal, as sequências de ADN foram primeiro alinhadas com o software online ClustalW, para o alinhamento de sequências. As lacunas foram tratadas como dados em falta ou como a quinta base e os caracteres multiestados como incertos. Na análise filogenética foram também incluídas sequências de outras espécies do GenBank mantido pelo NCBI. Todos os caracteres foram igualmente ponderados. A árvore filogenética foi preparada utilizando o software Mega6.

A história evolutiva foi inferida utilizando o método da máxima verosimilhança baseado no modelo de Jukes-Cantor (Jukes e Cantor, 1969). Os valores de bootstrap tomados para representar a história evolutiva dos taxa analisados. Os ramos correspondentes às partições foram reproduzidos e a percentagem de árvores replicadas em que os taxa associados se agruparam no teste de bootstrap foi apresentada junto aos ramos (Felsenstein, 1985). A(s) árvore(s) inicial(is) para a pesquisa heurística foram obtidas automaticamente da seguinte forma. Quando o número de locais comuns era < 100 ou menos de um quarto do número total de locais, foi utilizado o método de parcimónia máxima; caso contrário, foi utilizado o algoritmo BIONJ (Bio Neighbor-Joining) com a matriz de distância MCL (Maximum Composite Likelihood) (Gascuel, 1997). A árvore está desenhada à escala, com comprimentos de ramo medidos em número de substituições por local. As análises evolutivas foram realizadas no MEGAS (Tamura *et al.*, 2013).

As árvores foram visualizadas com o Tree View e todos os caracteres não foram ordenados e tiveram o mesmo peso, e as lacunas foram tratadas como quinto carácter. Todas as árvores múltiplas e igualmente parcimoniosas foram guardadas. A robustez das árvores mais parcimoniosas foi avaliada por replicações bootstrap (Hillis e Bull, 1993). Outras medidas utilizadas foram o índice de consistência (CI), o índice de retenção (RI) e o índice de homoplasia (HI). Foram geradas árvores separadas para cada endófito fúngico selecionado e também foi gerada uma árvore comum para todos os isolados, utilizando a metodologia acima descrita. Para cada árvore, o filtro de troca de ramos foi mantido como muito forte para cada sequência endofítica.

4.4. Resultados e discussão

4.4.1. Isolamento de ADN

No presente estudo, verificou-se que o isolamento do ADN através de um kit de isolamento de ADN genómico fúngico disponível no mercado era melhor para obter a pureza do ADN em comparação com outros métodos. Também foram utilizados diferentes métodos de isolamento e purificação do ADN, incluindo métodos manuais com e sem azoto líquido. Em geral, foi registada contaminação por ARN nos métodos manuais de extração de ADN. No entanto, verificou-se que o ADN extraído com o kit de isolamento de ADN genómico fúngico era de alta qualidade e sem contaminação por ARN. Por conseguinte, para evitar qualquer contaminação e para poupar tempo e manter a pureza do ADN, foram utilizados no presente estudo kits prontos de isolamento de ADN genómico disponíveis no mercado.

4.4.2. Concentração de ADN

Após a extração do ADN, a concentração e a pureza foram verificadas com a ajuda de um espetrofotómetro, medindo a densidade ótica (DO) a 260 nm e 280 nm. A pureza do ADN para todos os fungos endofíticos seleccionados varia entre 1,6 e 1,8, concluindo-se que o ADN isolado era puro e de elevada concentração. Por conseguinte, as amostras de ADN extraído foram utilizadas para as amplificações por PCR da sequência ITS-rDNA com iniciadores universais ITS.

4.4.3. Identificação por análise da sequência do rDNA do espaçador transcrito interno (ITS)

No presente estudo, a diversidade de fungos endofíticos foi estudada e identificada com base em características morfológicas e culturais, mas apenas os estudos morfológicos não foram suficientes para uma identificação adequada, pelo que, para uma identificação rápida, foram utilizadas as regiões 1 e 2 do ITS-rDNA e a análise filogenética. Além disso, também oferece vantagens distintas em relação a outros alvos moleculares, incluindo uma maior sensibilidade devido à existência de aproximadamente 100 cópias por genoma. As regiões ITS 1 e 2 situam-se entre os genes 18S e 28S rRNA e o gene rRNA para 5.8S rRNA separa as duas regiões ITS. Assim, a análise de comparação da sequência ITS-rDNA foi estudada para obter melhores resultados de confirmação. O ADN de fungos endofíticos seleccionados foi isolado e as regiões ITS foram amplificadas utilizando primers ITS universais ITS1 (5'-TCCGTAGGTGAACCTGCGG-3') e ITS4 (5'-TCCTCCGCTTATTGATATGC-3'). As amplificações de PCR registaram um único fragmento de aproximadamente 550-600 pares de bases (pb) idêntico para todos os endófitos fúngicos seleccionados em gel de agarose de 0,8 a 1% após eletroforese adequada. Após todas as reacções de PCR, o produto de PCR das amostras com amplificação adequada foi enviado para sequenciação da região ITS à Chromous Biotech Pvt. Ltd. Bangalore, para efeitos de sequenciação.

4.4.4. Análise BLAST

Para a confirmação dos endófitos fúngicos morfologicamente identificados por métodos moleculares, as sequências ITS assim obtidas para todos os fungos endofíticos seleccionados foram submetidas ao serviço de rede Basic Local Alignment Search Tool (BLAST) para descobrir a homologia e a identidade dos isolados seleccionados. Como o serviço BLAST é gratuito e está disponível em linha, as sequências de nucleótidos (ITS-1 ou ITS-4) foram comparadas (alinhadas) com todas as sequências disponíveis nas bases de dados de nucleótidos (por exemplo, NCBI). A pesquisa de homologia foi efectuada nas bases de dados não redundantes do GenBank utilizando o algoritmo BLAST em http://www.ncbi.nlm.nih.gov/BLAST/ do NCBI.

Após o alinhamento BLAST, o resultado mostrou as melhores correspondências de semelhança com as sequências disponíveis na base de dados em linha. Os resultados do BLAST para todas as sequências do presente estudo mostraram que cada espécie tem homologia com as sequências da mesma espécie presentes na base de dados em linha, com diferentes coeficientes de semelhança que variam entre 90-100%. Por conseguinte, no presente estudo, a caraterística morfológica com o estudo molecular fornece o conjunto de dados completo para a identificação de qualquer género, família e nível de espécie de qualquer fungo endofítico. As explicações pormenorizadas de cada fungo endófito selecionado para identificação molecular são apresentadas a seguir:

4.4.4.I. *Nigrospora oryzae* (Berk. & Br.) Petch

No presente estudo, verificou-se que o isolado de *Emblica officinalis era* estéril quando identificado com base em características morfológicas. Por conseguinte, a identificação foi efectuada através de marcadores moleculares como a comparação das sequências ITS-rDNA. As sequências obtidas foram submetidas à análise NCBf e BLAST. A pesquisa BLAST mostrou que a melhor semelhança com a *Nigrospora oryzae* (100%) **(Figura 4.1)**. Além disso, as sequências também foram comparadas com as outras sequências no NCBf GenBank e mostraram semelhança com todas as *Nigrospora oryzae* (NCBf Accession no.FR872725.1) (100%). A percentagem de semelhança foi de 97-100%. Com base em comparações morfológicas e de sequências BLAST, o presente isolado foi confirmado como *N. oryzae*. As sequências de nucleótidos de *N. oryzae* foram depositadas no GenBank e, após validação completa, foi atribuído o número de acesso (FR872725). Estes resultados comunicados mostraram semelhança com as conclusões comunicadas por Nath *et al.* (2012). Estes estudaram os marcadores moleculares como a comparação da sequência ITS-rDNA para a confirmação de espécies de *Nigrospora* endofíticas.

Além disso, no relatório de linhagem, *N. oryzae* pertence ao género *Nigrospora* e à classe Sordariomycetes com 915 resultados, que foi o mais elevado de todas as outras espécies de *Nigrospora* **(Figura 4.2)**. Do mesmo modo, no caso do relatório de taxonomia, os isolados pertencem à Divisão Eukaryota e ao género *Nigrospora* com 104 e 44 resultados, respetivamente. O maior número de ocorrências foi observado para *N. oryzae* (17 ocorrências), seguido de *N. sphaerica* (2 ocorrências) e *Nigrospora* sp. (1 ocorrência) **(Figura 4.3)**. Por conseguinte, com base nos resultados e na discussão acima referidos, o isolado de *E. officinalis* foi confirmado como *N. oryzae*.

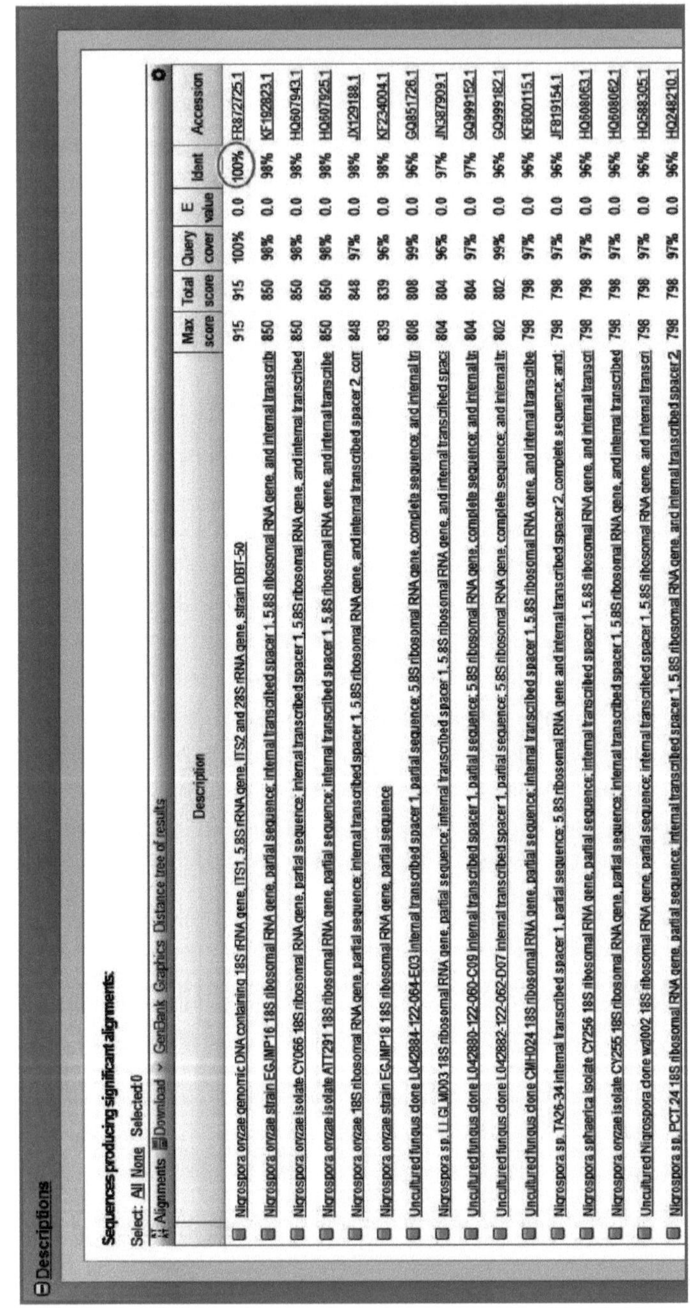

⊖Descriptions

Sequences producing significant alignments:

Select: All None Selected:0

Alignments Download ⌄ GenBank Graphics Distance tree of results

Description	Max score	Total score	Query cover	E value	Ident	Accession
Nigrospora oryzae genomic DNA containing 18S rRNA gene, ITS1, 5.8S rRNA gene, ITS2 and 28S rRNA gene, strain DBT-50	915	915	100%	0.0	100%	FR872725.1
Nigrospora oryzae strain EGJMP16 18S ribosomal RNA gene, partial sequence; internal transcribed spacer 1, 5.8S ribosomal RNA gene, and internal transcribi	850	850	98%	0.0	98%	KF192823.1
Nigrospora oryzae isolate CY066 18S ribosomal RNA gene, partial sequence; internal transcribed spacer 1, 5.8S ribosomal RNA gene, and internal transcribed	850	850	98%	0.0	98%	HQ607943.1
Nigrospora oryzae isolate ATT291 18S ribosomal RNA gene, partial sequence; internal transcribed spacer 1, 5.8S ribosomal RNA gene, and internal transcribe	850	850	98%	0.0	98%	HQ607925.1
Nigrospora oryzae 18S ribosomal RNA gene, partial sequence; internal transcribed spacer 1, 5.8S ribosomal RNA gene, and internal transcribed spacer 2, com	848	848	97%	0.0	98%	JX129188.1
Nigrospora oryzae strain EGJMP18 18S ribosomal RNA gene, partial sequence	839	839	96%	0.0	98%	KF234004.1
Uncultured fungus clone L042884-122-064-E03 internal transcribed spacer 1, partial sequence; 5.8S ribosomal RNA gene, complete sequence; and internal tr	808	808	99%	0.0	96%	GQ851726.1
Nigrospora sp. LLGLM003 18S ribosomal RNA gene, partial sequence; internal transcribed spacer 1, 5.8S ribosomal RNA gene, and internal transcribed spac	804	804	96%	0.0	97%	JN387909.1
Uncultured fungus clone L042880-122-060-C09 internal transcribed spacer 1, partial sequence; 5.8S ribosomal RNA gene, complete sequence; and internal tr	804	804	97%	0.0	97%	GQ999152.1
Uncultured fungus clone L042882-122-062-D07 internal transcribed spacer 1, partial sequence; 5.8S ribosomal RNA gene, complete sequence; and internal tr	802	802	99%	0.0	96%	GQ999182.1
Uncultured fungus clone CMH024 18S ribosomal RNA gene, partial sequence; internal transcribed spacer 1, 5.8S ribosomal RNA gene, and internal transcribe	798	798	97%	0.0	96%	KF800115.1
Nigrospora sp. TA26-34 internal transcribed spacer 1, partial sequence; 5.8S ribosomal RNA gene and internal transcribed spacer 2, complete sequence; and	798	798	97%	0.0	96%	JF819154.1
Nigrospora sphaerica isolate CY256 18S ribosomal RNA gene, partial sequence; internal transcribed spacer 1, 5.8S ribosomal RNA gene, and internal transcri	798	798	97%	0.0	96%	HQ608063.1
Nigrospora oryzae isolate CY255 18S ribosomal RNA gene, partial sequence; internal transcribed spacer 1, 5.8S ribosomal RNA gene, and internal transcribed	798	798	97%	0.0	96%	HQ608062.1
Uncultured Nigrospora clone wzl002 18S ribosomal RNA gene, partial sequence; internal transcribed spacer 1, 5.8S ribosomal RNA gene, and internal transcri	798	798	97%	0.0	96%	HQ588305.1
Nigrospora sp. PCT.24 18S ribosomal RNA gene, partial sequence; internal transcribed spacer 1, 5.8S ribosomal RNA gene, and internal transcribed spacer 2,	798	798	97%	0.0	96%	HQ248210.1

Figura: 4.1. Análise BLAST da sequência ITS-1 da *Nigrospora oryzae* endofítica isolada de

Emblica officinalis efectuada com o programa NCBI-BLAST em linha, mostrando as melhores correspondências com as outras estirpes de *Nigrospora oryzae* da base de dados NCBI com uma percentagem de identificação máxima de 98-100%.

<u>Lineage Report</u>

```
Eukaryota         [eukaryotes]
. Fungi            [fungi]
. . Ascomycota         [ascomycetes]
. . . Sordariomycetes    [ascomycetes]
. . . . Trichosphaeriales [ascomycetes]
. . . . . Nigrospora         [ascomycetes]
. . . . . . Nigrospora oryzae ----------- (915) 17 hits [ascomycetes]  Nigrospora oryzae genomic DNA containing 18S rRNA gene, ITS
. . . . . . Nigrospora sp. LLGLM003 ......  804  1 hit  [ascomycetes]  Nigrospora sp. LLGLM003 18S ribosomal RNA gene, partial seq
. . . . . . Nigrospora sp. TA26-34 .......  798  1 hit  [ascomycetes]  Nigrospora sp. TA26-34 internal transcribed spacer 1, parti
. . . . . . Nigrospora sphaerica .........  798  2 hits [ascomycetes]  Nigrospora sphaerica isolate CY256 18S ribosomal RNA gene,
. . . . . . Nigrospora sp. WZLA012 .......  798  1 hit  [ascomycetes]  Uncultured Nigrospora clone wzl002 18S ribosomal RNA gene,
. . . . . . Nigrospora sp. PCT.24 ........  798  1 hit  [ascomycetes]  Nigrospora sp. PCT.24 18S ribosomal RNA gene, partial seque
. . . . . . Nigrospora sp. P4E3 ..........  797  1 hit  [ascomycetes]  Nigrospora sp. P4E3 18S ribosomal RNA gene, partial sequenc
. . . . . . Nigrospora sp. P19E2 .........  795  1 hit  [ascomycetes]  Nigrospora sp. P19E2 18S ribosomal RNA gene, partial sequen
. . . . . . Nigrospora sp. 43wat .........  793  1 hit  [ascomycetes]  Nigrospora sp. 43wat 18S ribosomal RNA gene, partial sequen
. . . . . . Nigrospora sp. KR7 ...........  789  1 hit  [ascomycetes]  Nigrospora sp. KR7 18S ribosomal RNA gene, partial sequence
. . . . . . Nigrospora sp. P4E2 ..........  787  1 hit  [ascomycetes]  Nigrospora sp. P4E2 18S ribosomal RNA gene, partial sequenc
. . . . . . Nigrospora sp. MA75 ..........  782  1 hit  [ascomycetes]  Nigrospora sp. MA75 internal transcribed spacer 1, partial
. . . . . . Nigrospora sp. SGSGf05 .......  769  1 hit  [ascomycetes]  Nigrospora sp. SGSGf05 18S ribosomal RNA gene, partial sequ
. . . . . . Nigrospora sp. SGLMf43 .......  769  1 hit  [ascomycetes]  Nigrospora sp. SGLMf43 18S ribosomal RNA gene, partial sequ
. . . . . . Nigrospora sp. YY2-20I .......  765  1 hit  [ascomycetes]  Nigrospora sp. YY2-20I genes for ITS1, 5.8S rRNA, ITS2, par
. . . . . . Nigrospora sp. TA26-32 .......  765  1 hit  [ascomycetes]  Nigrospora sp. TA26-32 internal transcribed spacer 1, parti
. . . . . . Nigrospora sp. 8-12h .........  763  1 hit  [ascomycetes]  Nigrospora sp. 8-12h internal transcribed spacer 1, partial
. . . . . . Nigrospora sp. F5 ............  761  1 hit  [ascomycetes]  Nigrospora sp. F5 18S ribosomal RNA gene, partial sequence;
```

Figura: 4.2. Fotografia mostrando o relatório de linhagem na análise BLAST de *Nigrospora oryzae* endofítica isolada de sequências de *Emblica officinalis*: O relatório previu que a homologia estava com o número máximo de acertos para a espécie mais semelhante

<u>Taxonomy Report</u>

```
Eukaryota ...............................  104 hits  50 orgs [root; cellular organisms]
. Fungi .................................  102 hits  48 orgs [Opisthokonta]
. . Ascomycota ..........................   57 hits  38 orgs [Dikarya]
. . . Sordariomycetes ...................   52 hits  33 orgs [saccharomyceta; Pezizomycotina;
. . . . Trichosphaeriales ...............   45 hits  28 orgs [Sordariomycetes incertae sedis]
. . . . . Nigrospora ....................   43 hits  26 orgs [mitosporic Trichosphaeriales]
. . . . . . Nigrospora oryzae ...........   17 hits   1 orgs
. . . . . . Nigrospora sp. LLGLM003 .....    1 hits   1 orgs
. . . . . . Nigrospora sp. TA26-34 ......    1 hits   1 orgs
. . . . . . Nigrospora sphaerica ........    2 hits   1 orgs
. . . . . . Nigrospora sp. WZLA012 ......    1 hits   1 orgs
. . . . . . Nigrospora sp. PCT.24 .......    1 hits   1 orgs
. . . . . . Nigrospora sp. P4E3 .........    1 hits   1 orgs
. . . . . . Nigrospora sp. P19E2 ........    1 hits   1 orgs
. . . . . . Nigrospora sp. 43wat ........    1 hits   1 orgs
. . . . . . Nigrospora sp. KR7 ..........    1 hits   1 orgs
. . . . . . Nigrospora sp. P4E2 .........    1 hits   1 orgs
. . . . . . Nigrospora sp. MA75 .........    1 hits   1 orgs
. . . . . . Nigrospora sp. SGSGf05 ......    1 hits   1 orgs
. . . . . . Nigrospora sp. SGLMf43 ......    1 hits   1 orgs
. . . . . . Nigrospora sp. YY2-20I ......    1 hits   1 orgs
```

Figura: 4.3. Fotografia mostrando o relatório de taxonomia na análise BLAST de *Nigrospora oryzae* endofítica isolada de sequências de *E. officinalis*: As janelas de resultados apresentavam a taxonomia gerada para a sequência, com o número máximo de ocorrências para a classificação mais elevada e o número relacionado de ocorrências para as espécies semelhantes.

4.4.4.2. *Alternaria tenuissima* (Kunze) Wiltshire

Com base nas características morfológicas, o isolado de *Terminalia arjuna* foi identificado como uma espécie de *Alternaria*. Para determinar o nível da espécie, foi efectuada uma análise da sequência ITS-rDNA. As sequências ITS obtidas de *Alternaria* sp. foram analisadas através da análise de sequências BLAST. As sequências foram submetidas à pesquisa BLAST e observou-se a melhor semelhança com a *Alternaria tenuissima* (99%) em comparação com as outras *Alternaria* sp. disponíveis no NCBI GenBank **(Figura 4.4).** Por conseguinte, com base na análise morfológica e da sequência BLAST, *a Alternaria* sp. foi confirmada como *A. tenuissima.* As observações do presente estudo mostraram semelhança com as observações registadas por Nath *et al.* (2012). Eles também estudaram a identificação de *Alternaria* endofítica por comparação da sequência ITS-rDNA.

Além disso, o relatório de linhagem de *A. tenuissima* também previu que as sequências pertenciam à família Pleosporaceae, com 902 ocorrências para *A. tenuissima, o* que foi o máximo do que outras espécies **(Figura 4.5). Da** mesma forma, o relatório de taxonomia revelou que *A. tenuissima* pertence à família Pleosporaceae com 16 ocorrências. Entre todas as espécies de *Alternaria*, os resultados para *A. tenuissima* foram os mais elevados em comparação com outras espécies. Por conseguinte, a partir dos relatórios morfológicos, BLAST, de linhagem e de taxonomia, a *Alternaria* sp. endofítica foi confirmada *como A. tenuissima* **(figura 4.6).**

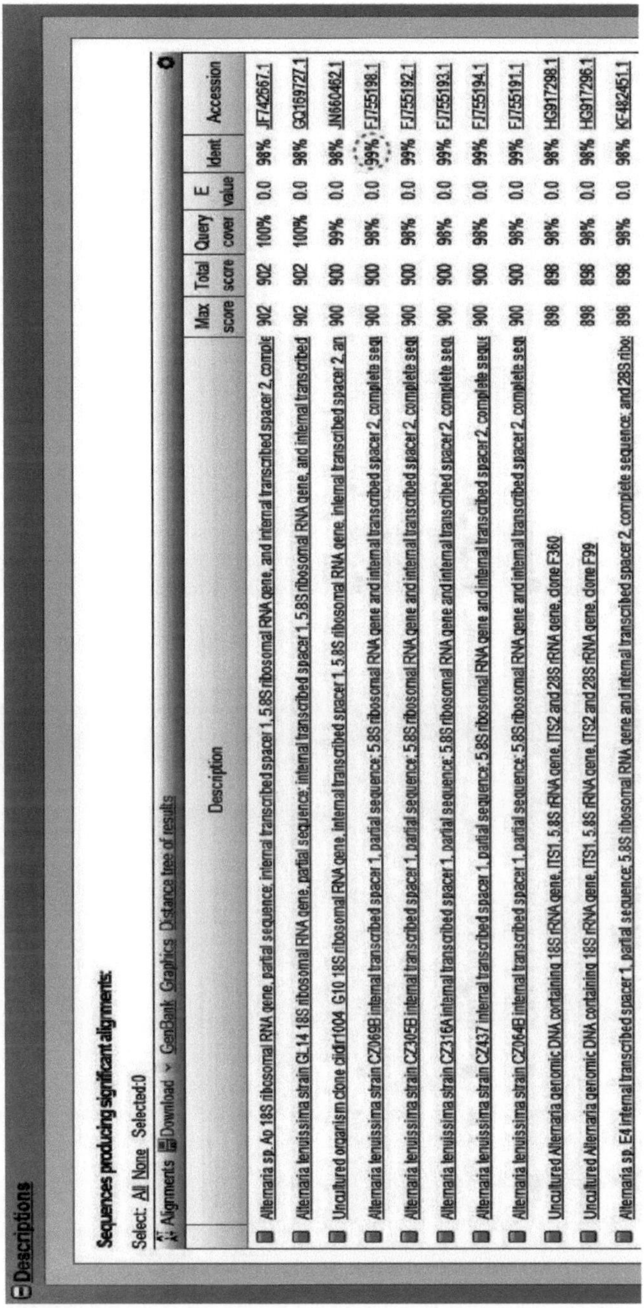

Sequences producing significant alignments:

Select: All None Selected:0

Alignments Download GenBank Graphics Distance tree of results

Description	Max score	Total score	Query cover	E value	Ident	Accession
Alternaria sp. Ap 18S ribosomal RNA gene, partial sequence; internal transcribed spacer 1, 5.8S ribosomal RNA gene, and internal transcribed spacer 2, comple	902	902	100%	0.0	98%	JF742667.1
Alternaria tenuissima strain GL14 18S ribosomal RNA gene, partial sequence; internal transcribed spacer 1, 5.8S ribosomal RNA gene, and internal transcribed	902	902	100%	0.0	98%	GQ169727.1
Uncultured organism clone clidir1004_G10 18S ribosomal RNA gene, internal transcribed spacer 1, 5.8S ribosomal RNA gene, internal transcribed spacer 2, an	900	900	99%	0.0	98%	JN660462.1
Alternaria tenuissima strain CZ069B internal transcribed spacer 1, partial sequence; 5.8S ribosomal RNA gene and internal transcribed spacer 2, complete sequ	900	900	98%	0.0	99%	FJ755198.1
Alternaria tenuissima strain CZ305B internal transcribed spacer 1, partial sequence; 5.8S ribosomal RNA gene and internal transcribed spacer 2, complete sequ	900	900	98%	0.0	99%	FJ755192.1
Alternaria tenuissima strain CZ316A internal transcribed spacer 1, partial sequence; 5.8S ribosomal RNA gene and internal transcribed spacer 2, complete sequ	900	900	98%	0.0	99%	FJ755193.1
Alternaria tenuissima strain CZ437 internal transcribed spacer 1, partial sequence; 5.8S ribosomal RNA gene and internal transcribed spacer 2, complete seque	900	900	98%	0.0	99%	FJ755194.1
Alternaria tenuissima strain CZ064B internal transcribed spacer 1, partial sequence; 5.8S ribosomal RNA gene and internal transcribed spacer 2, complete sequ	900	900	98%	0.0	99%	FJ755191.1
Uncultured Alternaria genomic DNA containing 18S rRNA gene, ITS1, 5.8S rRNA gene, ITS2 and 28S rRNA gene, clone F360	898	898	98%	0.0	98%	HG917298.1
Uncultured Alternaria genomic DNA containing 18S rRNA gene, ITS1, 5.8S rRNA gene, ITS2 and 28S rRNA gene, clone F99	898	898	98%	0.0	98%	HG917296.1
Alternaria sp. E4 internal transcribed spacer 1, partial sequence; 5.8S ribosomal RNA gene and internal transcribed spacer 2, complete sequence; and 28S ribo:	898	898	98%	0.0	98%	KF482451.1

Figura: 4.4.Análise BLAST da sequência ITS-1 de *Alternaria tenuissima* endofítica isolada de *Terminaba arjuna* realizada usando o programa NCBI-BLAST online mostrando as melhores

91

correspondências com as outras estirpes de *A. tenuissima* com percentagem máxima de identificação de 98-99%.

Lineage Report

```
root
. Fungi        [fungi]
.. Pleosporaceae [ascomycetes]
... Alternaria    [ascomycetes]
.... Alternaria sp. Ap ------------------ 902  1 hit  [ascomycetes]   Alternaria sp. Ap 18S ribosomal RNA gene, partial sequence;
.... Alternaria tenuissima .............. 902 16 hits [ascomycetes]   Alternaria tenuissima strain GL14 18S ribosomal RNA gene, p
.... Alternaria sp. E4 .................. 898  1 hit  [ascomycetes]   Alternaria sp. E4 internal transcribed spacer 1, partial se
.... Alternaria brassicicola ........... 898  1 hit  [ascomycetes]   Alternaria brassicicola isolate Ab3P 18S ribosomal RNA gene
.... Alternaria alternata .............. 898 14 hits [ascomycetes]   Alternaria alternata isolate AKS6T-1 internal transcribed s
.... Alternaria sp. HAS-1 .............. 898  1 hit  [ascomycetes]   Alternaria sp. HAS-1 18S ribosomal RNA gene, partial sequen
.... Alternaria porri .................. 898  2 hits [ascomycetes]   Alternaria porri isolate TUMKUR-6 18S ribosomal RNA gene, p
.... Alternaria sp. TUM-12 ............. 898  1 hit  [ascomycetes]   Alternaria sp. TUM-12 18S ribosomal RNA gene, partial seque
.... Alternaria lini ................... 898  1 hit  [ascomycetes]   Alternaria lini strain A09_2801509 internal transcribed spa
.... Alternaria sp. H6_E08_1104035148Q .. 898  1 hit [ascomycetes]   Alternaria sp. H6_E08_1104035148Q internal transcribed spac
.... Alternaria sp. H21_C09_1104035162Q . 898  1 hit [ascomycetes]   Alternaria sp. H21_C09_1104035162Q internal transcribed spa
.... Alternaria sp. F277768 ............ 898  1 hit  [ascomycetes]   Alternaria sp. F277768 18S ribosomal RNA gene, partial sequ
.... Alternaria sp. L2334 .............. 898  1 hit  [ascomycetes]   Alternaria sp. L2334 18S ribosomal RNA gene, partial sequen
.... Alternaria sp. M05-1541-1 ......... 898  1 hit  [ascomycetes]   Alternaria sp. M05-1541-1 18S ribosomal RNA gene, partial s
.... Alternaria sp. PP22 ............... 898  1 hit  [ascomycetes]   Alternaria sp. PP22 internal transcribed spacer 1, partial
.... Alternaria sp. PP18 ............... 898  1 hit  [ascomycetes]   Alternaria sp. PP18 internal transcribed spacer 1, partial
```

Figura: 4.5. Fotografia mostrando o relatório de linhagem na análise BLAST de *Alternaria tenuissima* endofítica isolada de sequências de *T. arjuna:* O relatório previu que a homologia estava com o número máximo de acertos para a espécie mais semelhante

Taxonomy Report

```
root ................................... 104 hits  39 orgs
. Fungi ................................ 103 hits  38 orgs [cellular organisms; Eukaryota; Opisthokonta]
.. Pleosporaceae ....................... 80 hits   17 orgs [Dikarya; Ascomycota; saccharomyceta; Pezizomycotina; leotiomyceta;
... Alternaria ......................... 45 hits   16 orgs
.... Alternaria sp. Ap ................. 1 hits    1 orgs
.... Alternaria tenuissima ............. 16 hits   1 orgs [Alternaria tenuissima complex]
.... Alternaria sp. E4 ................. 1 hits    1 orgs
.... Alternaria brassicicola .......... 1 hits    1 orgs
.... Alternaria alternata ............. 14 hits   1 orgs [Alternaria alternata group]
.... Alternaria sp. HAS-1 ............. 1 hits    1 orgs
.... Alternaria porri ................. 2 hits    1 orgs
.... Alternaria sp. TUM-12 ............ 1 hits    1 orgs
.... Alternaria lini .................. 1 hits    1 orgs
.... Alternaria sp. H6_E08_1104035148Q .. 1 hits  1 orgs
.... Alternaria sp. H21_C09_1104035162Q . 1 hits  1 orgs
.... Alternaria sp. F277768 ........... 1 hits    1 orgs
.... Alternaria sp. L2334 ............. 1 hits    1 orgs
.... Alternaria sp. M05-1541-1 ........ 1 hits    1 orgs
.... Alternaria sp. PP22 .............. 1 hits    1 orgs
.... Alternaria sp. PP18 .............. 1 hits    1 orgs
... uncultured Alternaria ............. 35 hits   1 orgs [environmental samples]
```

Figura: 4.6. Fotografia mostrando o relatório de taxonomia na análise BLAST de *Alternaria tenuissima* endofítica isolada de sequências de *T. arjuna*: A janela de resultados apresentou a taxonomia gerada para a sequência, com o número máximo de ocorrências para a classificação mais elevada e o número relacionado de ocorrências para as espécies semelhantes.

4.4.4.3. *Colletotrichum gloeosporioides* (Penz e Sacc.)

As sequências obtidas a partir do género *Colletotrichum* foram submetidas à análise de pesquisa BLAST do NCBI, tendo sido encontrada uma identidade 100% semelhante com *Colletotrichum gloeosporioides* em comparação com outras espécies **(Figura 4.7)**. Esses achados se assemelham aos achados relatados por Photita *et al.* (2005), onde os autores estudaram as regiões ITS1 e ITS2, incluindo o gene 5.8S rDNA, com diversidade de 581 a 620 pares de bases. Também efectuaram a análise da sequência BLAST e confirmaram as espécies como *Colletotrichum musae* e *C. gloeosporioides* e afirmaram que a técnica molecular foi considerada rápida e fiável para a identificação.

Além disso, o relatório da linhagem mostrou o máximo de acertos para *C. gloeosporioides* em comparação com as outras espécies de *Colletotrichum* (**Figura 4.8**). **O** número de ocorrências foi mais elevado para *C. gloeosporioides* do que para *G. cingulata*. Do mesmo modo, os relatórios taxonómicos de *C. gloeosporioides* previam que as sequências de *C. gloeosporioides* pertenciam à ordem *Glomerellales* (195 ocorrências), à família Glomerellaceae (194 ocorrências) e ao género *Colletotrichum* (178 ocorrências) (**figura 4.9**). De acordo com o levantamento da literatura, não há nenhum relatório sobre a linhagem e a taxonomia dos endófitos fúngicos. No presente estudo, este seria o primeiro relatório que apoia os resultados do BLAST e da morfologia.

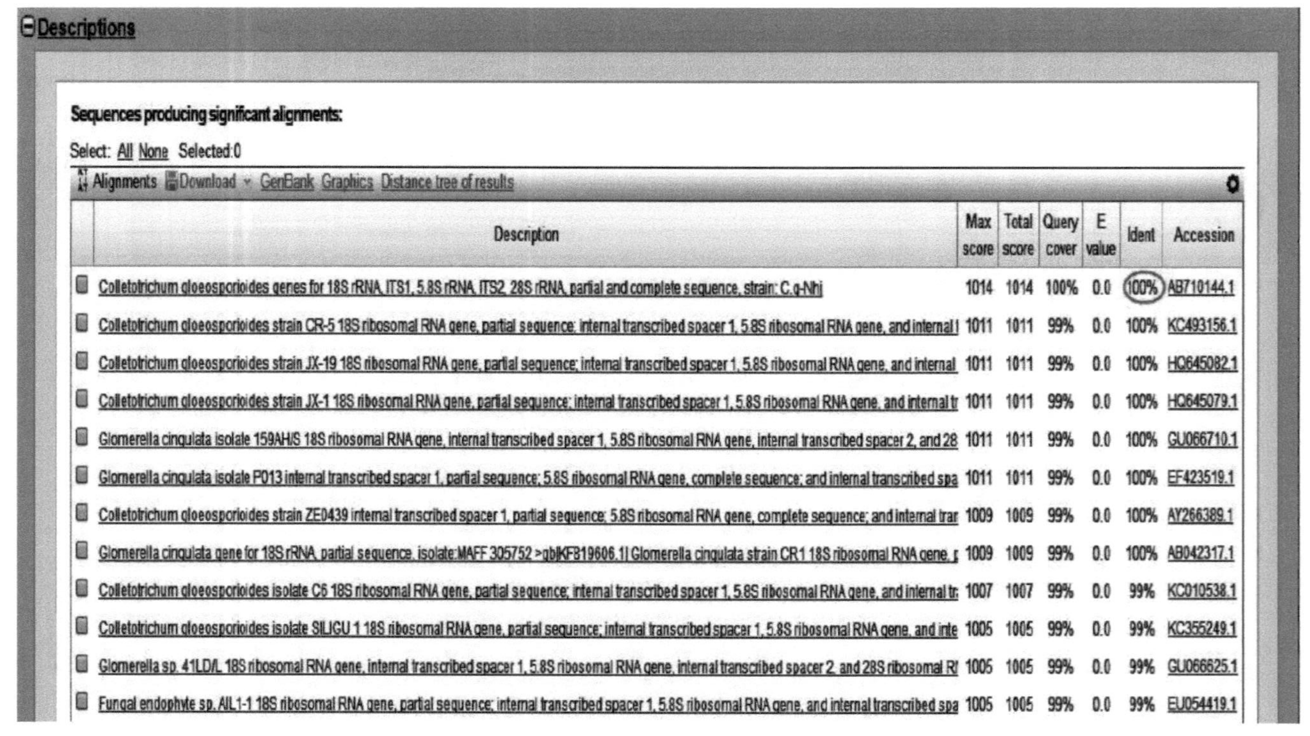

Description	Max score	Total score	Query cover	E value	Ident	Accession
Colletotrichum gloeosporioides genes for 18S rRNA, ITS1, 5.8S rRNA, ITS2, 28S rRNA, partial and complete sequence, strain: C.g-Nhi	1014	1014	100%	0.0	100%	AB710144.1
Colletotrichum gloeosporioides strain CR-5 18S ribosomal RNA gene, partial sequence; internal transcribed spacer 1, 5.8S ribosomal RNA gene, and internal	1011	1011	99%	0.0	100%	KC493156.1
Colletotrichum gloeosporioides strain JX-19 18S ribosomal RNA gene, partial sequence; internal transcribed spacer 1, 5.8S ribosomal RNA gene, and internal	1011	1011	99%	0.0	100%	HQ645082.1
Colletotrichum gloeosporioides strain JX-1 18S ribosomal RNA gene, partial sequence; internal transcribed spacer 1, 5.8S ribosomal RNA gene, and internal tr	1011	1011	99%	0.0	100%	HQ645079.1
Glomerella cingulata isolate 159AH/S 18S ribosomal RNA gene, internal transcribed spacer 1, 5.8S ribosomal RNA gene, internal transcribed spacer 2, and 28	1011	1011	99%	0.0	100%	GU066710.1
Glomerella cingulata isolate P013 internal transcribed spacer 1, partial sequence; 5.8S ribosomal RNA gene, complete sequence; and internal transcribed spa	1011	1011	99%	0.0	100%	EF423519.1
Colletotrichum gloeosporioides strain ZE0439 internal transcribed spacer 1, partial sequence; 5.8S ribosomal RNA gene, complete sequence; and internal tran	1009	1009	99%	0.0	100%	AY266389.1
Glomerella cingulata gene for 18S rRNA, partial sequence, isolate:MAFF 305752 >gb|KF819606.1| Glomerella cingulata strain CR1 18S ribosomal RNA gene, p	1009	1009	99%	0.0	100%	AB042317.1
Colletotrichum gloeosporioides isolate C6 18S ribosomal RNA gene, partial sequence; internal transcribed spacer 1, 5.8S ribosomal RNA gene, and internal tr	1007	1007	99%	0.0	99%	KC010538.1
Colletotrichum gloeosporioides isolate SILIGU 1 18S ribosomal RNA gene, partial sequence; internal transcribed spacer 1, 5.8S ribosomal RNA gene, and inte	1005	1005	99%	0.0	99%	KC355249.1
Glomerella sp. 41LD/L 18S ribosomal RNA gene, internal transcribed spacer 1, 5.8S ribosomal RNA gene, internal transcribed spacer 2, and 28S ribosomal RI	1005	1005	99%	0.0	99%	GU066625.1
Fungal endophyte sp. AIL1-1 18S ribosomal RNA gene, partial sequence; internal transcribed spacer 1, 5.8S ribosomal RNA gene, and internal transcribed spa	1005	1005	99%	0.0	99%	EU054419.1

Figura: 4.7.Análise BLAST da sequência ITS-1 do *Colletotrichum gloeosporioides* endofítico isolado de *Semecarpus anacardium efectuada* com o programa NCBI-BLAST online, mostrando

94

as melhores correspondências com as outras estirpes de C. *gloeosporioides* com uma percentagem máxima de identificação de 99-100%.

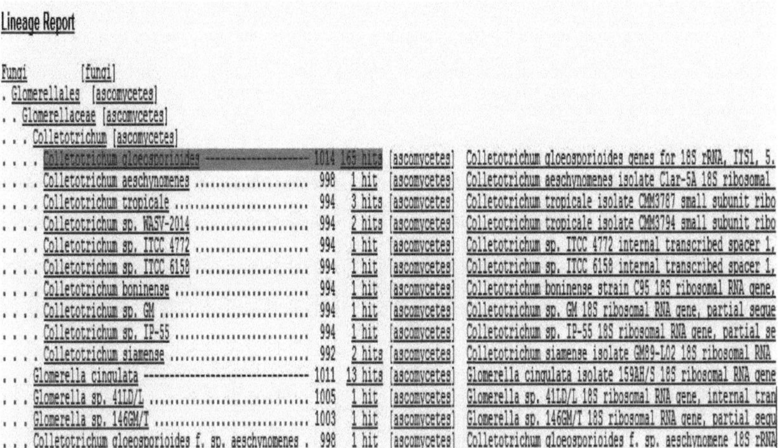

Figura: 4.8. Fotografia mostrando o relatório de linhagem na análise BLAST de *Colletotrichum gloeosporioides* endofítico isolado de *S. anacardium:* O relatório previu que a homologia era com o número máximo de acertos para a espécie mais semelhante

Figura: 4.9. Fotografia mostrando o relatório de taxonomia na análise BLAST do *Colletotrichum gloeosporioides* endofítico isolado de *S. anacardium:* A janela de resultados apresentou a taxonomia gerada para a sequência, com o número máximo de ocorrências para a classificação mais elevada e o número relacionado de ocorrências para as espécies semelhantes.

4.4.4.4. *Colletotrichum siamense* (Prihastuti)

As sequências obtidas a partir de isolados de *Asparagus racemosus* morfologicamente identificados como *Colletotrichum,* quando submetidas à comparação BLAST, mostraram semelhança com *C. siamense.* O intervalo percentual de semelhança foi algo estreito, 89%, e a cobertura da consulta foi quase semelhante à dos isolados de *C. siamense* **(figura 4.10).** A consulta das sequências da análise de linhagens apresenta o máximo de resultados para *C. siamense* (12) do que para outras espécies **(figura).** Por conseguinte, os isolados foram confirmados como *C. siamense.* No relatório de taxonomia, as sequências ITS mostraram que os isolados pertencem à família Glomerellaceae com 127 resultados, ao género *Colletotrichum* com 125 resultados e à espécie *C. siamense* com 12 resultados **(Figuras 4.11 a 4.12).** Assim, a partir do BLAST, da linhagem e do relatório de taxonomia, o isolado foi confirmado como C. *siamense.*

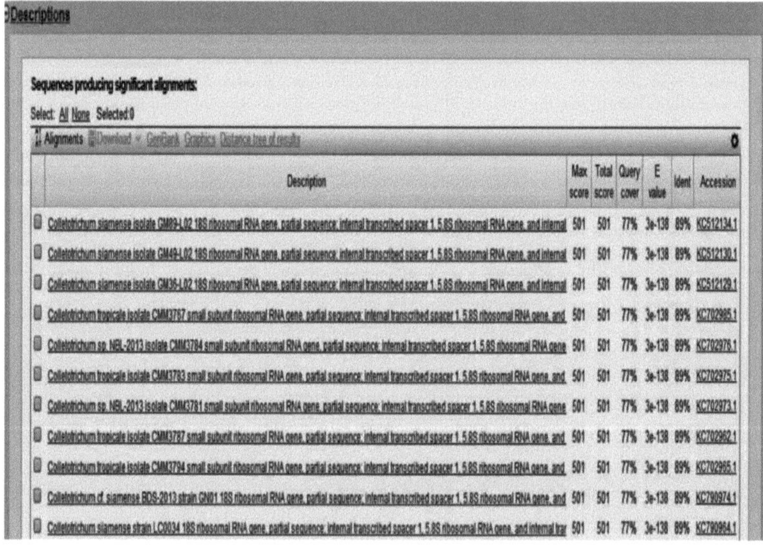

Figura: 4.10. Análise BLAST da sequência 1TS-1 do *Colletotrichum siamense* endofítico isolado de *A racemosus* efectuada com o programa NCBf-BLAST em linha, mostrando as melhores correspondências com as outras estirpes de *C. siamense* com uma percentagem máxima de identificação de 89%.

Lineage Report

Glomerellaceae [ascomycetes]
. Colletotrichum [ascomycetes]
. . Colletotrichum siamense -------------- 501 12 hits [ascomycetes] Colletotrichum siamense isolate GM89-L02 18S ribosomal RNA
. . Colletotrichum tropicale .... 501 6 hits [ascomycetes] Colletotrichum tropicale isolate CMM3767 small subunit ribo
. . Colletotrichum sp. WASV-2014 .... 501 28 hits [ascomycetes] Colletotrichum sp. NBL-2013 isolate CMM3784 small subunit r
. . Colletotrichum cf. siamense BDS-2013 . 501 1 hit [ascomycetes] Colletotrichum cf. siamense BDS-2013 strain GN01 18S riboso
. . Colletotrichum gloeosporioides .... 501 43 hits [ascomycetes] Colletotrichum gloeosporioides genes for 18S rRNA, ITS1, 5.
. . Colletotrichum fructicola .... 501 1 hit [ascomycetes] Colletotrichum fructicola isolate FJAHD01 18S ribosomal RNA
. . Colletotrichum sp. NK22 .... 501 1 hit [ascomycetes] Colletotrichum sp. NK22 18S ribosomal RNA gene, partial seq
. . Colletotrichum sp. ITCC 6158 .... 501 2 hits [ascomycetes] Colletotrichum sp. ITCC 6158 internal transcribed spacer 1,
. . Colletotrichum sp. GM409 .... 501 1 hit [ascomycetes] Colletotrichum sp. GM409 internal transcribed spacer 1, par
. . Colletotrichum sp. GM390 .... 501 1 hit [ascomycetes] Colletotrichum sp. GM390 internal transcribed spacer 1, par
. . Colletotrichum sp. GM388 .... 501 1 hit [ascomycetes] Colletotrichum sp. GM388 internal transcribed spacer 1, par
. . Colletotrichum sp. GM385 .... 501 1 hit [ascomycetes] Colletotrichum sp. GM385 18S ribosomal RNA gene, partial se
. . Colletotrichum sp. GM301 .... 501 1 hit [ascomycetes] Colletotrichum sp. GM301 internal transcribed spacer 1, par
. . Colletotrichum sp. GM291 .... 501 1 hit [ascomycetes] Colletotrichum sp. GM291 internal transcribed spacer 1, par
. . Colletotrichum sp. GM63 .... 501 1 hit [ascomycetes] Colletotrichum sp. GM63 internal transcribed spacer 1, part
. . Colletotrichum sp. GM57 .... 501 1 hit [ascomycetes] Colletotrichum sp. GM57 internal transcribed spacer 1, part
. . Colletotrichum sp. GM397 .... 501 1 hit [ascomycetes] Colletotrichum sp. GM397 18S ribosomal RNA gene, partial se
. . Colletotrichum sp. NFCCI 1925 .... 501 1 hit [ascomycetes] Colletotrichum sp. NFCCI 1925 18S ribosomal RNA gene, parti
. . Colletotrichum sp. MTCC 9664 .... 501 1 hit [ascomycetes] Colletotrichum sp. MTCC 9664 18S ribosomal RNA gene, partia
. . Colletotrichum sp. MTCC 9662 .... 501 1 hit [ascomycetes] Colletotrichum sp. MTCC 9662 18S ribosomal RNA gene, partia
. . Colletotrichum sp. MTCC 9661 .... 501 1 hit [ascomycetes] Colletotrichum sp. MTCC 9661 18S ribosomal RNA gene, partia
. . Colletotrichum sp. MTCC 4646 .... 501 1 hit [ascomycetes] Colletotrichum sp. MTCC 4646 internal transcribed spacer 1,

Figura: 4.11. Fotografia mostrando o relatório de linhagem na análise BLAST do *C. siamense* endofítico isolado de *A. racemosus:* O relatório previu que a homologia estava com o número máximo de acertos para a espécie mais semelhante

Taxonomy Report

Glomerellaceae .... 127 hits 40 orgs [root; cellular organisms; Eukaryota
. Colletotrichum .... 125 hits 39 orgs [mitosporic Glomerellaceae]
. . Colletotrichum siamense ....   12 hits   1 orgs
. . Colletotrichum tropicale ....   6 hits   1 orgs
. . Colletotrichum sp. WASV-2014 ....   28 hits   1 orgs
. . Colletotrichum cf. siamense BDS-2013 .   1 hits   1 orgs
. . Colletotrichum gloeosporioides ......   43 hits   1 orgs
. . Colletotrichum fructicola ....   1 hits   1 orgs
. . Colletotrichum sp. NK22 ....   1 hits   1 orgs
. . Colletotrichum sp. ITCC 6158 ....   2 hits   1 orgs
. . Colletotrichum sp. GM409 ....   1 hits   1 orgs
. . Colletotrichum sp. GM390 ....   1 hits   1 orgs
. . Colletotrichum sp. GM388 ....   1 hits   1 orgs
. . Colletotrichum sp. GM385 ....   1 hits   1 orgs
. . Colletotrichum sp. GM301 ....   1 hits   1 orgs
. . Colletotrichum sp. GM291 ....   1 hits   1 orgs
. . Colletotrichum sp. GM63 ....   1 hits   1 orgs
. . Colletotrichum sp. GM57 ....   1 hits   1 orgs
. . Colletotrichum sp. GM397 ....   1 hits   1 orgs
. . Colletotrichum sp. NFCCI 1925 ....   1 hits   1 orgs
. . Colletotrichum sp. MTCC 9664 ....   1 hits   1 orgs
. . Colletotrichum sp. MTCC 9662 ....   1 hits   1 orgs
. . Colletotrichum sp. MTCC 9661 ....   1 hits   1 orgs
. . Colletotrichum sp. MTCC 4646 ....   1 hits   1 orgs
. . Colletotrichum sp. MTCC 4618 ....   1 hits   1 orgs
. . Colletotrichum sp. ITCC 4772 ....   1 hits   1 orgs
. . Colletotrichum sp. ITCC 6066 ....   1 hits   1 orgs
. . Colletotrichum sp. ITCC 4915 ....   1 hits   1 orgs
. . Colletotrichum sp. ITCC 4776 ....   1 hits   1 orgs
. . Colletotrichum sp. ITCC 4770 ....   1 hits   1 orgs
. . Colletotrichum sp. ITCC 4315 ....   1 hits   1 orgs
. . Colletotrichum sp. ITCC 6336 ....   1 hits   1 orgs
. . Colletotrichum sp. ITCC 6156 ....   1 hits   1 orgs
. . Colletotrichum sp. ITCC 6155 ....   1 hits   1 orgs
. . Colletotrichum sp. ITCC 6153 ....   1 hits   1 orgs

Figura: 4.12. Fotografia mostrando o relatório de taxonomia na análise BLAST de *C. siamense* endofítico isolado de *A. racemosus-*. A janela de resultados mostrava a taxonomia gerada para a sequência, com o número máximo de ocorrências para a classificação mais elevada e o número de ocorrências relacionado com as espécies semelhantes.

4.4.4.5. Espécies de *Phoma* (Desm)

Com base nas características morfológicas, o isolado de *Syzyzium cuminii* foi identificado como espécie de *Phoma*. A análise BLAST também foi efectuada, tendo as sequências ITS de *Phoma* submetidas ao BLAST NCBI mostrado a melhor semelhança com *Phoma* sp. com 98 % de identidade. A identidade de 98 % foi observada tanto para *Phoma* sp. como para *P. multirostrata*. Mas as características morfológicas não corresponderam a *P. multirostrata* e mostraram semelhança com *Phoma*. Com base nos resultados BLAST, o isolado foi confirmado como espécie de *Phoma* **(figura 4.13).** Os resultados atuais de *Phoma* sp. foram semelhantes aos resultados relatados por Leme *et al.* (2013). Os autores estudaram a análise da sequência ITS-rDNA e confirmaram a espécie *Phoma*. Eles também confirmaram a identidade por análise de filogenia e encontraram 89% de valor de bootstrap para *Phoma* e concluíram que o isolado era da espécie *Phoma*.

Além disso, o relatório de linhagem e taxonomia de *Phoma* sp. previu que as sequências pertencem ao filo Ascomycota, classe Dothideomycetes, ordem Pleosporales, família Didymellaceae e género *Phoma*. Assim, de acordo com o BLAST, a linhagem e o relatório taxonómico, o isolado de *S. cumini* foi confirmado como espécie de *Phoma* **(Figuras 4.14 e 4.15).**

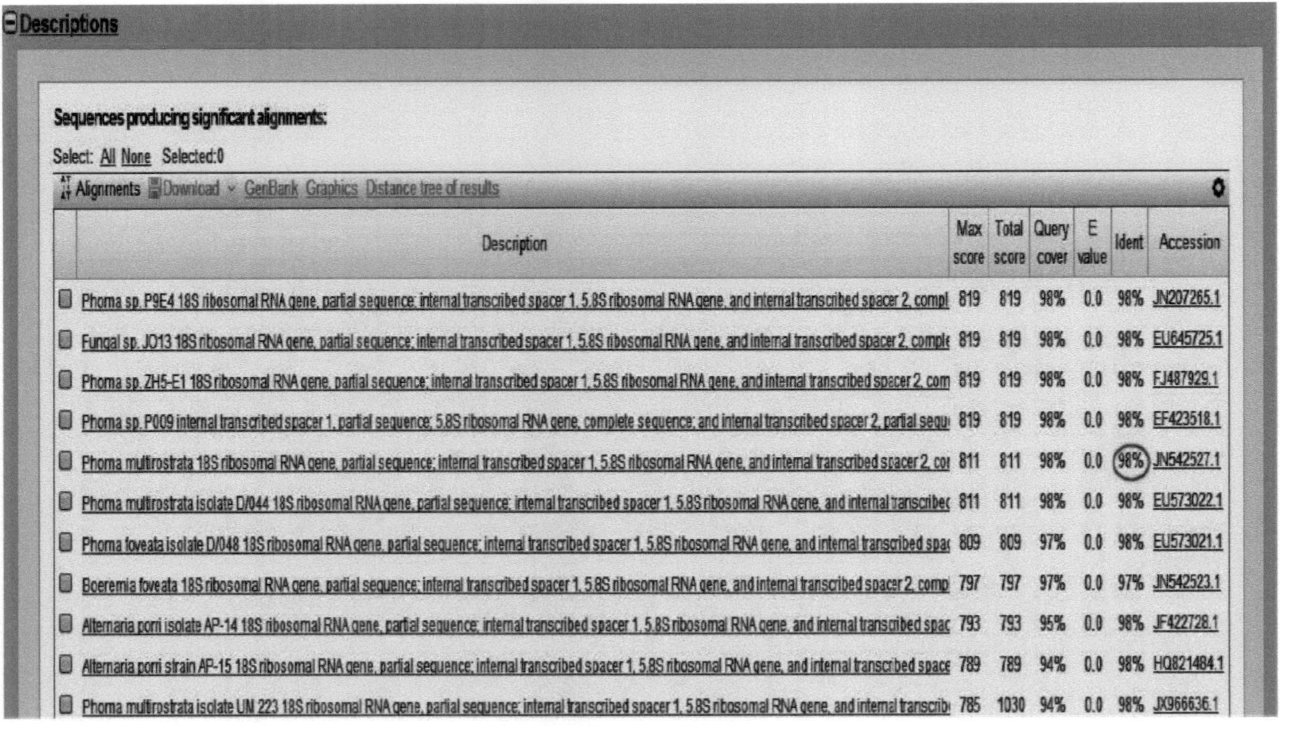

Sequences producing significant alignments:

Select: All None Selected:0

Alignments Download ∨ GenBank Graphics Distance tree of results

Description	Max score	Total score	Query cover	E value	Ident	Accession
Phoma sp. P9E4 18S ribosomal RNA gene, partial sequence; internal transcribed spacer 1, 5.8S ribosomal RNA gene, and internal transcribed spacer 2, compl	819	819	98%	0.0	98%	JN207265.1
Fungal sp. JO13 18S ribosomal RNA gene, partial sequence; internal transcribed spacer 1, 5.8S ribosomal RNA gene, and internal transcribed spacer 2, comple	819	819	98%	0.0	98%	EU645725.1
Phoma sp. ZH5-E1 18S ribosomal RNA gene, partial sequence; internal transcribed spacer 1, 5.8S ribosomal RNA gene, and internal transcribed spacer 2, com	819	819	98%	0.0	98%	FJ487929.1
Phoma sp. P009 internal transcribed spacer 1, partial sequence; 5.8S ribosomal RNA gene, complete sequence; and internal transcribed spacer 2, partial sequ	819	819	98%	0.0	98%	EF423518.1
Phoma multirostrata 18S ribosomal RNA gene, partial sequence; internal transcribed spacer 1, 5.8S ribosomal RNA gene, and internal transcribed spacer 2, cor	811	811	98%	0.0	98%	JN542527.1
Phoma multirostrata isolate D/044 18S ribosomal RNA gene, partial sequence; internal transcribed spacer 1, 5.8S ribosomal RNA gene, and internal transcribec	811	811	98%	0.0	98%	EU573022.1
Phoma foveata isolate D/048 18S ribosomal RNA gene, partial sequence; internal transcribed spacer 1, 5.8S ribosomal RNA gene, and internal transcribed spac	809	809	97%	0.0	98%	EU573021.1
Boeremia foveata 18S ribosomal RNA gene, partial sequence; internal transcribed spacer 1, 5.8S ribosomal RNA gene, and internal transcribed spacer 2, comp	797	797	97%	0.0	97%	JN542523.1
Alternaria porri isolate AP-14 18S ribosomal RNA gene, partial sequence; internal transcribed spacer 1, 5.8S ribosomal RNA gene, and internal transcribed spac	793	793	95%	0.0	98%	JF422728.1
Alternaria porri strain AP-15 18S ribosomal RNA gene, partial sequence; internal transcribed spacer 1, 5.8S ribosomal RNA gene, and internal transcribed space	789	789	94%	0.0	98%	HQ821484.1
Phoma multirostrata isolate UM 223 18S ribosomal RNA gene, partial sequence; internal transcribed spacer 1, 5.8S ribosomal RNA gene, and internal transcrib	785	1030	94%	0.0	98%	JX966636.1

Figura: 4.13. Análise BLAST da sequência ITS-1 de *Phoma* sp. endofítica efectuada utilizando o programa NCBI-BLAST em linha, mostrando as melhores correspondências com as outras estirpes de *P. multirostrata* com uma percentagem de identificação máxima de 98%.

99

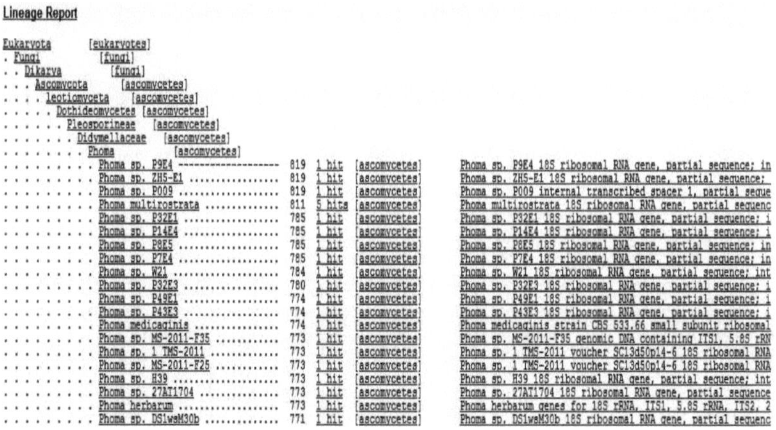

```
Lineage Report

Eukaryota        [eukaryotes]
. Fungi            [fungi]
. . Dikarya          [fungi]
. . . Ascomycota      [ascomycetes]
. . . . leotiomyceta    [ascomycetes]
. . . . . Dothideomycetes [ascomycetes]
. . . . . . Pleosporineae    [ascomycetes]
. . . . . . . Didymellaceae    [ascomycetes]
. . . . . . . . Phoma              [ascomycetes]
. . . . . . . . . Phoma sp. P9E4 --------------------  819  1 hit  [ascomycetes]  Phoma sp. P9E4 18S ribosomal RNA gene, partial sequence; in
. . . . . . . . . Phoma sp. ZH5-E1 ................  819  1 hit  [ascomycetes]  Phoma sp. ZH5-E1 18S ribosomal RNA gene, partial sequence;
. . . . . . . . . Phoma sp. P009 ..................  819  1 hit  [ascomycetes]  Phoma sp. P009 internal transcribed spacer 1, partial seque
. . . . . . . . . Phoma multirostrata .............  811  5 hits [ascomycetes]  Phoma multirostrata 18S ribosomal RNA gene, partial sequenc
. . . . . . . . . Phoma sp. P32E1 .................  785  1 hit  [ascomycetes]  Phoma sp. P32E1 18S ribosomal RNA gene, partial sequence; i
. . . . . . . . . Phoma sp. P14E4 .................  785  1 hit  [ascomycetes]  Phoma sp. P14E4 18S ribosomal RNA gene, partial sequence; i
. . . . . . . . . Phoma sp. P8E5 ..................  785  1 hit  [ascomycetes]  Phoma sp. P8E5 18S ribosomal RNA gene, partial sequence; in
. . . . . . . . . Phoma sp. P7E4 ..................  785  1 hit  [ascomycetes]  Phoma sp. P7E4 18S ribosomal RNA gene, partial sequence; in
. . . . . . . . . Phoma sp. W21 ...................  784  1 hit  [ascomycetes]  Phoma sp. W21 18S ribosomal RNA gene, partial sequence; int
. . . . . . . . . Phoma sp. P32E3 .................  780  1 hit  [ascomycetes]  Phoma sp. P32E3 18S ribosomal RNA gene, partial sequence; i
. . . . . . . . . Phoma sp. P49E1 .................  774  1 hit  [ascomycetes]  Phoma sp. P49E1 18S ribosomal RNA gene, partial sequence; i
. . . . . . . . . Phoma sp. P43E3 .................  774  1 hit  [ascomycetes]  Phoma sp. P43E3 18S ribosomal RNA gene, partial sequence; i
. . . . . . . . . Phoma medicaginis ...............  774  1 hit  [ascomycetes]  Phoma medicaginis strain CBS 533.66 small subunit ribosomal
. . . . . . . . . Phoma sp. MS-2011-F35 ...........  773  1 hit  [ascomycetes]  Phoma sp. MS-2011-F35 genomic DNA containing ITS1, 5.8S rRN
. . . . . . . . . Phoma sp. 1 TMS-2011 ............  773  1 hit  [ascomycetes]  Phoma sp. 1 TMS-2011 voucher SC13d50p14-6 18S ribosomal RNA
. . . . . . . . . Phoma sp. MS-2011-F25 ...........  773  1 hit  [ascomycetes]  Phoma sp. 1 TMS-2011 voucher SC13d50p14-6 18S ribosomal RNA
. . . . . . . . . Phoma sp. H39 ...................  773  1 hit  [ascomycetes]  Phoma sp. H39 18S ribosomal RNA gene, partial sequence; int
. . . . . . . . . Phoma sp. 27AT1704 ..............  773  1 hit  [ascomycetes]  Phoma sp. 27AT1704 18S ribosomal RNA gene, partial sequence
. . . . . . . . . Phoma herbarum ..................  773  1 hit  [ascomycetes]  Phoma herbarum genes for 18S rRNA, ITS1, 5.8S rRNA, ITS2, 2
. . . . . . . . . Phoma sp. DS1wsM30b .............  771  1 hit  [ascomycetes]  Phoma sp. DS1wsM30b 18S ribosomal RNA gene, partial sequenc
```

Figura: 4.14. Fotografia mostrando o relatório de linhagem na análise BLAST de *Phoma* sp. endofítico: O relatório previu que a homologia estava com o número máximo de acertos para a espécie mais semelhante

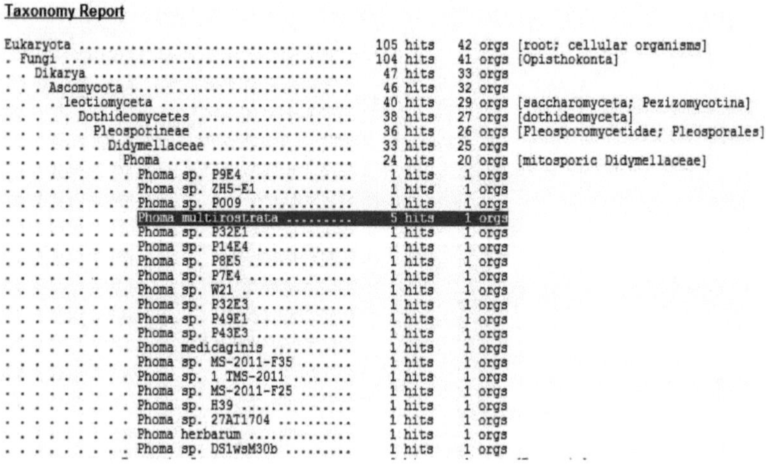

```
Taxonomy Report

Eukaryota ........................................  105 hits   42 orgs [root; cellular organisms]
. Fungi ...........................................  104 hits   41 orgs [Opisthokonta]
. . Dikarya .......................................   47 hits   33 orgs
. . . Ascomycota ..................................   46 hits   32 orgs
. . . . leotiomyceta ..............................   40 hits   29 orgs [saccharomyceta; Pezizomycotina]
. . . . . Dothideomycetes .........................   38 hits   27 orgs [dothideomyceta]
. . . . . . Pleosporineae .........................   36 hits   26 orgs [Pleosporomycetidae; Pleosporales]
. . . . . . . Didymellaceae .......................   33 hits   25 orgs
. . . . . . . . Phoma ..............................   24 hits   20 orgs [mitosporic Didymellaceae]
. . . . . . . . . Phoma sp. P9E4 ..............    1 hits    1 orgs
. . . . . . . . . Phoma sp. ZH5-E1 ............    1 hits    1 orgs
. . . . . . . . . Phoma sp. P009 ..............    1 hits    1 orgs
. . . . . . . . . Phoma multirostrata .........    5 hits    1 orgs
. . . . . . . . . Phoma sp. P32E1 .............    1 hits    1 orgs
. . . . . . . . . Phoma sp. P14E4 .............    1 hits    1 orgs
. . . . . . . . . Phoma sp. P8E5 ..............    1 hits    1 orgs
. . . . . . . . . Phoma sp. P7E4 ..............    1 hits    1 orgs
. . . . . . . . . Phoma sp. W21 ...............    1 hits    1 orgs
. . . . . . . . . Phoma sp. P32E3 .............    1 hits    1 orgs
. . . . . . . . . Phoma sp. P49E1 .............    1 hits    1 orgs
. . . . . . . . . Phoma sp. P43E3 .............    1 hits    1 orgs
. . . . . . . . . Phoma medicaginis ...........    1 hits    1 orgs
. . . . . . . . . Phoma sp. MS-2011-F35 .......    1 hits    1 orgs
. . . . . . . . . Phoma sp. 1 TMS-2011 ........    1 hits    1 orgs
. . . . . . . . . Phoma sp. MS-2011-F25 .......    1 hits    1 orgs
. . . . . . . . . Phoma sp. H39 ...............    1 hits    1 orgs
. . . . . . . . . Phoma sp. 27AT1704 ..........    1 hits    1 orgs
. . . . . . . . . Phoma herbarum ..............    1 hits    1 orgs
. . . . . . . . . Phoma sp. DS1wsM30b .........    1 hits    1 orgs
```

Figura: 4.15. Fotografia que mostra o relatório de taxonomia na análise BLAST do *Phoma* sp. endofítico: A janela de resultados mostrava a taxonomia gerada para a sequência, com o número máximo de acertos para a classificação mais elevada e o número de acertos relacionados para as espécies semelhantes.

4.4.4.6. *Phoma medicaginis* (Malbr & Roum)

No caso do isolado endofítico recuperado de *Gloriosa superba*, a homologia das sequências e a análise BLAST mostraram que o isolado pertence a *Phoma medicagenis*. Nos resultados do BLAST, observou-se uma semelhança de 99% com as sequências de *P. medicagenis* disponíveis no NCBI GenBank **(Figura 4.16)**. Assim, a partir da análise da sequência BLAST e das características morfológicas, o isolado foi confirmado como *P. medicagenis*. *Verificou-se* que os

presentes resultados têm semelhança com os resultados comunicados por Qadri *et al.* (2013).
Além disso, os autores estudaram a identificação de *Phoma* através da comparação da sequência
ITS-rDNA utilizando primers ITS1-5.8S-ITS2 e confirmaram tratar-se de espécies de *Phoma*.

No agrupamento de linhagens, as sequências foram agrupadas em *P. medicagenis* com um
máximo de 7 resultados em comparação com outras espécies **(Figura 4.17)**. Do mesmo modo, os
resultados taxonómicos mostraram que os isolados pertencem ao filo Ascomycota, classe
Dothideomycetes, ordem Pleosporales, família Didymellaceae e género *Peyronellaea (Phoma}*
(figura 4.18). Ao comparar os relatórios BLAST, taxonomia e linhagem, o isolado de *Gloriosa
superba* foi confirmado como *P. medicagenis.*

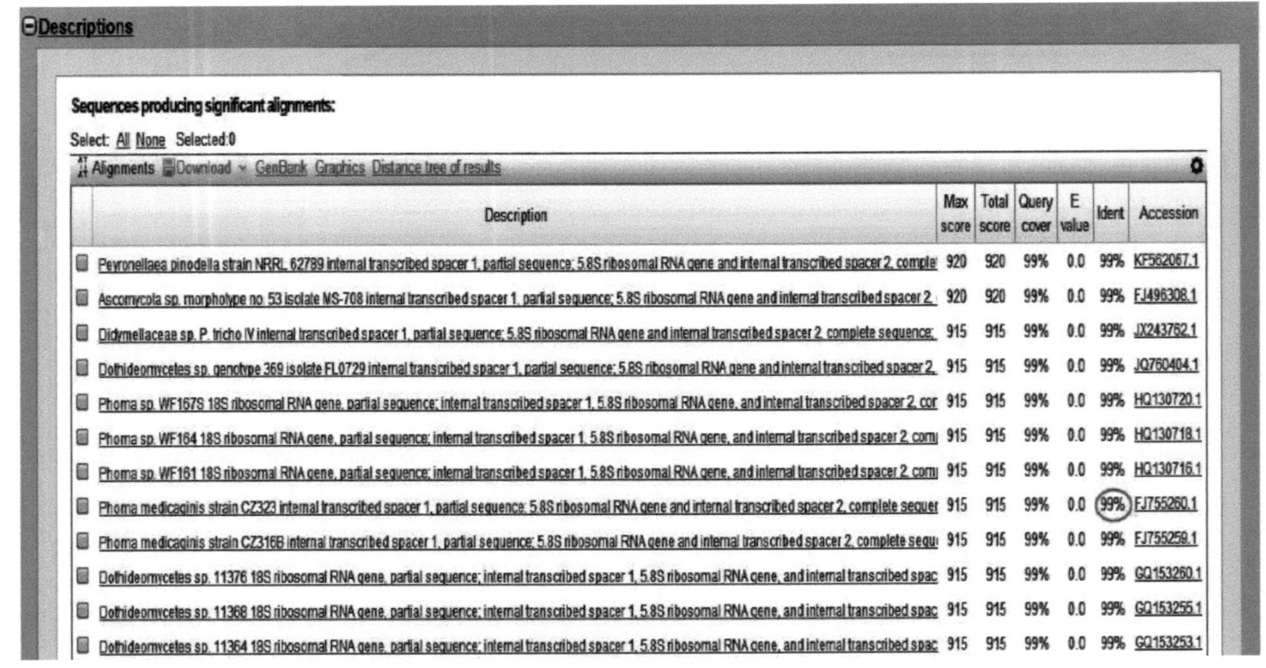

Description	Max score	Total score	Query cover	E value	Ident	Accession
Peyronellaea pinodella strain NRRL 62789 internal transcribed spacer 1, partial sequence; 5.8S ribosomal RNA gene and internal transcribed spacer 2, comple	920	920	99%	0.0	99%	KF562067.1
Ascomycola sp. morphotype no. 53 isolate MS-708 internal transcribed spacer 1, partial sequence; 5.8S ribosomal RNA gene and internal transcribed spacer 2,	920	920	99%	0.0	99%	FJ496308.1
Didymellaceae sp. P. tricho IV internal transcribed spacer 1, partial sequence; 5.8S ribosomal RNA gene and internal transcribed spacer 2, complete sequence;	915	915	99%	0.0	99%	JX243752.1
Dothideomycetes sp. genotype 369 isolate FL0729 internal transcribed spacer 1, partial sequence; 5.8S ribosomal RNA gene and internal transcribed spacer 2,	915	915	99%	0.0	99%	JQ760404.1
Phoma sp. WF167S 18S ribosomal RNA gene, partial sequence; internal transcribed spacer 1, 5.8S ribosomal RNA gene, and internal transcribed spacer 2, cor	915	915	99%	0.0	99%	HQ130720.1
Phoma sp. WF164 18S ribosomal RNA gene, partial sequence; internal transcribed spacer 1, 5.8S ribosomal RNA gene, and internal transcribed spacer 2, com	915	915	99%	0.0	99%	HQ130718.1
Phoma sp. WF161 18S ribosomal RNA gene, partial sequence; internal transcribed spacer 1, 5.8S ribosomal RNA gene, and internal transcribed spacer 2, com	915	915	99%	0.0	99%	HQ130716.1
Phoma medicaginis strain CZ323 internal transcribed spacer 1, partial sequence; 5.8S ribosomal RNA gene and internal transcribed spacer 2, complete sequer	915	915	99%	0.0	99%	FJ755260.1
Phoma medicaginis strain CZ316B internal transcribed spacer 1, partial sequence; 5.8S ribosomal RNA gene and internal transcribed spacer 2, complete sequ	915	915	99%	0.0	99%	FJ755259.1
Dothideomycetes sp. 11376 18S ribosomal RNA gene, partial sequence; internal transcribed spacer 1, 5.8S ribosomal RNA gene, and internal transcribed spac	915	915	99%	0.0	99%	GQ153260.1
Dothideomycetes sp. 11368 18S ribosomal RNA gene, partial sequence; internal transcribed spacer 1, 5.8S ribosomal RNA gene, and internal transcribed spac	915	915	99%	0.0	99%	GQ153255.1
Dothideomycetes sp. 11364 18S ribosomal RNA gene, partial sequence; internal transcribed spacer 1, 5.8S ribosomal RNA gene, and internal transcribed spac	915	915	99%	0.0	99%	GQ153253.1

Figura: 4.16. Análise BLAST da sequência ITS-1 de *Phoma medicaginis* endofítico isolado de *Gloriosa superba* efectuada utilizando o programa NCBI-BLAST em linha, mostrando as melhores correspondências com as outras estirpes de *P. medicaginis* com uma percentagem máxima de identificação de 99%

102

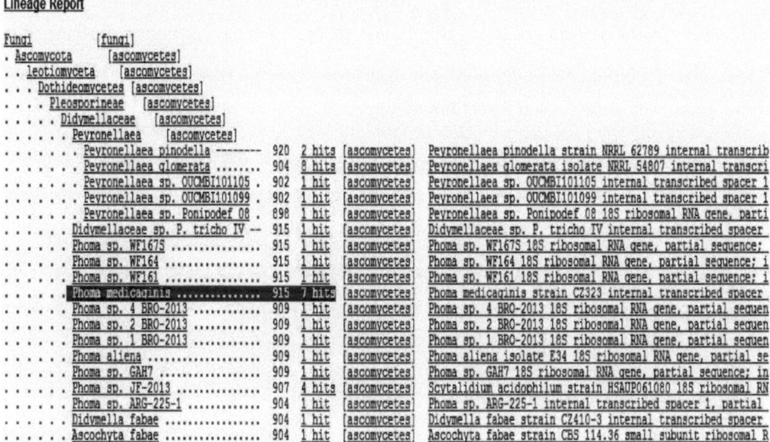

Taxon	Score	Hits	Class	Description
.... Peyronellaea pinodella --------	920	2 hits	[ascomycetes]	Peyronellaea pinodella strain NRRL 62789 internal transcrib
.... Peyronellaea glomerata	904	8 hits	[ascomycetes]	Peyronellaea glomerata isolate NRRL 54807 internal transcri
.... Peyronellaea sp. OUCMBI101105 .	902	1 hit	[ascomycetes]	Peyronellaea sp. OUCMBI101105 internal transcribed spacer 1
.... Peyronellaea sp. OUCMBI101099 .	902	1 hit	[ascomycetes]	Peyronellaea sp. OUCMBI101099 internal transcribed spacer 1
.... Peyronellaea sp. Ponipodef 08 .	898	1 hit	[ascomycetes]	Peyronellaea sp. Ponipodef 08 18S ribosomal RNA gene, parti
...... Didymellaceae sp. P. tricho IV --	915	1 hit	[ascomycetes]	Didymellaceae sp. P. tricho IV internal transcribed spacer
...... Phoma sp. WF167S	915	1 hit	[ascomycetes]	Phoma sp. WF167S 18S ribosomal RNA gene, partial sequence;
...... Phoma sp. WF164	915	1 hit	[ascomycetes]	Phoma sp. WF164 18S ribosomal RNA gene, partial sequence; i
...... Phoma sp. WF161	915	1 hit	[ascomycetes]	Phoma sp. WF161 18S ribosomal RNA gene, partial sequence; i
...... Phoma medicaginis	915	7 hits	[ascomycetes]	Phoma medicaginis strain CZ323 internal transcribed spacer
...... Phoma sp. 4 BRO-2013	909	1 hit	[ascomycetes]	Phoma sp. 4 BRO-2013 18S ribosomal RNA gene, partial sequen
...... Phoma sp. 2 BRO-2013	909	1 hit	[ascomycetes]	Phoma sp. 2 BRO-2013 18S ribosomal RNA gene, partial sequen
...... Phoma sp. 1 BRO-2013	909	1 hit	[ascomycetes]	Phoma sp. 1 BRO-2013 18S ribosomal RNA gene, partial sequen
...... Phoma aliena	909	1 hit	[ascomycetes]	Phoma aliena isolate E34 18S ribosomal RNA gene, partial se
...... Phoma sp. GAH7	909	1 hit	[ascomycetes]	Phoma sp. GAH7 18S ribosomal RNA gene, partial sequence; in
...... Phoma sp. JF-2013	907	4 hits	[ascomycetes]	Scytalidium acidophilum strain HSAUP061080 18S ribosomal RN
...... Phoma sp. ARG-225-1	904	1 hit	[ascomycetes]	Phoma sp. ARG-225-1 internal transcribed spacer 1, partial
...... Didymella fabae	904	1 hit	[ascomycetes]	Didymella fabae strain CZ410-3 internal transcribed spacer
...... Ascochyta fabae	904	1 hit	[ascomycetes]	Ascochyta fabae strain CBS 114.36 small subunit ribosomal R
...... Phoma sojicola	904	1 hit	[ascomycetes]	Ascochyta fabae strain CBS 114.36 small subunit ribosomal R

Figura: 4.17. Fotografia mostrando o relatório de linhagem na análise BLAST de *P. medicaginis* endofítico isolado de *G. superba:* O relatório previu que a homologia estava com o número máximo de acertos para a espécie mais semelhante

Taxon	Hits	Orgs	Notes
Fungi	112 hits	60 orgs	[root; cellular organisms; Eukaryota
. Ascomycota	75 hits	54 orgs	[Dikarya]
.. leotiomyceta	65 hits	47 orgs	[saccharomyceta; Pezizomycotina]
... Dothideomycetes	63 hits	45 orgs	[dothideomyceta]
.... Pleosporineae	54 hits	36 orgs	[Pleosporomycetidae; Pleosporales]
..... Didymellaceae	53 hits	35 orgs	
...... Peyronellaea	13 hits	5 orgs	
.... Peyronellaea pinodella	2 hits	1 orgs	
.... Peyronellaea glomerata	8 hits	1 orgs	
.... Peyronellaea sp. OUCMBI101105 .	1 hits	1 orgs	
.... Peyronellaea sp. OUCMBI101099 .	1 hits	1 orgs	
.... Peyronellaea sp. Ponipodef 08 .	1 hits	1 orgs	
...... Didymellaceae sp. P. tricho IV ..	1 hits	1 orgs	[unclassified Didymellaceae]
...... Phoma	36 hits	26 orgs	[mitosporic Didymellaceae]
.... Phoma sp. WF167S	1 hits	1 orgs	
.... Phoma sp. WF164	1 hits	1 orgs	
.... Phoma sp. WF161	1 hits	1 orgs	
.... Phoma medicaginis	7 hits	1 orgs	
.... Phoma sp. 4 BRO-2013	1 hits	1 orgs	
.... Phoma sp. 2 BRO-2013	1 hits	1 orgs	
.... Phoma sp. 1 BRO-2013	1 hits	1 orgs	
.... Phoma aliena	1 hits	1 orgs	
.... Phoma sp. GAH7	1 hits	1 orgs	
.... Phoma sp. JF-2013	4 hits	1 orgs	
.... Phoma sp. ARG-225-1	1 hits	1 orgs	

Figura: 4.18. Fotografia mostrando o relatório de taxonomia na análise BLAST de *P. medicaginis* endofítico: A janela de resultados mostrava a taxonomia gerada para a sequência, com o número máximo de ocorrências para a classificação mais elevada e o número relacionado de ocorrências para as espécies semelhantes.

4.4.4.7. *Phoma tropica* (Sotavento)

O isolado de *Ruta graveolens* foi identificado como *Phoma* sp. pelas características morfológicas. No entanto, após a realização da análise de sequências BLAST, o isolado apresentou 100% de semelhança com as sequências de *Phoma tropica* disponíveis no NCBf GenBank **(Figura 4.19).** Nos resultados do BLAST, a melhor semelhança foi encontrada com *P. tropica* em comparação com as outras espécies. A semelhança de identidade varia entre 99-100%. As características morfológicas correspondem melhor a *P. tropica do* que a todas as outras espécies. Por conseguinte, de acordo com a comparação da sequência BLAST e com base nas características morfológicas, o presente isolado foi confirmado como *P. tropica*.

Além disso, no agrupamento de linhagens, as sequências de *P. tropica* apresentaram o maior número de acertos 6 entre todas as outras espécies de *Phoma* disponíveis no NCBf GenBank **(Figura 4. 20)**. Além disso, o relatório de taxonomia previu que o isolado pertencia ao filo Ascomycota, classe Dothideomycetes, ordem Pleosporales, família Didymellaceae e género *Phoma* **(Figura 4.21)**. Tendo em conta os resultados acima referidos, o isolado foi confirmado como *P. tropica*.

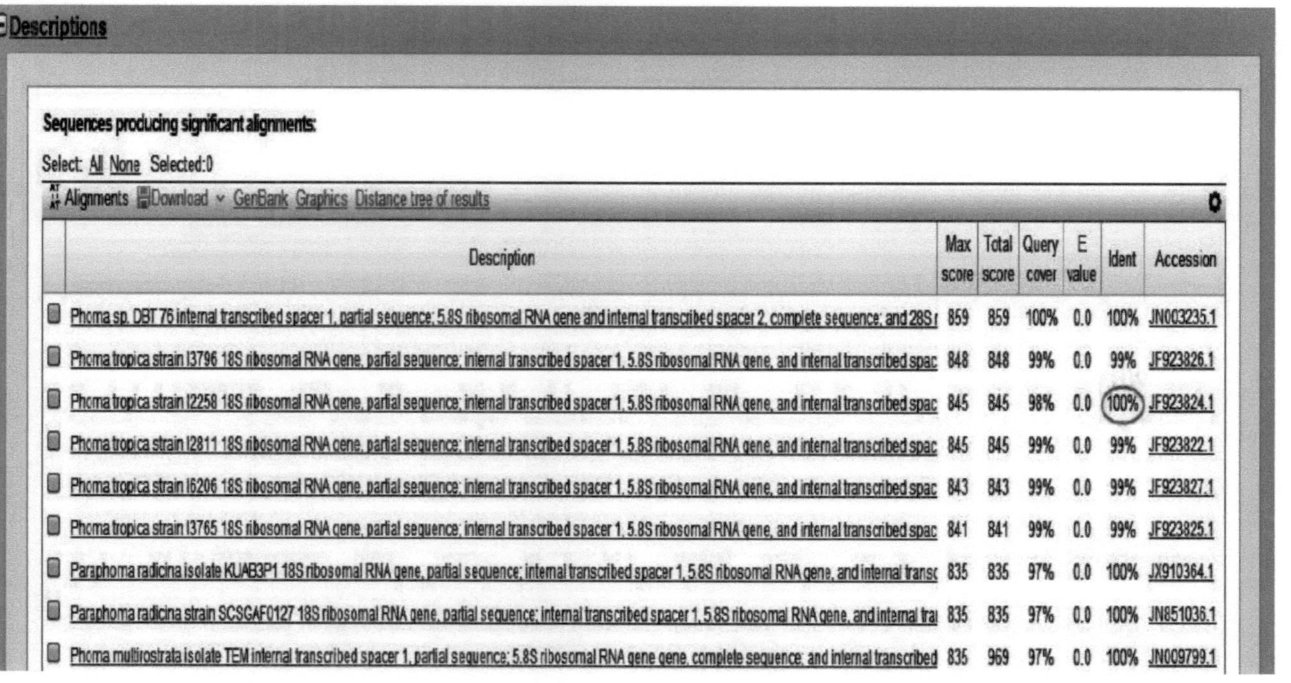

Description	Max score	Total score	Query cover	E value	Ident	Accession
Phoma sp. DBT 76 internal transcribed spacer 1, partial sequence; 5.8S ribosomal RNA gene and internal transcribed spacer 2, complete sequence; and 28S r	859	859	100%	0.0	100%	JN003235.1
Phoma tropica strain I3796 18S ribosomal RNA gene, partial sequence; internal transcribed spacer 1, 5.8S ribosomal RNA gene, and internal transcribed spac	848	848	99%	0.0	99%	JF923826.1
Phoma tropica strain I2258 18S ribosomal RNA gene, partial sequence; internal transcribed spacer 1, 5.8S ribosomal RNA gene, and internal transcribed spac	845	845	98%	0.0	100%	JF923824.1
Phoma tropica strain I2811 18S ribosomal RNA gene, partial sequence; internal transcribed spacer 1, 5.8S ribosomal RNA gene, and internal transcribed spac	845	845	99%	0.0	99%	JF923822.1
Phoma tropica strain I6206 18S ribosomal RNA gene, partial sequence; internal transcribed spacer 1, 5.8S ribosomal RNA gene, and internal transcribed spac	843	843	99%	0.0	99%	JF923827.1
Phoma tropica strain I3765 18S ribosomal RNA gene, partial sequence; internal transcribed spacer 1, 5.8S ribosomal RNA gene, and internal transcribed spac	841	841	99%	0.0	99%	JF923825.1
Paraphoma radicina isolate KUAB3P1 18S ribosomal RNA gene, partial sequence; internal transcribed spacer 1, 5.8S ribosomal RNA gene, and internal transc	835	835	97%	0.0	100%	JX910364.1
Paraphoma radicina strain SCSGAF0127 18S ribosomal RNA gene, partial sequence; internal transcribed spacer 1, 5.8S ribosomal RNA gene, and internal tra	835	835	97%	0.0	100%	JN851036.1
Phoma multirostrata isolate TEM internal transcribed spacer 1, partial sequence; 5.8S ribosomal RNA gene gene, complete sequence; and internal transcribed	835	969	97%	0.0	100%	JN009799.1

Figura: 4.19. Análise BLAST das sequências ITS-1 de *Phoma tropica* endofítica isolada de *Ruta graveolens* efectuada com o programa NCBLBLAST em linha, mostrando as melhores correspondências com as outras estirpes de *P.tropica* com uma percentagem máxima de

identificação de 99-100%

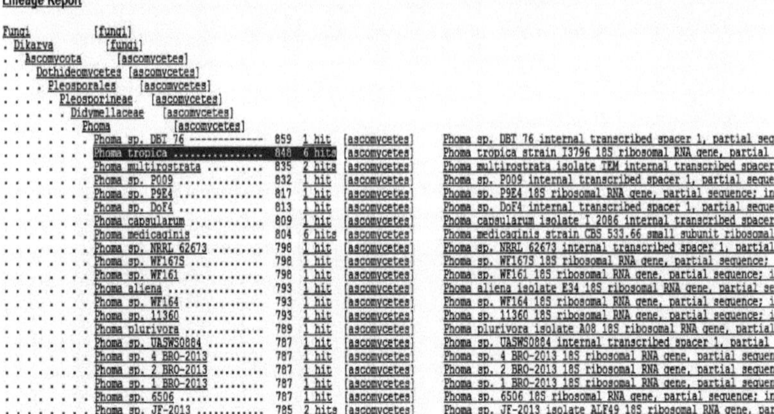

Figura: 4.20. Fotografia mostrando o relatório de linhagem na análise BLAST de *P. tropica* endofítica isolada de *R. graveolens:* O relatório previu que a homologia estava com o número máximo de acertos para a espécie mais similar

Figura: 4.21. Fotografia mostrando o relatório de taxonomia na análise BLAST de *P. tropica* endofítica isolada de *R. graveolens-*. A janela de resultados mostrava a taxonomia gerada para a sequência, com o número máximo de acertos para a classificação mais alta e o número relacionado de acertos para as espécies semelhantes.

4.4.4.8. *Aspergillus* sp. (Speg.)

Hipol (2012) demonstrou o papel da comparação da sequência ITS-rDNA na identificação de *Aspergillus* endofítico por PCR usando primers ITS-1 e ITS-4. No presente estudo, também foram encontrados resultados semelhantes para *Aspergillus*, o que corrobora os achados de Hipol (2012). Aqui, os fungos endofíticos foram isolados de *Azadirachta indica* e identificados com base na morfologia como espécies de *Aspergillus*. Posteriormente, foi submetido a identificação

106

molecular, onde os produtos de PCR foram sequenciados e analisados utilizando BLAST para confirmação. Os resultados do BLAST mostraram que o género pertence a *A. quadrilineatus* e *A. nidulans* com 99% de semelhança de identidade entre todas as sequências disponíveis no NCBI GenBank **(Figura 4.22).** No entanto, quando os caracteres morfológicos foram comparados com *A. quadrilineatus* e *A. nidulans*, o género não corresponde às suas características morfológicas. Por conseguinte, com base na análise BLAST e nas características morfológicas, o isolado foi confirmado *como* uma espécie de *Aspergillus*.

Além disso, os relatórios de linhagem e de taxonomia revelaram que as presentes sequências pertenciam à família Aspergillaceae e ao género *Aspergillus* **(Figuras 4.23 e 4.24).** Do ponto de vista morfológico, a análise BLAST (relatório de linhagem e taxonomia) confirmou que o isolado era uma espécie de *Aspergillus*. No entanto, para uma maior confirmação, é necessária uma análise filogenética.

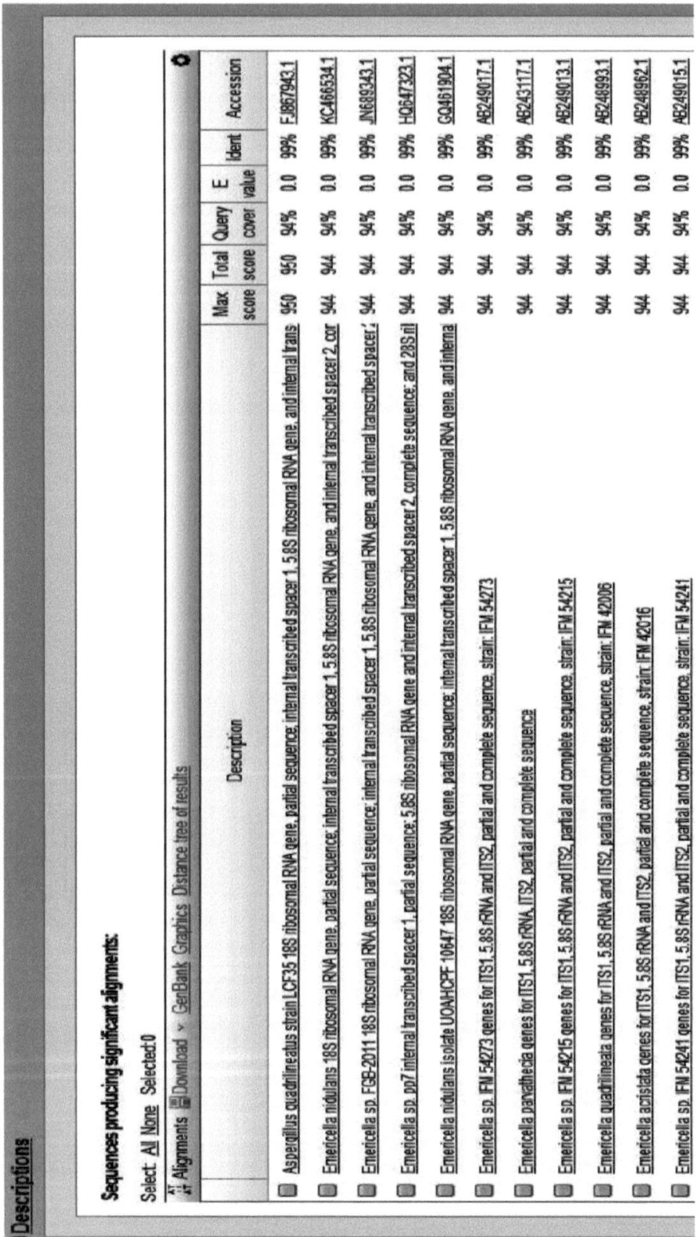

Descriptions

Sequences producing significant alignments:

Select: All None   Selected: 0

Alignments Download ∨ GenBank Graphics Distance tree of results

Description	Max score	Total score	Query cover	E value	Ident	Accession
Aspergillus quadrilineatus strain LCF35 18S ribosomal RNA gene, partial sequence; internal transcribed spacer 1, 5.8S ribosomal RNA gene, and internal trans	950	950	94%	0.0	99%	FJ867943.1
Emericella nidulans 18S ribosomal RNA gene, partial sequence; internal transcribed spacer 1, 5.8S ribosomal RNA gene, and internal transcribed spacer 2, cor	944	944	94%	0.0	99%	KC466534.1
Emericella sp. FGB-2011 18S ribosomal RNA gene, partial sequence; internal transcribed spacer 1, 5.8S ribosomal RNA gene, and internal transcribed spacer 2	944	944	94%	0.0	99%	JN689343.1
Emericella sp. pp7 internal transcribed spacer 1, partial sequence; 5.8S ribosomal RNA gene and internal transcribed spacer 2, complete sequence; and 28S ri	944	944	94%	0.0	99%	HQ547323.1
Emericella nidulans isolate UOAHCPF 10647 18S ribosomal RNA gene, partial sequence; internal transcribed spacer 1, 5.8S ribosomal RNA gene, and internal	944	944	94%	0.0	99%	GQ461904.1
Emericella sp. IFM 54273 genes for ITS1, 5.8S rRNA and ITS2, partial and complete sequence, strain: IFM 54273	944	944	94%	0.0	99%	AB249017.1
Emericella parvathecia genes for ITS1, 5.8S rRNA, ITS2, partial and complete sequence	944	944	94%	0.0	99%	AB243117.1
Emericella sp. IFM 54215 genes for ITS1, 5.8S rRNA and ITS2, partial and complete sequence, strain: IFM 54215	944	944	94%	0.0	99%	AB249013.1
Emericella quadrilineata genes for ITS1, 5.8S rRNA and ITS2, partial and complete sequence, strain: IFM 42006	944	944	94%	0.0	99%	AB248993.1
Emericella acristata genes for ITS1, 5.8S rRNA and ITS2, partial and complete sequence, strain: IFM 42016	944	944	94%	0.0	99%	AB248962.1
Emericella sp. IFM 54241 genes for ITS1, 5.8S rRNA and ITS2, partial and complete sequence, strain: IFM 54241	944	944	94%	0.0	99%	AB249015.1

Figura: 4.22. Análise BLAST das sequências ITS-1 de *Aspergillus nidulans* endofítico isolado de *Azadirachta indica* efectuada utilizando o programa NCBLBLAST em linha, mostrando as melhores correspondências com as outras estirpes de *P. tropica* com uma percentagem máxima de identificação de 99 %.

108

Lineage Report

Organism	Score	Hits		Description
Fungi [fungi]				
. Aspergillaceae [ascomycetes]				
. . Aspergillus [ascomycetes]				
. . . Aspergillus quadrilineatus	950	15 hits	[ascomycetes]	Aspergillus quadrilineatus strain LCF35 18S ribosomal RNA g
. . . Aspergillus nidulans	944	26 hits	[ascomycetes]	Emericella nidulans 18S ribosomal RNA gene, partial sequenc
. . . Aspergillus nidulans var. latus	941	1 hit	[ascomycetes]	Emericella nidulans var. lata genes for ITS1, 5.8S rRNA and
. . . Aspergillus variecolor	939	1 hit	[ascomycetes]	Aspergillus variecolor strain RGT-S7 18S ribosomal RNA gene
. . . Aspergillus sp. 6c_amb	939	1 hit	[ascomycetes]	Emericella quadrilineata strain UWFP 613 18S ribosomal RNA
. . . Aspergillus sp. FLN1a	935	1 hit	[ascomycetes]	Aspergillus sp. FLN1a genomic DNA containing 18S rRNA gene,
. . . Aspergillus nidulans var. acristatus	935	1 hit	[ascomycetes]	Aspergillus nidulans var. acristatus strain CBS 119.55 18S
. . . Aspergillus sp. N10	933	1 hit	[ascomycetes]	Aspergillus sp. N10 18S ribosomal RNA gene, partial sequenc
. . . Aspergillus sp. 3C_amb	928	1 hit	[ascomycetes]	Aspergillus sp. 3C_amb 18S ribosomal RNA gene, partial sequ
. . . Aspergillus fruticulosus	924	1 hit	[ascomycetes]	Aspergillus fruticulosus genes for ITS1, 5.8S rRNA and ITS2
. . Emericella sp. FGB-2011	944	1 hit	[ascomycetes]	Emericella sp. FGB-2011 18S ribosomal RNA gene, partial seq
. . Emericella sp. pp7	944	1 hit	[ascomycetes]	Emericella sp. pp7 internal transcribed spacer 1, partial s
. . Emericella sp. IFM 54273	944	1 hit	[ascomycetes]	Emericella sp. IFM 54273 genes for ITS1, 5.8S rRNA and ITS2
. . Emericella parvathecia	944	1 hit	[ascomycetes]	Emericella parvathecia genes for ITS1, 5.8S rRNA, ITS2, par
. . Emericella sp. IFM 54215	944	1 hit	[ascomycetes]	Emericella sp. IFM 54215 genes for ITS1, 5.8S rRNA and ITS2
. . Emericella acristata	944	1 hit	[ascomycetes]	Emericella acristata genes for ITS1, 5.8S rRNA and ITS2, pa
. . Emericella sp. IFM 54241	944	1 hit	[ascomycetes]	Emericella sp. IFM 54241 genes for ITS1, 5.8S rRNA and ITS2
. . Emericella miyajii	944	1 hit	[ascomycetes]	Emericella miyajii genes for ITS1, 5.8S rRNA, ITS2, partial
. . Emericella rugulosa	944	8 hits	[ascomycetes]	Emericella rugulosa strain SRRC 92 18S ribosomal RNA gene,
. . Emericella sp. SS-S10	939	1 hit	[ascomycetes]	Emericella sp. SS-S10 18S ribosomal RNA gene, partial seque
. . Emericella sp. IFM 54245	939	1 hit	[ascomycetes]	Emericella sp. IFM 54245 genes for ITS1, 5.8S rRNA and ITS2
. . Emericella dentata	939	3 hits	[ascomycetes]	Emericella dentata genes for ITS1, 5.8S rRNA and ITS2, part
. . Emericella cleistominuta	939	1 hit	[ascomycetes]	Emericella cleistominuta genes for ITS1, 5.8S rRNA and ITS2
. . Emericella striata	939	1 hit	[ascomycetes]	Emericella striata genes for ITS1, 5.8S rRNA and ITS2, part
. . Emericella rugulosa var. lazulina	939	1 hit	[ascomycetes]	Emericella rugulosa var. lazulina genes for ITS1, 5.8S rRNA

Figura: 4.23. Fotografia mostrando o relatório de linhagem na análise BLAST de *A. Nidulans* endofítico isolado de *A. indica:* O relatório previu que a homologia era com o número máximo de acertos com a espécie mais semelhante.

Taxonomy Report

Taxon	Hits	Orgs	Lineage
Fungi	109 hits	50 orgs	[root; cellular organisms; Eukaryota; Opisthokonta]
. Aspergillaceae	103 hits	47 orgs	[Dikarya; Ascomycota; saccharomyceta; Pezizomycotina;
. . Aspergillus	49 hits	10 orgs	
. . . Aspergillus quadrilineatus	15 hits	1 orgs	
. . . Aspergillus nidulans	28 hits	3 orgs	
. . . . Aspergillus nidulans var. latus	1 hits	1 orgs	
. . . . Aspergillus nidulans var. acristatus	1 hits	1 orgs	
. . . Aspergillus variecolor	1 hits	1 orgs	
. . . Aspergillus sp. 6c_amb	1 hits	1 orgs	
. . . Aspergillus sp. FLN1a	1 hits	1 orgs	
. . . Aspergillus sp. N10	1 hits	1 orgs	
. . . Aspergillus sp. 3C_amb	1 hits	1 orgs	
. . . Aspergillus fruticulosus	1 hits	1 orgs	
. . Emericella	54 hits	37 orgs	
. . . Emericella sp. FGB-2011	1 hits	1 orgs	
. . . Emericella sp. pp7	1 hits	1 orgs	
. . . Emericella sp. IFM 54273	1 hits	1 orgs	
. . . Emericella parvathecia	1 hits	1 orgs	
. . . Emericella sp. IFM 54215	1 hits	1 orgs	
. . . Emericella acristata	1 hits	1 orgs	
. . . Emericella sp. IFM 54241	1 hits	1 orgs	
. . . Emericella miyajii	1 hits	1 orgs	
. . . Emericella rugulosa	9 hits	2 orgs	
. . . . Emericella rugulosa var. lazulina	1 hits	1 orgs	
. . . Emericella sp. SS-S10	1 hits	1 orgs	
. . . Emericella sp. IFM 54245	1 hits	1 orgs	
. . . Emericella dentata	3 hits	1 orgs	
. . . Emericella cleistominuta	1 hits	1 orgs	
. . . Emericella striata	1 hits	1 orgs	
. . . Emericella montenegroi	1 hits	1 orgs	
. . . Emericella sp. Rs1	1 hits	1 orgs	
. . . Emericella sp. pp4	1 hits	1 orgs	
. . . Emericella sp. FLN12e	1 hits	1 orgs	
. . . Emericella sp. FLN12d	1 hits	1 orgs	
. . . Emericella sp. FLN12c	1 hits	1 orgs	
. . . Emericella sp. FLN2c	1 hits	1 orgs	
. . . Emericella sp. HZ-17	1 hits	1 orgs	
. . . Emericella corrugata	7 hits	1 orgs	
. . . Emericella foveolata	2 hits	1 orgs	
. . . Emericella sp. IFM 54240	1 hits	1 orgs	
. . . Emericella sp. HK-ZJ	1 hits	1 orgs	
. . . Emericella sp. FLN12a	2 hits	1 orgs	

Figura: 4.24. Fotografia mostrando o relatório de taxonomia na análise BLAST de *A. nidulans* endofítico isolado de *A. indica:* A janela de resultados apresentou a taxonomia gerada para a sequência, com o número máximo de acertos para a classificação mais elevada e o número relacionado de acertos para as espécies semelhantes.

4.4.4.9. *Fusarium* sp. (Schwein.)

Os fungos endofíticos isolados de *Andrographis paniculata* foram sequenciados e analisados através da análise de sequências BLAST. Os resultados do BLAST revelaram que o isolado apresentou a melhor semelhança com *Gibberella zeae* com (100%) de identidade **(Figura 4.25).**

A percentagem média de semelhança de identidade varia entre 99-100%. A percentagem de identidade mais elevada foi para *G. zeae* (100%), seguida de *G. intermedia* (99%) e fungo não cultivado (99%). Além disso, nos relatórios de linhagem, as sequências actuais foram colocadas em primeiro lugar para *F. graminearum*, seguidas de *Fusarium thapsinum, F. proliferatum* e *F. oxysporum. Gibberella zeae* é também conhecida pelo nome do seu anamorfo *F. graminearum.* Além disso, o relatório taxonómico de *G. zeae* mostrou as sequências pertencentes ao filo Ascomycota, classe Sordariomycetes, ordem Hypocreales e género *Fusarium* (**Figura 4.26 a 4.27**). Por conseguinte, de acordo com os resultados e a discussão do presente estudo, o isolado foi confirmado como *G. zeae*

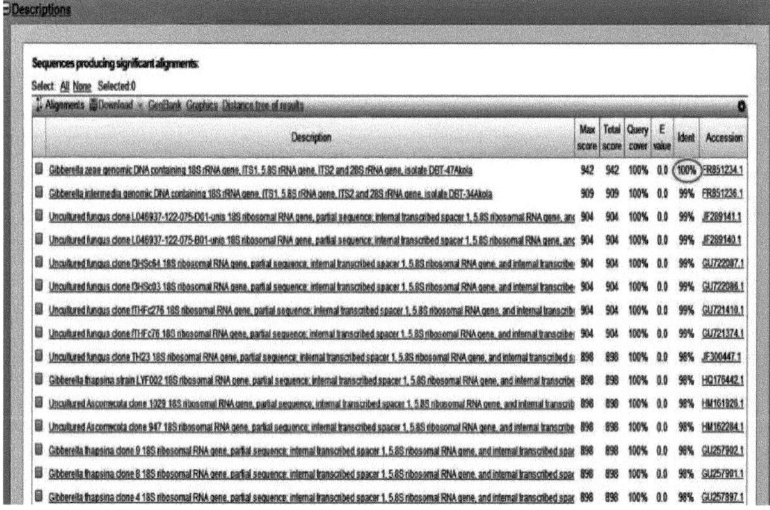

Figura: 4.25. Análise BLAST das sequências ITS-1 de *Gibberella zeae* endofítica isolada de *Andrographis paniculata* efectuada com o programa NCBI-BLAST em linha, mostrando as melhores correspondências com as outras estirpes de *P. tropica* com uma percentagem máxima de identificação de 98-99%.

Lineage Report

Fungi   [fungi]
. Ascomycota   [ascomycetes]
. . Sordariomycetes [ascomycetes]
. . . Hypocreales   [ascomycetes]
. . . . Fusarium   [ascomycetes]
. . . . . Fusarium graminearum ---------- (942) 1 hit [ascomycetes] Gibberella zeae genomic DNA containing 18S rRNA gene, ITS1,
. . . . . Fusarium proliferatum .... 909 7 hits [ascomycetes] Gibberella intermedia genomic DNA containing 18S rRNA gene,
. . . . . Fusarium thapsinum .... 898 31 hits [ascomycetes] Gibberella thapsina strain LYF002 18S ribosomal RNA gene, p
. . . . . Fusarium udum .... 898 1 hit [ascomycetes] Fusarium udum NRRL 22949 internal transcribed spacer RNA
. . . . . Fusarium nygamai .... 898 2 hits [ascomycetes] Fusarium nygamai NRRL 13448 internal transcribed spacer RNA
. . . . . Fusarium sp. NRRL 26793 ...... 889 1 hit [ascomycetes] Fusarium sp. NRRL26793 18S ribosomal RNA gene, partial sequ
. . . . . Fusarium verticillioides ..... 885 9 hits [ascomycetes] Fusarium verticillioides isolate GmoKSA13-01 internal trans
. . . . . Fusarium sp. Vega622 .... 883 1 hit [ascomycetes] Fusarium sp. Vega622 internal transcribed spacer 1, 5.8S ri
. . . . . Fusarium sp. NRRL 28852 ...... 883 1 hit [ascomycetes] Fusarium sp. NRRL28852 18S ribosomal RNA gene, partial sequ
. . . . . Fusarium sp. NRRL 25221 ...... 881 1 hit [ascomycetes] Fusarium sp. NRRL25221
. . . . . Fusarium sp. 48-14-2 .... 880 1 hit [ascomycetes] Fusarium sp. 48-14-2 18S ribosomal RNA gene, partial sequen
. . . . . Fusarium fujikuroi IMI 58289 . 878 1 hit [ascomycetes] Fusarium fujikuroi IMI 58289 draft genome, chromosome FFUJ_
. . . . . Fusarium sp. G39 .... 878 1 hit [ascomycetes] Fusarium sp. G39 18S ribosomal RNA gene, partial sequence;
. . . . . Fusarium oxysporum .... 878 3 hits [ascomycetes] Fusarium oxysporum strain KAML01 18S ribosomal RNA gene, pa
. . . . . Fusarium sp. KANPR01 .... 878 1 hit [ascomycetes] Fusarium sp. KANPR01 18S ribosomal RNA gene, partial sequen
. . . . . Fusarium sp. BM42211 .... 878 1 hit [ascomycetes] Gibberella sp. BM42211 18S ribosomal RNA gene, partial sequ
. . . . . Fusarium sp. KUC4001 .... 878 1 hit [ascomycetes] Fusarium sp. KUC4001 18S ribosomal RNA gene, partial sequen
. . . . . Fusarium sp. CFZJ .... 878 1 hit [ascomycetes] Fusarium sp. CFZJ 18S ribosomal RNA gene, partial sequence;
. . . . . Gibberella sp. 2 TMS-2011 .... 878 1 hit [ascomycetes] Gibberella sp. 2 TMS-2011 voucher MS7p50-29 18S ribosomal R
. . . . . Fusarium sp. Vega555 .... 878 1 hit [ascomycetes] Fusarium sp. Vega555 internal transcribed spacer 1, 5.8S ri
. . . . . Fusarium sp. NR-2006-M41 ..... 878 1 hit [ascomycetes] Fusarium sp. NR-2006-M41 18S ribosomal RNA gene, partial se

Figura: 4.26.Fotografia mostrando o relatório de linhagem na análise BLAST de *G. Zeae* endofítica isolada de *A. paniculata-*. O relatório previu que a homologia era com o número máximo de acertos para a espécie mais semelhante

<u>Taxonomy Report</u>

```
Fungi ........................................   106 hits   30 orgs [root; cellular organisms; Eukaryota; Opisthokonta]
. Ascomycota .................................    85 hits   25 orgs [Dikarya]
. . Sordariomycetes ..........................    71 hits   24 orgs [saccharomyceta; Pezizomycotina; leotiomyceta; sordariomyceta]
. . . Hypocreales ............................    70 hits   23 orgs [Hypocreomycetidae]
. . . . Fusarium .............................    68 hits   21 orgs [Nectriaceae; mitosporic Nectriaceae]
. . . . . Fusarium graminearum ...............     1 hits    1 orgs [Fusarium sambucinum species complex]
. . . . . Fusarium fujikuroi species complex .    52 hits    7 orgs
. . . . . . Fusarium proliferatum ............     7 hits    1 orgs
. . . . . . Fusarium thapsinum ...............    31 hits    1 orgs
. . . . . . Fusarium udum ....................     1 hits    1 orgs
. . . . . . Fusarium nygamai .................     2 hits    1 orgs
. . . . . . Fusarium verticillioides .........     9 hits    1 orgs
. . . . . . Fusarium sp. NRRL 25221 ..........     1 hits    1 orgs
. . . . . . Fusarium fujikuroi IMI 58289 .....     1 hits    1 orgs [Fusarium fujikuroi]
. . . . . Fusarium sp. NRRL 26793 ............     1 hits    1 orgs
. . . . . Fusarium sp. Vega622 ...............     1 hits    1 orgs
. . . . . Fusarium sp. NRRL 28852 ............     1 hits    1 orgs
. . . . . Fusarium sp. 48-14-2 ...............     1 hits    1 orgs
. . . . . Fusarium sp. G39 ...................     1 hits    1 orgs
. . . . . Fusarium oxysporum .................     3 hits    1 orgs [Fusarium oxysporum species complex]
. . . . . Fusarium sp. KANPR01 ...............     1 hits    1 orgs
. . . . . Fusarium sp. BM42211 ...............     1 hits    1 orgs
. . . . . Fusarium sp. KUC4001 ...............     1 hits    1 orgs
. . . . . Fusarium sp. CFZJ ..................     1 hits    1 orgs
. . . . . Gibberella sp. 2 TMS-2011 ..........     1 hits    1 orgs
. . . . . Fusarium sp. Vega555 ...............     1 hits    1 orgs
. . . . . Fusarium sp. NR-2006-M41 ...........     1 hits    1 orgs
```

Figura: 4.27. Fotografia mostrando o relatório de taxonomia na análise BLAST de *G. zeae* endofítica isolada de *A. paniculata-*. A janela de resultados mostrava a taxonomia gerada para a sequência, com o número máximo de ocorrências para a classificação mais alta e o número relacionado de ocorrências para as espécies semelhantes.

4.4.5. Identificação de endófitos fúngicos seleccionados através de análise filogenética

4.4.5.I. Interpretação de dados por árvore filogenética

A análise de árvores filogenéticas é a técnica de demonstrar metodicamente uma relação evolutiva entre espécies ou taxa. Este método é útil para determinar se um grupo de genes está relacionado através de um processo de evolução divergente a partir de um antepassado comum ou se é o resultado de uma evolução convergente. A análise filogenética foi efectuada com base nos dados dos genes ITS e 5.8S, utilizando o método da máxima verosimilhança e as abordagens Neighbour Joining (NJ).

No presente estudo, foi construída uma árvore filogenética utilizando as sequências ITS obtidas dos isolados endofíticos seleccionados de plantas medicinais da floresta de Melghat. Em seguida, as sequências foram alinhadas com o CLUSTALW (Thompson *et al.,* 1997) com a ajuda de parâmetros como: extensão da lacuna = 0,1, abertura da lacuna do alinhamento por pares = 10, abertura da lacuna do alinhamento múltiplo = 10, atraso das sequências divergentes = 25 %, extensão da lacuna = 0,2 e peso de transição = 0,5 Após todos os ajustes possíveis, o ficheiro da árvore foi gerado no CLUSTALW e posteriormente processado no MEGA6 e a árvore filogenética foi construída.

Após a construção da árvore filogenética, a história evolutiva foi inferida com a ajuda do método da máxima verosimilhança baseado no modelo de Jukes-Cantor (Jukes e Cantor, 1969). Os valores de bootstrap (n=1000 replicações) foram utilizados para determinar a história evolutiva das espécies analisadas. Os ramos correspondentes às partições foram reproduzidos nas réplicas bootstrap inferiores a 50% e foram colapsados. A(s) árvore(s) inicial(is) para a busca heurística foi(ram) obtida(s) automaticamente. Quando o número de sítios comuns era < 100 ou menos de um quarto do número total de sítios, foi utilizado o método da máxima parcimónia; caso contrário, foi utilizado o algoritmo BIONJ (Bio Neighbor-Joining) com a matriz de distância MCL (Maximum Composite Likelihood) (Gascuel, 1997). A árvore foi desenhada à escala, com comprimentos de ramos medidos em número de substituições por local. Na análise foi envolvido um número diferente de sequências de nucleótidos. As posições com lacunas e dados em falta foram eliminadas. Atualmente, um número diferente de posições no último conjunto de dados para cada espécie foi observado quando a análise evolutiva foi construída pelo MEGAS (Tamura *et al.*, 2013). As árvores geradas foram visualizadas no Tree View e todos os caracteres foram desordenados e de igual peso e as lacunas foram tratadas como quinto carácter. Medidas adicionais utilizadas foram o índice de consistência (CI), o índice de retenção (RI) e o índice de homoplasia (HI). Foram geradas árvores separadas para cada endófito fúngico selecionado.

4.4.5.I.I. *Nigrospora oryzae*

As sequências ribossómicas ITS obtidas da *Nigrospora oryzae* endofítica foram utilizadas para a construção da árvore filogenética. A história evolutiva foi inferida utilizando o método da máxima verosimilhança baseado no modelo de Jukes-Cantor (1969). A árvore com a maior verosimilhança (0,0000) é apresentada na figura. A percentagem de árvores em que os taxa associados se agrupam é apresentada ao lado dos ramos. A(s) árvore(s) inicial(is) para a pesquisa heurística foi(ram) obtida(s) através da aplicação do método Neighbor-Joining a uma matriz de distâncias entre pares estimada através da abordagem de máxima verosimilhança composta (MCL). Foi utilizada uma distribuição Gama discreta para modelar as diferenças de taxa evolutiva entre os locais 5 categorias +G, parâmetro = 0,3087. A árvore é desenhada à escala, com comprimentos de ramo medidos no número de substituições por sítio. Atualmente, foram envolvidas na análise um total de 16 sequências de nucleótidos. Todas as posições que continham lacunas e dados em falta foram eliminadas. Havia um total de 438 posições no conjunto de dados final. Além disso, as análises evolutivas foram realizadas no MEGA6 (Tamura *et al.*, 2013).

No presente estudo, o rDNA 18S e a região ITS, incluindo o rDNA 5.8S, foram amplificados e as sequências foram obtidas. A pesquisa de homologia foi efectuada para as sequências presentes em relação às bases de dados NCBI GenBank e as novas sequências apresentaram uma identidade de 100 % de semelhança com *N. Oryzae* **(Figura).** Após a análise BLAST, a análise filogenética foi efectuada com sequências de nucleótidos homólogas disponíveis na base de dados NCBI GenBank, entre as quais se verificou que o isolado era o mais próximo de *N. oryzae* das sequências da base de dados NCBI, com 98% de bootstrap **(Figura 4.28).** Por conseguinte, com base no BLAST e na análise da árvore filogenética, o isolado foi confirmado como *N. oryzae* (DBT-150).

No presente estudo, os resultados para *N. oryzae foram semelhantes* aos resultados registados por Zhao *et al.* (2012). Os autores estudaram a identificação de *N. oryzae* e *N. sphaerica* endofíticas através da análise de árvores filogenéticas utilizando ClustalX1.8. Além disso, alinharam pelo método de análise de junção de vizinhos e observaram que os isolados estavam estreitamente relacionados com *N. oryzae* e *N. sphaerica.*

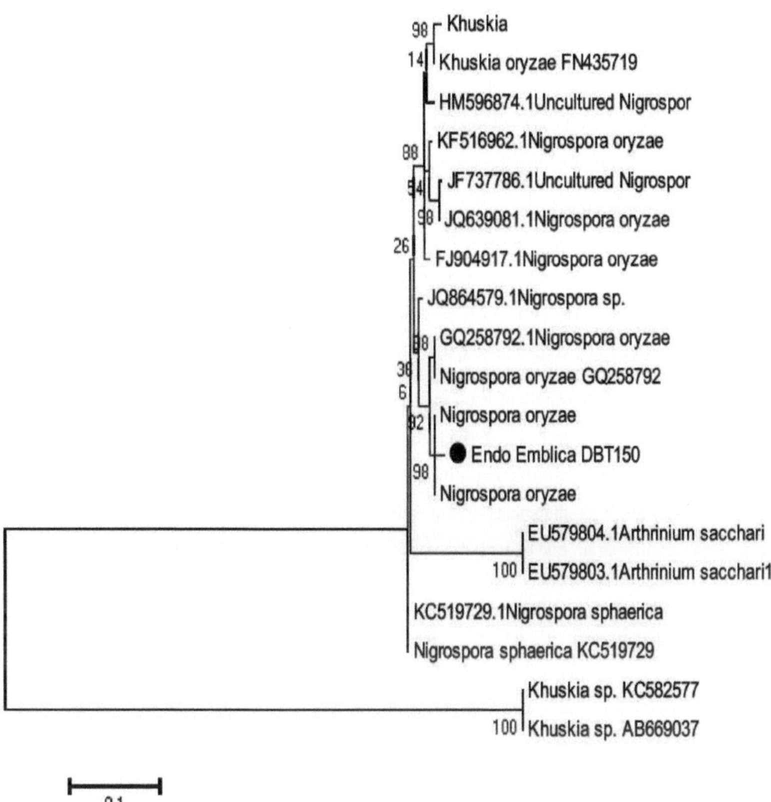

Figura: 4.28. Análise filogenética molecular pelo método de Máxima Verossimilhança das sequências parciais das regiões ITS do rDNA 28S da *Nigrospora oryzae* endofítica (DBT-150) e microrganismos relacionados pertencentes ao filo Ascomycota. A história evolutiva foi inferida por Máxima Verossimilhança, que foi obtida pelo modelo de Jukes-Cantor. Os valores de bootstrap (1000 execuções replicadas, apresentadas como %) > 80% são listados. A cor verde clara indica a *Nigrospora oryzae* endofítica isolada de *Emblica officinalis.*

4.4.5.I.2. *Alternaría* sp.

Após a análise BLAST, as sequências ITS do género *Alternaría* foram utilizadas para a análise filogenética e comparadas com sequências do NCBI Genbank. A análise evolutiva foi realizada pelo método de Máxima Verossimilhança baseado no modelo de Jukes-Cantor (Jukes e Cantor, 1969). A maior verossimilhança logarítmica da árvore foi de -1629,2102. A utilização da árvore inicial para a pesquisa heurística foi obtida através da aplicação dos algoritmos Neighbor-Join e BioNJ a uma matriz de distâncias entre pares também estimada utilizando a máxima verosimilhança composta e, em seguida, foi selecionada a topologia com o valor de verosimilhança logarítmica superior. No total, na análise, foram implicadas 24 sequências de nucleótidos. No conjunto final de dados, estavam disponíveis 193 posições. As sequências actuais das espécies de *Alternaría* e as sequências NCBI foram utilizadas para a construção de uma árvore filogenética por MEGA6. Foi gerado um total de 12 clados com a ajuda de métodos de máxima verosimilhança. Na figura, a mancha vermelha representa os diferentes isolados endofíticos, tais como A,B,C,D,E, F,G,H,I, J,K,L, M, N,0, que pertenciam à espécie *Alternaría*. Todos os isolados formaram os clados mais próximos com *Alternaría* sp. com um valor de bootstrap de 100% **(Figura 4.29)**. Além disso, as outras espécies *de Alternaría*, tais *como A.porrí, A. alternata, A. tenuíssíma, A. arborescens,* também foram encontradas nos mesmos clados que os presentes isolados. Por conseguinte, confirma-se que todos os isolados pertencem a *Alternaría* sp.

Os resultados do presente estudo mostraram semelhança com o relatório de Singh *et al.* (2014) e Xie *et al.* (2013). Singh e grupos (2014) estudaram a análise filogenética para a identificação de diferentes espécies de *Alternaría* endofíticas. Geraram a árvore filogenética pelo método de junção de vizinhos e as distâncias foram calculadas utilizando o método de Kimura de 2 parâmetros e confirmaram que os isolados pertencem a espécies de *Alternaría*.

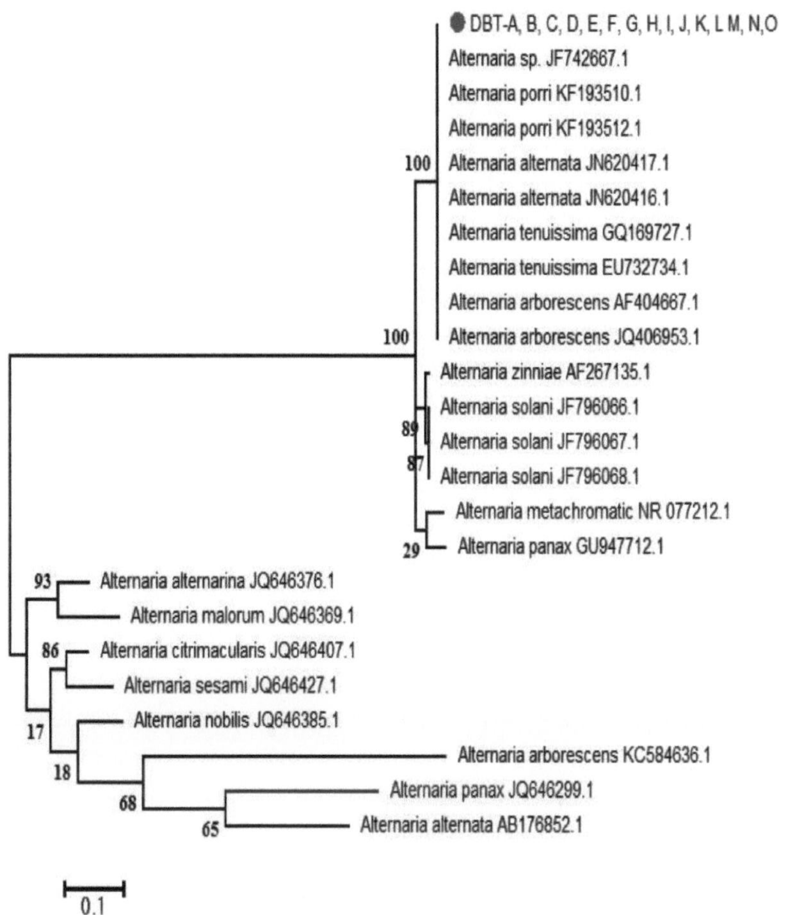

Figura: 4.29. Análise filogenética molecular pelo método da máxima verosimilhança das sequências parciais das regiões ITS do rDNA 28S das espécies de *Alternaría* endofíticas. A história evolutiva foi inferida por Máxima Verosimilhança que foi obtida pelo modelo de Jukes-Cantor comparando o novo isolado e microrganismos relacionados pertencentes ao filo Ascomycota. São apresentados valores de bootstrap (1000 execuções replicadas, apresentadas como %) > 80%. O ponto vermelho acima mostra os diferentes isolados de endófitos fúngicos, incluindo A,B,C,D,E,F,G,H,I,J,K,L,M,N,O=espécies de *Alternarza*.

Além disso, Xie e colaboradores (2013) estudaram a comparação da sequência ITS-rDNA entre os novos isolados e as sequências da base de dados NCBI GenBank. O BLAST e a análise filogenética dos novos isolados mostraram a semelhança com *Curvularia* com 100% de bootstrap, *Alternaria* com 100% de bootstrap, *Epicoccum* com 60% de bootstrap, *Phoma* com 89% de bootstrap e *Saccharicola* com 100% de valor de bootstrap.

4.4.5.I.3. Género *Phoma* (Sacc.)

No presente estudo, quatro isolados *de Phoma* sp. (DBT-151-152,153 e 154) foram seleccionados para identificação por comparação da sequência ITS-rDNA com sequências disponíveis na base de dados NCBI GenBank. Assim, o 18S rDNA e a região ITS, incluindo o 5.8S rDNA de *Phoma* sp. endofítico selecionado DBT-151-152,153 e 154 foram amplificados eficazmente por PCR 532 a 562 pares de bases. Antes da análise filogenética, foi efectuada uma comparação BLAST e confirmada como P. *multirostrata* (DBT-151), *P. tropica* (DBT-152) e *Phoma* sp. (DBT-153-4). A história evolutiva foi condicionada pelo método da máxima verosimilhança e gerada com a ajuda do modelo de Jukes-Cantor (Jukes e Cantor, 1969). Os parâmetros foram semelhantes para todos os endófitos relativamente à análise filogenética, tal como explicado acima para *N.* oryzae. Durante a análise, foram utilizadas 47 sequências de nucleótidos para a geração da árvore. Além disso, havia um total de 84 posições no conjunto de dados final e, por último, as análises de árvores evolutivas foram geradas com a ajuda do MEGA6 (Tamura *et al.,* 2013).

Na árvore filogenética observou-se que o isolado DBT-151 se encontrava próximo de *P. multirostrata* com um valor de bootstrap de 58%, DBT-152 estava com *P. pinodella* com um valor de bootstrap de 51% e DBT-153-154 formava um clado separado como *Phoma* sp. com um valor de bootstrap de 99% **(Figura 4.30). Os** isolados DBT-153-154 apresentaram clados isolados entre todas as sequências de *Phoma* sp. do NCBI e foram encontrados como ancestrais de todas as outras sequências. Já os isolados DBT-151-152 mostraram a subclade do isolado DBT-153-4. Os resultados observados na análise da árvore filogenética foram semelhantes aos resultados obtidos na análise BLAST.

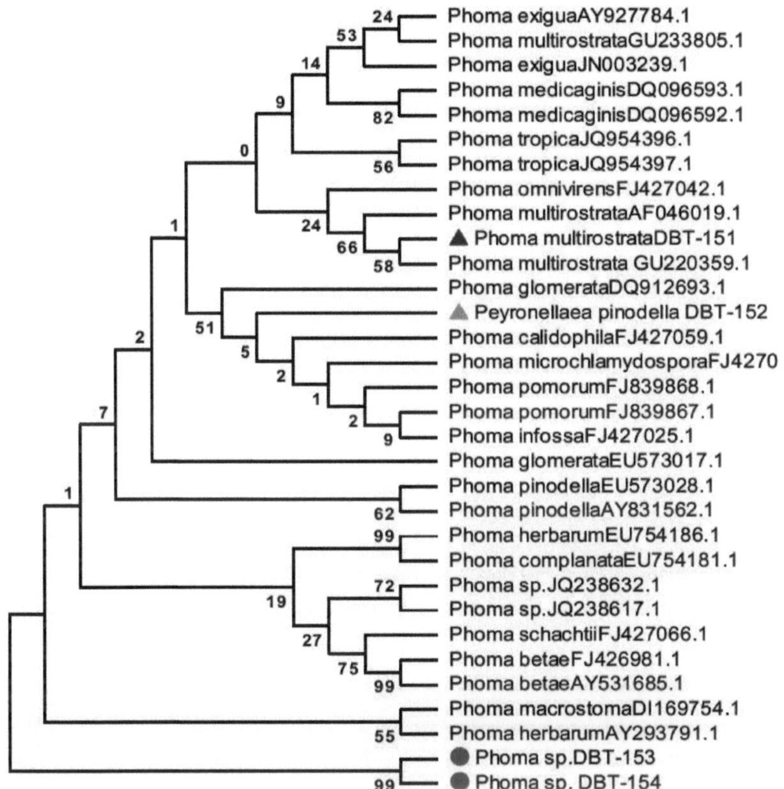

Figura: 4. 30. Análise filogenética molecular pelo método de Máxima Verossimilhança das sequências parciais das regiões ITS do rDNA 28S de *P. multirostrata* endofítica (DBT-151), *P. pinodella* (DBT-152) e *Phoma* sp. (DBT-153-154). A história evolutiva foi inferida por Máxima Verosimilhança, obtida pelo modelo de Jukes-Cantor, no qual se compararam as sequências do novo isolado com as sequências do género *Phoma* disponíveis na base de dados NCBI, GenBank. São indicados os valores de bootstrap (1000 execuções replicadas, apresentadas como %) > 990%. O ponto vermelho acima indica que os isolados DBT-153-4 pertencem ao género *Phoma* sp., o azul indica que pertencem a *P. multirostrata* (DBT-151) e o verde claro indica que pertencem a *P. pinodella* (DBT-152).

Os resultados do presente estudo para o género *Phoma* mostraram semelhança com os resultados relatados por Leme e colegas (2013). Os autores estudaram a identificação de isolados endofíticos pelo ITS-rDNA usando primers universais ITS1-5.8S-ITS2. Eles também estudaram a comparação de sequências BLAST e a análise filogenética pelo método de máxima verossimilhança e descobriram que os isolados pertencentes à *Phoma* com 89% de boot strap , *Curvularia* com 100% de bootstrap, *Alternaria* com 100% de bootstrap, *Epicoccum* com 60% de bootstrap e *Saccharicola* com 100% de valor de bootstrap.

4.4.5.I.4. *Gibberella zeae*

A árvore filogenética foi obtida através de sequências ITS de *Gibberella zeae* endofítica. O alinhamento continha 510 caracteres, incluindo lacunas de alinhamento. Juntamente com estes 480 e 60 caracteres eram informativos em termos de parcimónia e foram incluídos na análise, resultando numa árvore mais parcimoniosa. No presente estudo, com a ajuda do método da máxima verosimilhança e com base no modelo de Jukes-Cantor, foi inferida a história evolutiva (Jukes e Cantor, 1969). A percentagem de árvores replicadas em que os taxa associados se agruparam no teste de bootstrap (1000 réplicas) é apresentada ao lado dos ramos. A árvore filogenética foi construída como explicado para *N. oryzae*. Foi utilizada uma distribuição Gama discreta para modelar as diferenças de taxa evolutiva entre as categorias de sítios 5 (+*G*, parâmetro = 2,5728) e durante a análise foram envolvidas 26 sequências de nucleótidos. Além disso, no conjunto final de dados havia um total de 310 posições. Toda essa árvore foi gerada no MEGA6 (Tamura *et al.*, 2013).

Gibberella zeae é também conhecida pelo seu anamorfo *Fusarium graminearum,* que é um agente patogénico das plantas, causador do míldio de Fusarium, uma doença devastadora do trigo e da cevada. Mas, no presente estudo, *G. zeae* foi recuperado como um fungo endofítico de *A. paniculata*. As sequências ITS (primers ITS1 e ITS4) de *G. zeae* (DBT-155) foram submetidas à análise de pesquisa BLAST e verificou-se que apresentam uma identidade homóloga de 100% com *G. zeae*. Posteriormente, foi efectuada a análise filogenética, na qual foram gerados 12 clados quando as sequências ITS do género *Gibberella* foram alinhadas no ClustalW. O isolado DBT-155 apresentou um clado separado com valores de bootstrap de 100 % com *F. semitectum* e espécies *de Fusarium* **(figura 4.31).** De acordo com a análise filogenética, verificou-se que o *G. zeae* endofítico era o antepassado de todas as outras sequências de *Fusarium* sp. disponíveis na base de dados NCBI, GenBank. Uma vez que *G. zeae* é um anamorfo de *F. graminearum*, apresentou um clado separado de *F graminearum*, porque pode ter algumas características morfológicas diferentes de *F graminearum*. Por conseguinte, no presente estudo, através de uma análise filogenética, confirmou-se que o presente isolado era *G. zeae* (DBT-155), pertencente à classe dos Sordariomycetes.

Os resultados do presente estudo mostraram semelhança com os resultados relatados por Megan e Linda (2009) e Xiao *et al.* (2013). Os autores estudaram a identificação de *Fusarium* sp. com base na sequência ITS-rDNA e na análise filogenética. Após a pesquisa BLAST e a análise filogenética, o *Fusarium* sp. foi confirmado como *F. graminearum*.

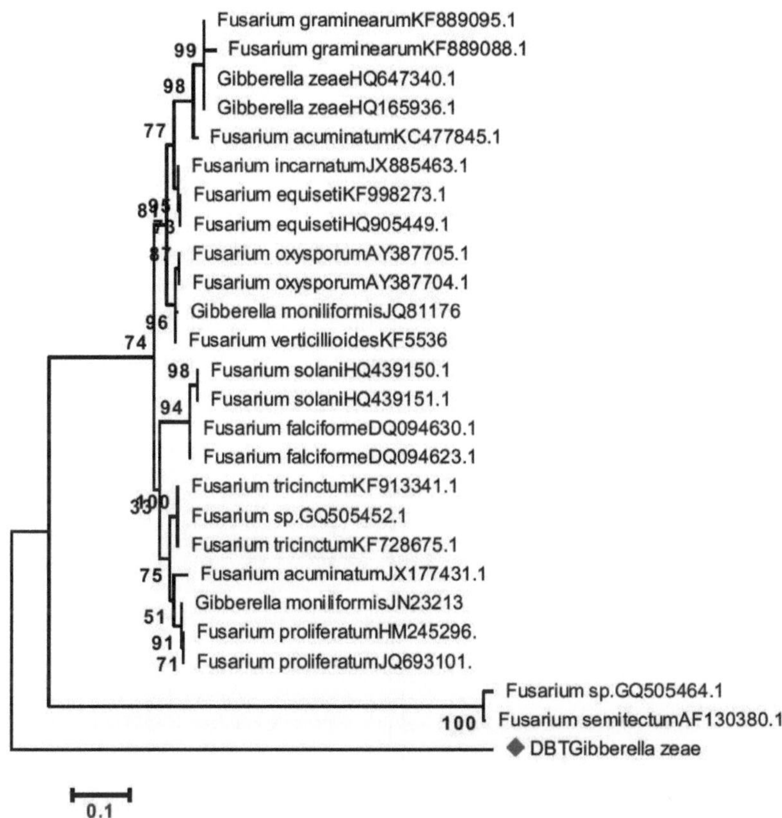

Figura: 4.31. Análise filogenética molecular pelo método de Máxima Verossimilhança das sequências parciais das regiões ITS do rDNA 28S de *Gibberella zeae* endofítica (DBT-155). A história evolutiva foi inferida por máxima verosimilhança, obtida pelo modelo de Jukes-Cantor, no qual se compararam as sequências do novo isolado com as sequências do género *Gibberella* disponíveis na base de dados GenBank do NCBI. São indicados os valores de bootstrap (1000 réplicas, apresentados como %) > 70%. O ponto cor-de-rosa acima mostra que os isolados DBT-155 pertencem a *G. zeae*.

4.4.5.I.5. *Aspergillus* sp.

O género *Aspergillus* causa sempre confusão na sua identificação devido à semelhança dos seus caracteres morfológicos, pelo que, no presente estudo, foi efectuada a comparação das sequências ITS- rDNA dos marcadores moleculares e a análise filogenética. As sequências do novo isolado (DBT-156) foram submetidas à pesquisa BLAST, que mostrou uma identidade de 99% com *A. quadrilineatus* da base de dados de sequências da NCNI. A história evolutiva foi interpretada utilizando o método da máxima verosimilhança baseado no modelo de Jukes-Cantor (Jukes e Cantor, 1969). É apresentada a árvore com a maior verosimilhança (-1174,7890). No total, 24 sequências de nucleótidos foram envolvidas na análise. Havia um total de 222 posições no conjunto de dados final e a árvore filogenética foi gerada pelo MEGA6 (Tamura *et al.*, 2013).

Na árvore filogenética, as sequências de *A. quadrilineatus* (DBT-156) (identificadas por BLAST) apresentaram os clados mais próximos de *Aspergillus* sp. com 100% de bootstrap **(Figura 4.32)**. Além disso, os caracteres morfológicos mostraram semelhança *com Aspergillus* e não com A. *quadrilineatus. Por* conseguinte, através da análise morfológica e filogenética, o presente isolado foi confirmado como *Aspergillus* sp. (DBT-156) pertencente à família Trichocomaceae. Os presentes resultados mostraram semelhança com os resultados relatados por Jeewon *et al.* (2013). Além disso, estudaram a identificação de espécies de *Aspergillus* endofíticas por comparação da sequência ITS-rDNA e, posteriormente, confirmaram-na por análise filogenética que foi construída pelo método da máxima verosimilhança.

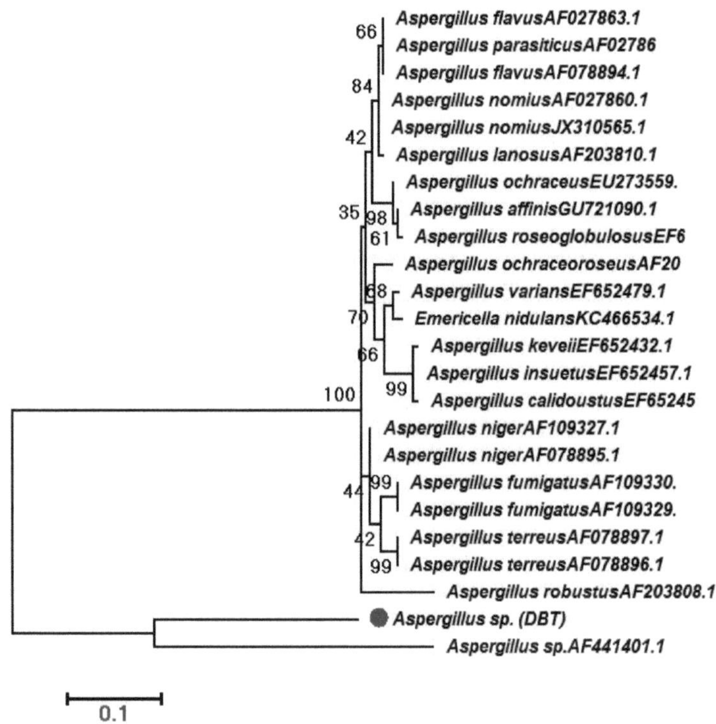

Figura: 4.32. Análise filogenética molecular pelo método de Máxima Verossimilhança das sequências parciais das regiões ITS do rDNA 28S do *Aspergillus quadrilineatus* endofítico (DBT-156). A história evolutiva foi inferida por Máxima Verosimilhança que foi obtida pelo modelo de Jukes-Cantor no qual se compararam as sequências do novo isolado com sequências do género *Aspergillus* disponíveis na base de dados NCBI, GenBank. São indicados os valores de bootstrap (1000 réplicas, apresentados como %) > 50%. O ponto vermelho acima mostra que os isolados DBT-156 pertencem a *Aspergillus* sp.

120

4.4.5.I.6. Género *Colletotrichum*

No presente estudo, a história evolutiva foi gerada utilizando o método da máxima verosimilhança, que foi construído com a ajuda do modelo de Jukes-Cantor (Jukes e Cantor, 1969). Os parâmetros para a construção de árvores filogenéticas foram semelhantes aos descritos para *N. oryzae*. A análise envolveu um total de 28 sequências de nucleótidos. Um total de 75 posições estavam presentes no conjunto de dados final e a árvore evolutiva foi gerada com a ajuda doMEGA6 (Tamura *et al.*, 2013).

A identificação molecular foi realizada para a confirmação até ao nível de espécie para o género *Colletotrichum*, uma vez que apresenta semelhanças nos seus caracteres morfológicos. As sequências ITS1 dos presentes isolados foram comparadas com as sequências correspondentes disponíveis na base de dados NCBI, GenBank. Com base na análise de pesquisa BLAST, os presentes isolados foram confirmados como *C. siamense* (DBT-157) e *C. Gloeosporioides* (DBT-158). Após a análise BLAST, as sequências ITS1 foram alinhadas no ClustalW e geraram uma ligação à base de dados alinhada para análise filogenética. Quando a árvore filogenética foi gerada pelo método de Jukes e Cantor, o *C. gloeosporioides* (DBT-158) apresentou o clado mais próximo do *C. gloeosporioides* das sequências NCBI com 50% de bootstrap. Do mesmo modo, *C. siamense apresentou a* relação mais próxima com *C. siamense* das sequências NCBI com valores de bootstrap de 61% **(Figura** 4.33). Assim, de acordo com o BLAST e a análise filogenética, os isolados foram confirmados como *C. gloeosporioides* e *C. siamense*.

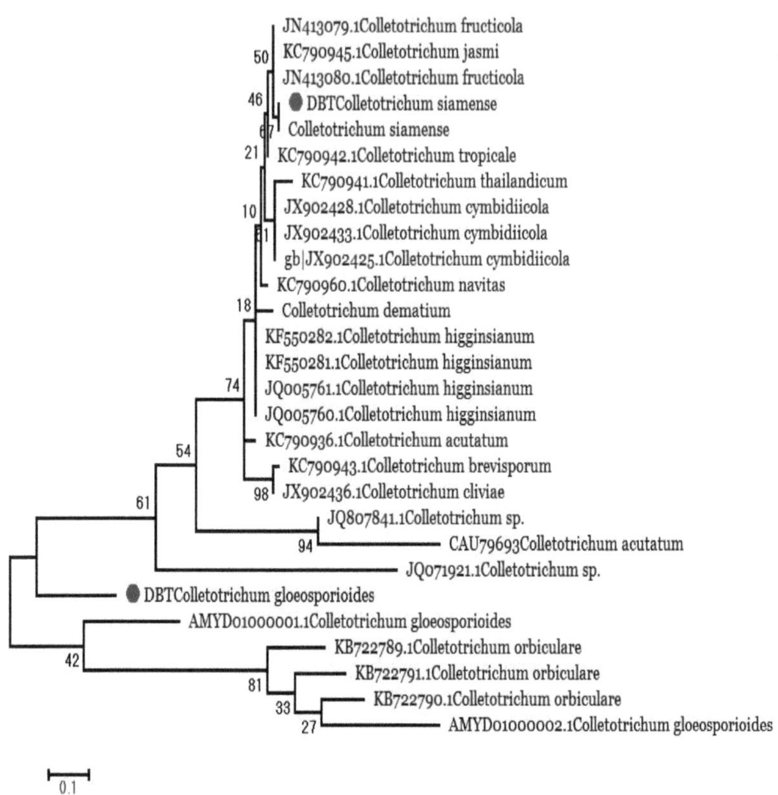

Figura: 4.33. Análise filogenética molecular pelo método de Máxima Verossimilhança das sequências parciais das regiões ITS do rDNA 28S de *C. gloeosporioides* endofítico (DBT-157) e *C. siamense* ((DBT-158). A história evolutiva foi inferida por Máxima Verosimilhança, obtida pelo modelo de Jukes-Cantor, no qual se compararam as sequências do novo isolado com as sequências do género *Colletotrichum* disponíveis na base de dados NCBI, GenBank. São indicados os valores de bootstrap (1000 réplicas, apresentados como %) > 50%.

Os presentes resultados do género *Colletotrichum* mostraram a semelhança com os resultados relatados por Photita *et al.* (2005) e Rakotoniriana *et al.* (2008). Mais tarde, os autores determinaram a identidade de *Colletotrichum* através de marcadores moleculares como a análise da sequência ITS-rDNA. Assim, com base na análise filogenética, o género *Colletotrichum* foi diferenciado em *C. musae e C. gloeosporioides*. Além disso, Refaei *et al.* (2011) identificaram espécies endofíticas de *C. siamense, C. gloeosporioides, Colletotrichum* sp. e *Cytospora* por BLAST e análise filogenética.

4.5. Conclusão

Pode concluir-se que os endófitos produzem metabolitos secundários semelhantes aos do seu hospedeiro. Por conseguinte, é necessário identificar os fungos endofíticos para obter melhores compostos bioactivos até ao nível da espécie. Existem algumas espécies endofíticas, tais como *Nigrospora, Phoma, Colletotrichum, Alternaria, Aspergillus, Fusarium,* etc., que apresentam semelhanças nos seus caracteres morfológicos, o que leva a confusão na sua identificação e diferenciação. No presente estudo, a comparação da sequência ITS-rDNA e a análise filogenética revelaram-se ferramentas rápidas, potenciais, únicas e significativas para a confirmação e diferenciação de cada género até ao nível da espécie.

Com base nas características morfológicas e culturais, as sequências dos endófitos pulmonares não identificados e com características morfológicas semelhantes foram analisadas através da análise de pesquisa BLAST e da análise filogenética, comparando-as com outras sequências disponíveis na base de dados NCBI-GenBank, e a melhor correspondência encontrada para cada isolado fúngico endofítico corrobora os dados de identificação primários, confirmando assim os fungos endofíticos seleccionados até ao nível da espécie.

CAPÍTULO-5

Rastreio de fungos endofíticos para deteção de agentes antimicrobianos potentes e metabolitos secundários de fungos endofíticos

5.1. Introdução

Tem havido um interesse crescente na prospeção destes microrganismos como fonte de produtos naturais novos e bioactivos. Estes são relativamente menos estudados e oferecem um enorme potencial de novos metabolitos secundários para exploração na medicina, na indústria farmacêutica e na agricultura. Os endófitos fúngicos foram encontrados em tecidos saudáveis de todos os taxa vegetais estudados até à data e é a sua diversidade química, mais do que a diversidade biológica, a principal responsável pelo interesse nestes organismos.

As empresas farmacêuticas modernas contêm pelo menos 25% de medicamentos derivados de plantas. A procura de plantas medicinais está a aumentar, tanto nos países em desenvolvimento como nos países desenvolvidos, devido ao reconhecimento crescente dos produtos naturais, que não são tóxicos, não têm efeitos secundários e têm preços acessíveis (Kala *et al.*, 2006). A extração direta de produtos naturais de plantas medicinais selvagens para satisfazer as necessidades actuais está a tornar-se rapidamente um objetivo irrealista. Mais de 90% das espécies vegetais são utilizadas pelas indústrias para o desenvolvimento de produtos. Estas plantas são colhidas na natureza, 70% das quais envolvem a colheita não organizada que é totalmente destrutiva e ameaça as plantas medicinais. Além disso, devido à grande variação na biodiversidade vegetal e às mudanças sazonais na Índia, podemos ter uma melhor oportunidade de recolher e isolar vários tipos de fungos endofíticos promissores, que podem ser capazes de produzir uma enorme variedade de potenciais compostos naturais bioactivos. A importância dos metabolitos esperados seria de grande valor comercial, uma vez que os endófitos isolados podem produzir novos compostos bioactivos, como o taxol, um medicamento anticancerígeno.

Os compostos bioactivos a isolar são os que têm atividade contra agentes patogénicos humanos, como os organismos causadores da malária, tuberculose, lepra e encefalite, etc., que se tornaram resistentes aos medicamentos ou não existem medicamentos adequados para estas doenças, como a SIDA. O aumento da população de doentes com SIDA e imunocomprometidos no mundo obriga-nos a pensar neles para procurar medicamentos seguros e eficazes, que possam funcionar adequadamente para aumentar a capacidade de resistência dos doentes. Os fungos têm um enorme potencial como fontes de antimicrobianos. As observações provam que este grupo de organismos reside no interior dos tecidos de plantas saudáveis, como endófitos, sem causar quaisquer sintomas detectáveis. Por conseguinte, considera-se que é necessário acelerar e precisar a investigação para explorar o potencial máximo dos endófitos promissores para a descoberta de produtos naturais, o que poderia, pelo menos, facilitar alguns problemas existentes da sua enorme população.

Normalmente, os fungos associados às plantas são capazes de segregar os mesmos compostos bioactivos que a planta hospedeira segrega por si própria. Existem exemplos bem conhecidos de medicamentos à base de plantas, nomeadamente quinino, digitalina, taxol, aspirina, ipecacuanha, resperpina, etc. Este é um conceito que foi originalmente proposto como um mecanismo para explicar o facto de *Taxomyces andreanae* produzir Taxol. Assim, se os endófitos, e especialmente os endófitos cultivados, puderem produzir os mesmos compostos bioactivos raros e importantes que as suas plantas hospedeiras, isso não só reduziria a necessidade de colher plantas de crescimento lento e possivelmente raras, como também ajudaria a preservar a biodiversidade mundial, cada vez mais reduzida. Além disso, por que razão apenas os endófitos fúngicos e não outros, uma vez que são fáceis de isolar, identificar e cultivar em comparação com outros organismos, também a produção de metabolitos activos em grandes quantidades é mais possível em comparação com outros organismos. Por conseguinte, os endófitos fúngicos podem ser a alternativa ou substituir alguns dos medicamentos disponíveis.

5.2. Revisão da literatura

É bem sabido que, após a descoberta do *Taxomyces andreanae,* produtor de taxol, que foi isolado de *Taxus brevifolia, o* interesse pela investigação de endófitos aumentou. Os fungos endofíticos são um grupo interessante de micróbios ligados aos tecidos saudáveis das plantas. A diversidade de fungos endofíticos é mais elevada nas plantas tropicais e subtropicais do que noutras zonas climáticas (Banerjee, 2011). Budhiraja e colaboradores (2012) estudaram a atividade antimicrobiana de extractos de endófitos fúngicos como espécies de *Aspergillus* e *Penicillium* contra *Staphylococcus aureus, Bacillus subtilis, Escherichia coli, Pseudomonas aeruginosa, Salmonella typhimurium, Saccahromyces cerevisiae* e *Candida albicans.* Randa *et al.* (2010) realizaram a atividade anti-inflamatória, anti-séptica e antifúngica do fungo endofítico *Botryosphaeria rhodina* isolado de *Bidens pilosa.*

Recentemente, Musavi e Balakrishnan (2014) estudaram a atividade antimicrobiana do *Fusarium oxysporum* endofítico contra agentes patogénicos humanos como *S. aureus, E. coli, P. aeruginosa* e *C. albicans* isolados de explantes foliares de *Nothapodytes foetida.* A concentração inibitória mínima para *S. aureus* foi de 30pg/mL e 50pg/mL para *C. albicans.* Sadrati *et al.* (2013) analisaram os compostos bioactivos antimicrobianos e antioxidantes de diferentes fungos endofíticos de *Triticum durum.* Kumar *et al.* (2013) extraíram vinblastina e vincristina de *Fusarium oxysporum* endofítico de *Catharanthus roseus* por TLC, HPLC, espetroscopia UV-Vis, ESI-MS, MS/MS e 1H NMR. Wang e colaboradores em (2012) relataram os compostos antimicrobianos como chaetoglobosina, erogosterol, ergosterol 5,8-perósido e 2-metil-3-hidroxi indol extraídos do fungo endofítico *Nigrospora globosum* recuperado de *Curcuma wenyujin.* Ratklao e grupos (2014) estudaram a atividade antimicrobiana das amidas de ácidos gordos trienos e das bipolamidas contra *Cladosporium cladosporioides, Cladosporium cucumerinum, Saccharomyces cerevisiae, Aspergillus niger* e *Rhisopus oryzae* extraídas do fungo endofítico *Bipolaris* sp. isolado de *Gaultheria hispida.*

Pragathi *et al.* (2013) mencionaram a produção de enzimas de hidrólise a partir de endófitos fúngicos como *Fusarium, Penicillium, Aspergillus* e *Colletotrichum.* Além disso, os autores também compararam os metabolitos do seu hospedeiro e descobriram que a produção de vários metabolitos secundários, tais como saponinas, hidratos de carbono, fenólicos, glicosídeos e flavonóides. Katoch *et al.* (2014) demonstraram a atividade citotóxica contra as linhas celulares HCT-116, MCF-7, PC-3 e A-549 e a atividade antibacteriana contra *B. subtilis, P. aeruginosa, Salmonella typhimurium, E. coli, Klebsiella pneumoniae* e *S. aureus* de extractos endofíticos recuperados de *Bacopa monnieri* (L.). Os novos cinco derivados do tipo 2(5H)-furanona, pestalafuranonas F-J, juntamente com dois compostos conhecidos, pestalafuranonas, foram isolados do extrato de acetato de etilo da *Nigrospora* sp. BM-2 endofítica (Zhang *et al.,* 2014). Eles também caracterizaram os extratos usando EIMS, HREIMS e espetroscopia NMR. Ding *et al.* (2013) relataram dois novos compostos e rodostegona extraídos do fungo endofítico *Penicillium polonicum* e ciclo-(L-Val-L-Leu) de *Aspergillus fumigatus* juntamente com seis dicetopiperazinas conhecidas. Além disso, a caraterização dos compostos acima referidos foi efectuada por análise de IR, MS, NMR e CD.

Kusari *et al.* (2009) também registaram o fármaco anticancerígeno *Camptotheca acuminate* extraído de *Fusarium solani* endofítico. Além disso, compostos como o ácido secalónico, uma micotoxina pertencente à classe dos ergocromos, demonstraram uma potente atividade citotóxica contra a apoptose das células leucémicas HL60 e K562 (Zhang *et al.,* 2009). A atividade citotóxica de extractos de *Alternaría alternata* endofítica isolada de *Coffea arabica* L., mostrou uma atividade razoável contra células HeLa (Fernandes *et al.,* 2009).

Krohn *et al.* (2005) registaram esteróides e terpenóides como o derivado de ergosterol, 4a-homo-22-hidroxi-4-oxaergasta-7, extraído de *Gliocladium* sp. endofítico isolado de *Taxus chinensis* (teixo chinês). Do mesmo modo, foram extraídas 4 citocalasinas e 11 novos sesquiterpenóides de espécies endofíticas de *Geniculosporium*, que estão associadas a espécies de algas vermelhas *Polysiphonia.* Srinuan *et al.* (2007) estudaram a atividade antimalárica de 2-cloro-5-metoxi-3-metilciclohexa-2, 5-dieno-l, 4-diona e xilariaquinona extraídas de *Xylaria* sp. endofítica contra *Plasmodium falciparum.* Do mesmo modo, Elfita *et al.* (2011) estudaram a atividade antimalárica de alcalóides como o ácido 7-hidroxi-3, 4, 5-trimetil-6-ona-2, 3, 4, 6-tetra-hidroisoquinolina-8-carboxílico e o ácido 2,5-di-hidroxi-l-(hidroximetil) piridina-4-ona, extraídos de fungos endofíticos de Brotowali. Strobel (2006) relatou o fungo endofítico *Muscodor albus* isolado de *Cinnamomum zeylanicum* que exibe a atividade contra fungos e bactérias produzindo uma mistura de compostos voláteis. Guo *et al.* (2008) extraíram agentes antimicrobianos de espécies endofíticas de *Colletotrichum* isoladas *de Artemisia annua.*

Wen *et al.* (2010) registaram um novo derivado da griseofulvina, 7-cloro-2', 5, 6-trimetoxi-6'-metilespiro (benzofurano-2(3H),' ciclohexeno) 3, 4'-diona, juntamente com o conhecido 2-acetil-7-metoxibenzofurano isolado do fungo endofítico de mangais marinhos *Sporothrix* species. Pongcharoen *et al.* (2008) extraíram os derivados glucosídeos, xilarosídeos, sordaricina e 2,3-di-hidro-5-hidroxi-2-metil-4H- 1-benzopirano-4- do fungo endofítico *Xylaria* sp. que exibiu atividade antifúngica contra *C. albicans.* Yang *et al.* (2006) registaram lactonas de anel de 12 membros isoladas de *Cladosporium tenuissimum* endofítico. O alcaloide, chaetominina, produzido por espécies de *Nigrospora endofíticas* isoladas de *Adenophora axiliflora.* Além disso, os autores estudaram a atividade citotóxica contra as linhas celulares de leucemia humana K562 e de cancro do cólon SW1116 (Jiao *et al.,* 2006). No presente estudo, os fungos endofíticos potentes foram seleccionados para descobrir os agentes antimicrobianos correspondentes a partir dos seus extractos.

5.3. Materiais e métodos

5.3.1. Materiais

5.3.1.1. **Artigos de vidro:** Placas de Petri, frascos cónicos, copos, funil, tubos de ensaio, funil de separação, câmara TLC, placas. Todos os artigos de vidro acima referidos foram adquiridos à Borosil glass works limited, Mumbai.

5.3.1.2. **Solventes orgânicos:** Acetato de etilo, Metanol, Clorofórmio, Acetona. Todos os produtos químicos foram adquiridos à Hi- Media Pvt. Ltd. Mumbai

5.3.1.3. **Meios:** O caldo de dextrose de batata (PDB), o ágar nutriente e o caldo de carne foram adquiridos à Hi-Media Pvt. Ltd. Mumbai e estes meios foram também preparados no nosso próprio laboratório utilizando infusão de batatas.

Tabela: 5.1. Composição química do Ágar Dextrose de Batata (PDA)

N.º Sr.	Ingredientes	Quantidade/litro gm/lit
1	Infusão de batatas	250
2	Dextrose	20
3	pH	5.6±0.2

5.3.I.4. **Outros materiais necessários:** Agulhas de dissecação, bisturi, pinças, pinças de apreensão, lâmina, lâminas de microscópio, cotonetes Hi-Media, papéis de filtro esterilizados, frascos de amostragem, placas TLC prontas, etc.

5.3.2. Métodos

5.3.2.1. **Extração bruta:** Para a extração de metabolitos secundários brutos, a cultura completa de fungos endofíticos seleccionados foi inoculada no caldo de dextrose de batata e incubada numa incubadora com agitação a 100 rpm a 25±2⁰ C durante 21 dias. Após 21 dias, o tapete de micélio foi separado por filtragem com papel de filtro esterilizado. Em seguida, adicionou-se ao filtrado uma quantidade igual de acetato de etilo e incubou-se novamente a 100 rpm durante toda a noite. No segundo dia, a camada orgânica foi separada com a ajuda de uma ampola de decantação, mas nem todo o filtrado foi separado da camada orgânica. Por fim, a camada orgânica foi evaporada com a ajuda de um evaporador rotativo e foi recolhido um extrato bruto semi-sólido semelhante a uma goma. Estes extractos brutos foram utilizados para estudos posteriores.

5.3.2.2. Atividade antimicrobiana

A atividade antimicrobiana do extrato de endófitos fúngicos seleccionados foi avaliada contra agentes patogénicos humanos, tais como *Candida albicans* (ATCC 10231), *Escherichia coli* (ATCC 11775), *Pseudomonas aeruginosa* (ATCC 13388), *Salmonella choleraesuis* (ATCC 10708) e *S. aureus* (ATCC 6538) pelo método de difusão em disco. A concentração inibitória mínima (CIM) dos endófitos activos foi determinada pelo método de diluição em caldo.

5.3.2.3. Análise por cromatografia em camada fina (TLC)

Foram aplicados pequenos pontos de solução contendo a amostra numa placa de TLC, a cerca de 1,5 centímetros do bordo inferior. Deixou-se que o solvente evaporasse completamente para se conseguir a separação. Verter uma pequena quantidade de um solvente adequado (eluente) num copo de vidro ou num recipiente transparente de câmara adequada (câmara de separação) até uma profundidade inferior a um centímetro. Colocou-se uma tira de papel de filtro na câmara, de modo a que o seu fundo tocasse o solvente e o papel ficasse na parede da câmara, chegando quase ao topo do recipiente. O recipiente foi fechado com uma tampa de vidro e deixado durante alguns minutos para que os vapores do solvente subissem pelo papel de filtro e saturassem o ar da câmara. A placa TLC foi colocada na câmara de modo a que os pontos da amostra não tocassem a superfície do eluente na câmara e a tampa foi fechada. O solvente sobe na placa por ação capilar, encontra a mistura da amostra e transporta-a para cima da placa (elui a amostra). Quando a frente de solvente não ultrapassa a parte superior do papel de filtro na câmara, a placa é retirada e seca.

5.3.2.4. Cromatografia gasosa e análise espectroscópica de massa

5.3.2.4.1. Cromatografia gasosa: Um cromatógrafo de gás Agilent 6890 foi equipado com um injetor direto de 2 mm desativado e uma coluna Alltech EC-5 de 15 m (250 µ I.D., 0,25 µ de espessura de película). Foi utilizada uma injeção dividida para a introdução da amostra e o rácio de divisão foi definido para 10:1. O programa de temperatura do forno foi programado para iniciar a 35 °C, manter durante 2 minutos, depois aumentar a 20 °C por minuto até 260 °C e manter durante 5 minutos. O gás de transporte de hélio foi regulado para uma velocidade de 2 ml/minuto (modo How constante).

5.3.2.4.2. Espectrometria de massa

Para todas as análises, foi utilizado um espetrómetro de massa de sector magnético de dupla focagem de bancada JEOL GCmate II, funcionando em modo de ionização de electrões (El) com o software TSS-2000[1]. Os espectros de massa de baixa resolução foram adquiridos com um poder de resolução de 1000 (definição de altura de 20%) e varrimento de m/z 25 a m/z 700 a 0,3 segundos por varrimento com um atraso de 0,2 segundos entre varrimentos. Os espectros de massa de alta resolução foram adquiridos com um poder de resolução de 5000 (20% de definição da altura) e com um varrimento do íman de m/z 65 a m/z 750 a 1 segundo por varrimento. A amostra purificada foi carregada no espetrómetro de massa e submetida a vaporização. Em seguida, os componentes da amostra foram ionizados por um de vários métodos (por exemplo, por impacto com um feixe de electrões), o que resulta na formação de partículas carregadas (iões). Depois disso, os iões disponíveis foram separados de acordo com a sua relação massa/carga num analisador por campos electromagnéticos. Por último, com a ajuda de um detetor, os iões foram detectados por um método quantitativo e os sinais dos iões foram processados em espectros de massa para análise posterior.

5.3.2.4.3. Pesquisa na biblioteca de espetrometria de massa

Após a análise dos espectros e para a identificação dos compostos bioactivos dos extractos purificados, os espectros foram comparados com os espectros de massa do banco de dados da biblioteca V 11 do National Institute of Standards and Technology (NIST) fornecida pelo software do instrumento e os melhores componentes foram destacados.

5.3.2.4.4. Identificação de componentes bioactivos

Após o cromatograma de iões totais (TIC), os componentes foram identificados através da comparação dos espectros de massa com os espectros padrão disponíveis na biblioteca MS. A biblioteca VII do National Institute of Standards and Technology (NIST) foi utilizada para a identificação da composição química e também com base na comparação dos seus índices de retenção e espectros de massa, bem como da literatura disponível em vários artigos.

5.4. Resultados e discussão

5.4.1. Atividade antimicrobiana

As actividades antimicrobianas dos extractos de fungos endofíticos seleccionados foram analisadas contra agentes patogénicos humanos, tais como *Candida albicans* (ATCC 10231), *Escherichia coli* (ATCC 11775), *Pseudomonas aeruginosa* (ATCC 13388), *Salmonella choleraesuis* (ATCC 10708) e *S. aureus* (ATCC 6538) pelo método de difusão em disco. Um total de 37 fungos endofíticos diferentes, como *Nigrospora*, *Helminthosporium*, *Pestalotia*, *Phoma*, *Alternaria* e *Colletotrichum*, representativos de cada grupo do mesmo género, foram seleccionados para avaliação da atividade antimicrobiana contra agentes patogénicos humanos seleccionados. Durante o estudo, verificou-se que alguns endófitos apresentaram uma zona de inibição máxima, enquanto outros demonstraram uma zona de inibição mínima contra organismos de teste. A concentração inibitória mínima (CIM) foi determinada pelo método de diluição em caldo dos endófitos que exibiram uma atividade significativa contra os organismos testados.

5.4.2. Purificação de compostos bioactivos a partir de extração bruta por TLC

A purificação dos potentes compostos bioactivos dos extractos brutos endofíticos seleccionados foi realizada com a ajuda de Cromatografia de Camada Fina (TLC). A combinação da fase móvel foi de clorofórmio, acetato de etilo e metanol com uma proporção de (9:0,9:0,1). Os diferentes solventes (polar baixo, médio e alto) foram seleccionados para a purificação de compostos bioactivos potentes a partir de crude. Além disso, no presente estudo, foram utilizados diferentes solventes, dependendo da sua polaridade e com rácios variados, para a purificação dos compostos. As combinações de solventes, tais como clorofórmio, acetato de etilo, metanol com uma relação de (9:0,9:0,1), clorofórmio e acetato de etilo com uma relação de (9:1), hexano e acetato de etilo com uma relação de (8:2), petróleo, acetona e etanol com uma relação de (8:1:1) foram realizadas para a purificação de compostos. Entre as combinações acima referidas, apenas a combinação de clorofórmio, acetato de etilo e metanol com uma razão de (9:0,9:0,1) foi considerada a melhor fase móvel para a purificação de compostos bioactivos para todos os extractos endofíticos seleccionados.

Os endófitos que mostraram uma atividade significativa contra agentes patogénicos humanos seleccionados foram caracterizados quanto aos metabolitos secundários responsáveis pela atividade antimicrobiana. A caraterização dos extractos endofíticos seleccionados foi efectuada por Cromatografia em Camada Fina (CCF), Cromatografia Líquida de Alta Eficiência (HPLC) e Espectroscopia de Massa por Cromatografia Gasosa (GCMS).

5.4.3. Caracterização de metabolitos secundários de extractos de *Nigrospora oryzae*

5.4.3.I. Griseofulvina

A atividade antimicrobiana dos extractos obtidos a partir do fungo endofítico *N. oryzae* isolado de *Emblica officinalis* foi analisada contra fungos patogénicos humanos como *C. albicans* (ATCC 10231) e bactérias como *E. coli* (ATCC 11775), *Pseudomonas aeruginosa* (ATCC 13388), *Salmonella choleraesuis* (ATCC 10708) e *S. aureus* (ATCC 6538), que mostraram uma atividade significativa. A zona máxima de inibição dos extractos foi contra *E. coli* (17,36 mm) seguida por *S. choleraesuis* (15,46 mm), *C. Albicans* (15,16 mm), *S. aureus* (14,56 mm) e *P. aeruginosa* (14,53 mm) **(Tabela 5.2).** A concentração inibitória mínima (CIM) foi de 1 mg/mL.

Após a atividade antimicrobiana, a purificação de compostos bioactivos potentes foi realizada a partir do extrato bruto. A caraterização do novo agente antimicrobiano foi analisada por espetroscopia de massa. Verificou-se que o *N. oryzae* endofítico isolado de *E. officinalis produziu* Griseofulvina, um composto antifúngico. Os espectros de massa foram registados em$_R$ =31,856 min à temperatura ambiente. O extrato mostrou a presença de griseofulvina no primeiro cromatograma com um tempo de retenção relativo (31,856 min) **(Figura 5.1)**. A análise completa dos espectros de massa revelou-se complexa, mas o pico principal monocarregado a *m/z* 352 pôde ser detectado como a principal diferença entre a fração ativa e as outras. O espetro de massa de *N. oryzae* endofítico foi analisado e observado a tR = 29,607 min, tal como (2 ', 4, 6-trimetoxi-6'-metil-espiro [benzofurano-2 (3H), 1'-[2] ciclohexeno] -3, 4'-diona) e abundância com tR = 31,856 min. Por conseguinte, as fracções ou compostos acima referidos são designados em conjunto por griseofulvina **(figura 5.1)**. Além disso, a confirmação do composto de griseofulvina foi efectuada por comparação com os espectros de compostos de griseofulvina padrão. Verificou-se que o valor de massa da griseofulvina padrão e dos extractos detectados se sobrepõem.

No presente estudo, foram observados resultados semelhantes aos registados por Xia *et al.* (2011) e Xhao *et al.* (2012). Também analisaram o extrato de espécies de *Nigrospora* endofíticas e descobriram a presença de Griseofulvina, Dechlorogriseofulvina, Bostrycin e Deoxybostrycin.

Tabela: 5.2. Atividade antimicrobiana de extractos de *Nigrospora oryzae* produtores de Griseofulvina

Sr. Não.	Organismos de teste	Zona de inibição (mm)*			
		Extractos (mm)	**Antibióticos (mm)**	**Antibióticos+Extrato (mm)**	**Controlo (mm)**
1	*C. albicans* (ATCC 10231)	15.16±0.28	17.3±0.20	21.33±0.35	0
2	*E. coli* (ATCC 11775)	17.36±0.35	16.4±0.45	23.33±0.30	0
3	*P. aeruginosa* (ATCC 13388)	14.53±0.32	16.46±0.30	20.43±0.45	0
4	*Salmonella choleraesuis* (ATCC 10708)	15.46±0.15	19.20±0.26	23.23±0.20	0
5	*S. aureus* (ATCC 6538)	14.56±0.32	12.30±0.30	22.43±0.37	0

O diâmetro do disco é de 6 mm. Todos os valores são médias ±desvio-padrão P<0,05.

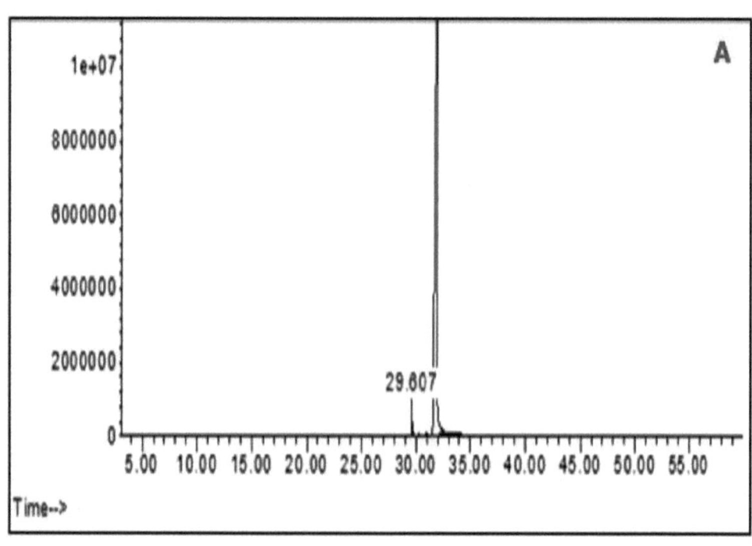

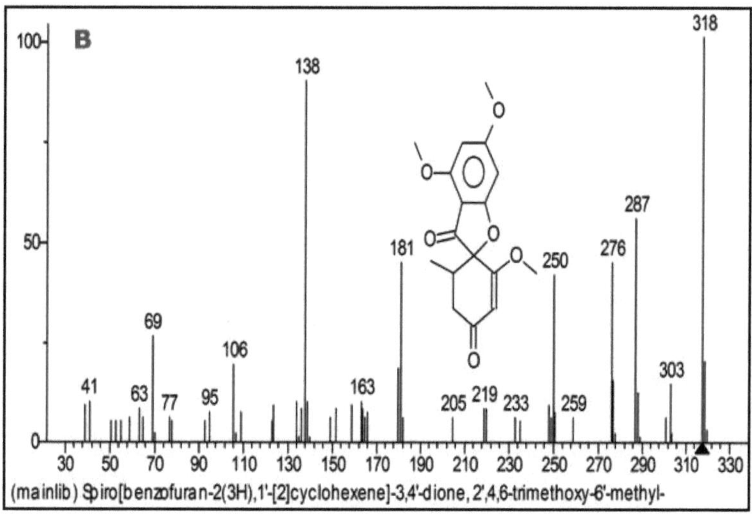
(mainlib) Spiro[benzofuran-2(3H),1'-[2]cyclohexene]-3,4'-dione, 2',4,6-trimethoxy-6'-methyl-

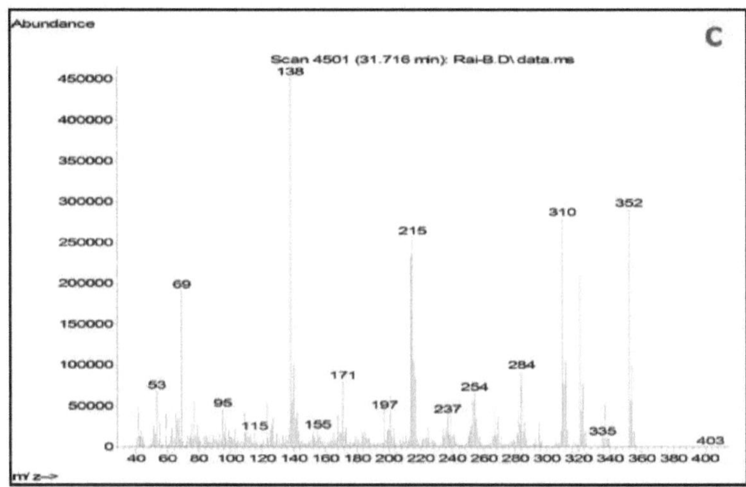

Figura: 5.1. Espectro de massa da *Nigrospora oryzae* endofítica isolada da análise de *Emblica officinalis* em RT = 29.607 min como A=Cromatograma de iões totais do extrato, B=Espectro padrão de Griseofulvina no valor de massa *m/z* 352, de (2', 4, 6-trimetoxi-6'-metil-espiro [benzofuran-2 (3H), 1'-[2] ciclohexeno] -3, 4'-diona), C=Espectro de massa do extrato de *N. oryzae* detectou a presença de Griseofulvina em *m/z* 352.

5.4.4. Caracterização do metabolito secundário de extractos de espécies de *Nigrospora*

A atividade antimicrobiana dos extractos de *Nigrospora* sp. isolada de *C. asiatica* mostrou a zona de inibição mais elevada contra *E. coli* (14,53 mm) seguida por *S. choleraesuis* (13,60 mm), *P. aeruginosa* (13,30 mm), *C. albicans* (12,33 mm), *S. aureus* (11,63 mm) e **(Tabela 5.3)**. A concentração inibitória mínima (CIM) foi de 1,5 mg/mL.

O cromatograma iónico total (TIC) do GCMS mostrou um total de 9 picos, ou seja, 100% do cromatograma com diferentes tempos de retenção (RT), o que representa os diferentes tipos de compostos presentes nos extractos. Os picos, tais como o pico 1 no tempo de retenção 10,6, o pico 2 no tempo de retenção 11,38, o pico 3 no tempo de retenção 11,68, o pico 4 no tempo de retenção 12, o pico 5 no tempo de retenção 12,5, o pico 6 no tempo de retenção 13,32, o pico 7 no tempo de retenção 13,62, o pico 8 no tempo de retenção 14,73 e o pico 9 no tempo de retenção 16,25 foram obtidos durante o TIC **(Figura 5.2)**. Os resultados dos compostos pertencentes às fracções GC do extrato de acetato de etilo de espécies de *Nigrospora* endofíticas foram identificados por espetrometria de massa com GC.

Tabela: 5.3. Atividade antimicrobiana de extractos de *Nigrospora* sp. isolados de *C. asiatica*

Sr. Não.	Organismos de teste	Zona de inibição (mm)			
		Extractos (mm)	Antibióticos	Antibióticos	Controlo

			(mm)	+Extrato (mm)	(mm)
1	*C. albicans* (ATCC 10231)	12.33±0.30	18.23±0.20	19.90±0.10	0
2	*E. coli (*ATCC 11775*)*	14.53±0.25	15.10±0.10	21.30±0.30	0
3	*P. aeruginosa* (ATCC 13388)	13.30±0.26	17.56±0.49	20.10±0.10	0
4	*Salmonella choleraesuis* (ATCC 10708)	13.60±0.26	18.23±0.20	21.23±0.20	0
5	*5. aureus* (ATCC 6538)	11.63±0.15	15.23±0.20	22.20±0.26	0

Todos os valores são médias ±desvio-padrão P<0,05

O diâmetro do disco é de 6 mm.

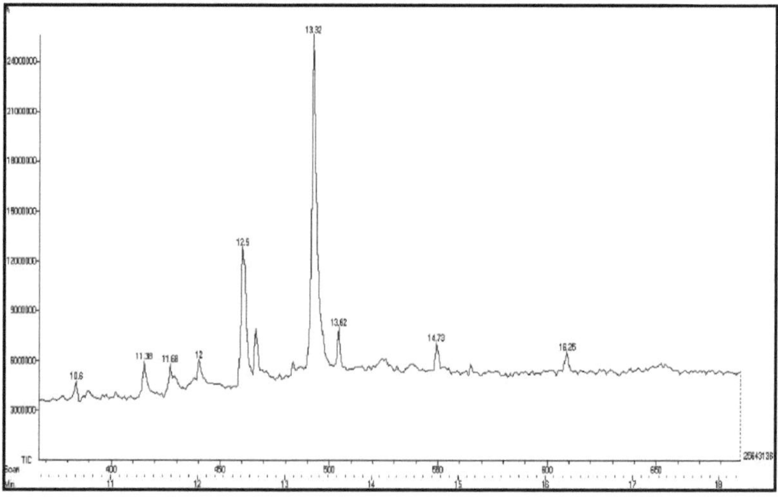

Figura: 5.2. Cromatograma de iões totais de extractos do fungo endofítico *Nigrospora* isolado de *Centella asiatica* que mostra um total de nove picos diferentes em diferentes tempos de retenção de diferentes compostos.

5.4.4.I. Acetonido de triamcinolona

Após o cromatograma de iões totais, os picos foram caracterizados para a deteção de compostos prováveis nos espectros de massa em que o TIC 4769392, 8003024 e 7095840 a base foi de 16,4%, 76% e 56,1% e os espectros foram registados no tempo de retenção 10,6, 13,62 e 14,73 min. Durante o rastreio, foram detectados diferentes picos com diferentes pesos moleculares por alta resolução, mas o pico principal monocarregado a 375,2322 pode detetar o composto acetonido de triancinolona como a principal diferença entre a fração ativa e as outras. Os espectros de RT=10,6,13,62 e 14,73 com 375,2322 de peso molecular foram comparados com os espectros padrão do acetonido de triancinolona e observou-se que os espectros actuais se sobrepunham aos espectros padrão disponíveis na biblioteca NIST e confirmaram o composto como acetonido de triancinolona com 375,2322 de peso molecular. No presente estudo, observou-se um único composto (acetonido de triancinolona) com tempos de retenção diferentes, como RT=10,6, 13,62 e 14,73 e valor de massa semelhante **(Figura 5.3)**. Geralmente, o acetonido de triancinolona é utilizado em várias doenças oculares e é útil na redução do edema macular, incluindo a catarata e o glaucoma. No presente estudo, os resultados mostraram a semelhança com os relatórios de Shoji (1991). Há um número menor de relatórios para os compostos acima de fungos endofíticos.

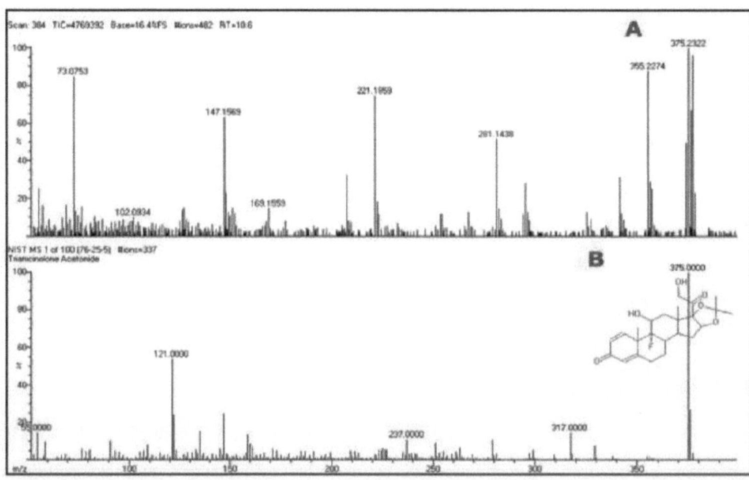

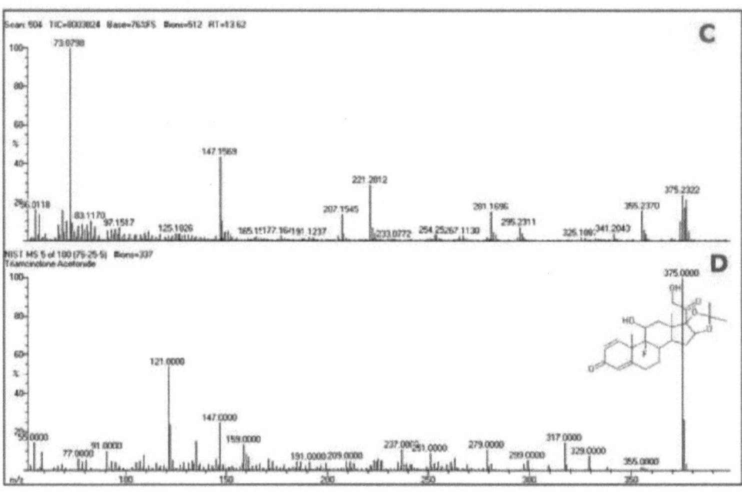

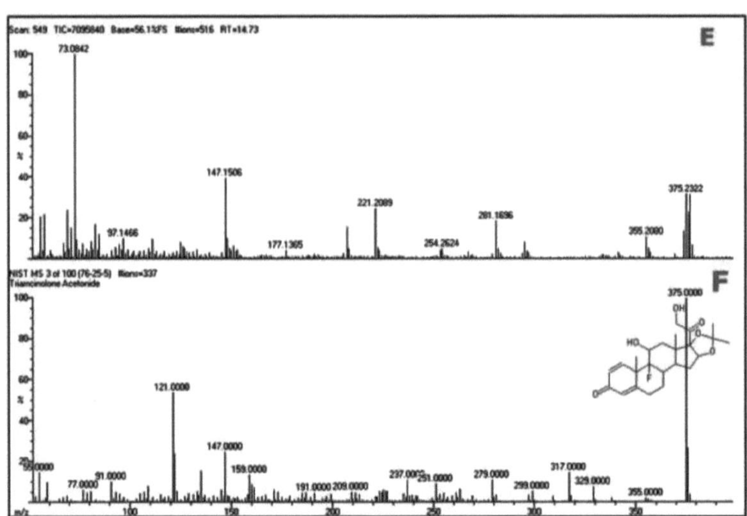

Figura: 5.3. Espectro de massa do extrato do fungo endofítico *Nigrospora* sp. isolado de *C. asiatica* que mostra a presença de A, C, E=acetonido de triancinolona no tempo de retenção = 10,6, 13,62, 14,73 com valor de massa 375,2322, B, D, F=espetro padrão de acetonido de triancinolona.

5.4.4.2. Bis[2-cloro-4-etoxifenil] sulfona

O segundo pico de TIC, ou seja, o pico de 11,38 de tempo de retenção com 55,1% de base, foi selecionado em alta resolução e observou-se a presença de "Bis [2-cloro-4-etoxifenil]sulfona" a 11,38 RT. O composto Bis [2-cloro-4-etoxifenil] sulfona é conhecido como 2-cloro-1-(2-cloro-4-etoxifenil)sulfonil-4-etoxibenzeno. A sua fórmula molecular é $C_{16}H_{16}CI_2O_4S$ e peso molecular 375,2123. Além disso, para confirmação, o espetro atual da bis[2-cloro-4-etoxifenil] sulfona foi comparado com o espetro padrão da bis[2-cloro-4-etoxifenil] sulfona, disponível na biblioteca do NIST, e confirmou que o composto é bis[2-cloro-4-etoxifenil] sulfona **(Figura 5.4).**

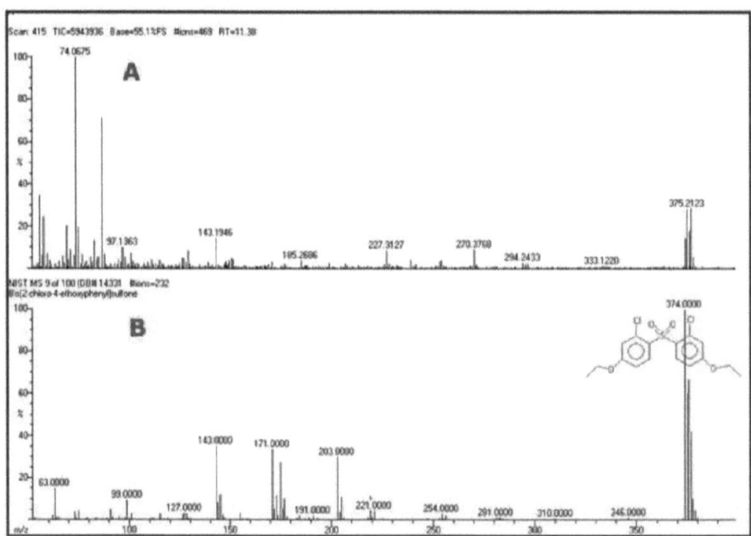

Figura: 5.4. Espectro de massa do extrato do fungo endofítico *Nigrospora* sp. isolado de *C. asiatica* que mostra a presença de A= tempo de retenção de Bis [2-cloro-4-etoxifenil]sulfona a 11,38 com 375,2123 de peso molecular, B=espetro padrão de Bis[2- cloro-4-etoxifenil] sulfona.

5.4.4.3. Biciclo [4.1.0] hepta 2,4-dieno, 2,3,4,5-tetraquis(metoximetil)-7-7- difenil

O primeiro TIC foi analisado em 5800144 com 25,8% de base. Durante a varredura TIC, o pico foi observado como Biciclo [4.1.0] hepta 2,4-dieno, 2,3,4,5-tetrakis(metoximetil)-7-7-difenil em *m/z* 375,2421 peso molecular com 11,68 tempo de retenção **(Figura 5.5)**. O nome sistemático do presente composto é também conhecido como 2,3,4,5-Tetraquis (metoximetil)-7,7-difenilbiciclo[4.1.0]hepta-2,4-dieno. Além disso, o presente composto foi também confirmado através da comparação dos espectros do biciclo[4.1.0]hepta 2,4-dieno,2,3,4,5-tetraquis (metoximetil)-7-7-difenil, disponível na biblioteca NIST, que apresentou um pico no valor de massa *m/z* 375,0000 **(Figura).**

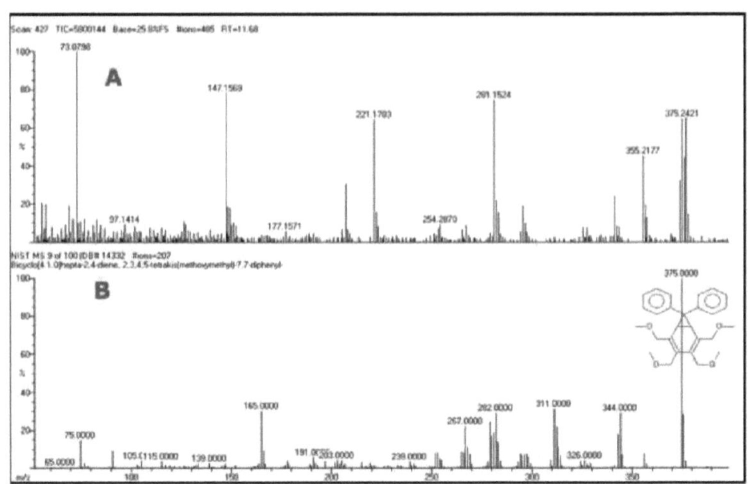

Figura: 5.5. Espectro de massa do extrato do fungo endofítico *Nigrospora* sp. isolado de *C. asiatica* que mostra a presença de A= Biciclo [4.1.0] hepta 2,4-dieno,2,3,4,5-tetraquis(metoximetil)-7-7-difenilo a *m/z* 375.2421 com um tempo de retenção de 11,68 e um valor de massa de 375,2421 B=Espectro-padrão do 2,4-dieno,2,3,4,5-tetraquis(metoximetil)-7-7-difenilo do Biciclo [4.1.0] hepta.

5.4.4.4. "7-chloro-3-[3,4-dichorophenyl]-l,10-dihydro-l,10-dihydroxy-9[2H] acridinone"

O TIC de 6061568 com 21,6% de base, um pico acentuado foi observado no tempo de retenção 12.00. O pico agudo foi ampliado em alta resolução e o composto "7-cloro-3-[3,4-dicorofenil]-l,10-dihidro-l,10-dihidroxi-9[2H] acridinona" foi detectado com *m/z* 377,2519 de peso molecular a 12 RT **(Figura 5.6).** Os espectros padrão da "7-cloro-3-[3,4-dicorofenil]-l,10-di-hidro-l,10-di-hidroxi-9[2H] acridinona" foram comparados com os espectros actuais e verificou-se que os espectros actuais apresentavam uma semelhança de peso molecular com o padrão. De acordo com a pesquisa bibliográfica, observou-se que o presente composto, ou seja, "7-cloro-3-[3,4-dicorofenil]-l,10-di-hidro-l,10-di-hidroxi-9[2H] acridinona", não foi registado em nenhum tipo de endófito.

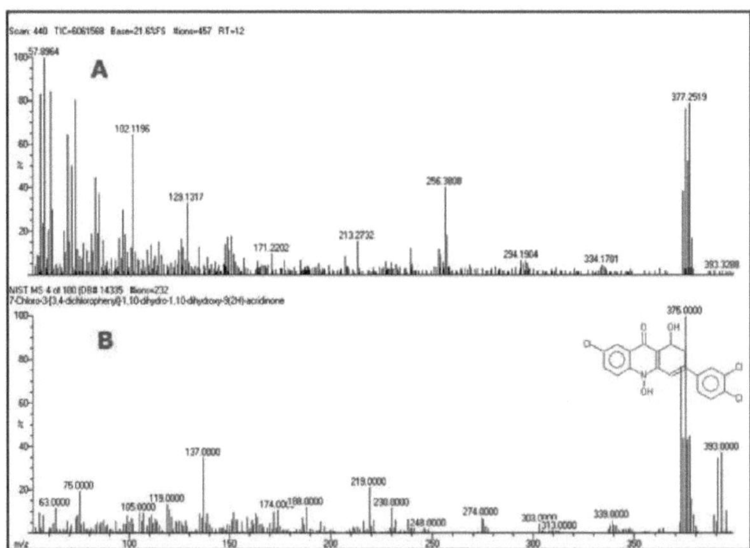

Figura: 5.6. Espectro de massa **do** extrato do fungo endofítico *Nigrospora* sp. isolado de *C. asiatica* que mostra a presença de A= 7-cloro-3-[3,4-dicorofenil] -1,10- dihidro-1,10-dihidroxi-9[2H] acridinona a *m/z* 377.2519 no tempo de retenção 12, B=Espectro-padrão da 7-cloro-3-[3,4-dicorofenil]-1,10-di-hidro-1,10-di-hidroxi-9[2H] acridinona.

5.4.4.5. Oxacicloheptadec-8-en-2-ona:

O pico com um tempo de retenção de 12,5 e uma base de 72 % do cromatograma de iões totais (12822432) revelou a presença de "Oxacycloheptadec-8-en-2-one" a *m/z* 253,2546 **(Figura: 5.7).** Os sinónimos de "Oxacycloheptadec-8-en-2-one" são: ambrette almiscarado; Ambrettolid; Ambrettolide; Musk ambrette, natural; Musk natural; Oxacycloheptadec-8-en-2-one, (Z)-; Natural musk ambrette; (Z)-7-Hexadecen-16-olide; 16-Hydroxy-7-hexadecenoic acid lactone, cis-; hexadec-7-en-16-olide. A sua fórmula molecular é $C_{16}H_{28}O_2$. Para a confirmação do composto "Oxacycloheptadec-8-en-2-one", este foi comparado com os espectros padrão de Oxacycloheptadec-8-en-2-one e observou-se que estava associado aos espectros padrão de Oxacycloheptadec-8-en-2-one disponíveis na biblioteca NIST.

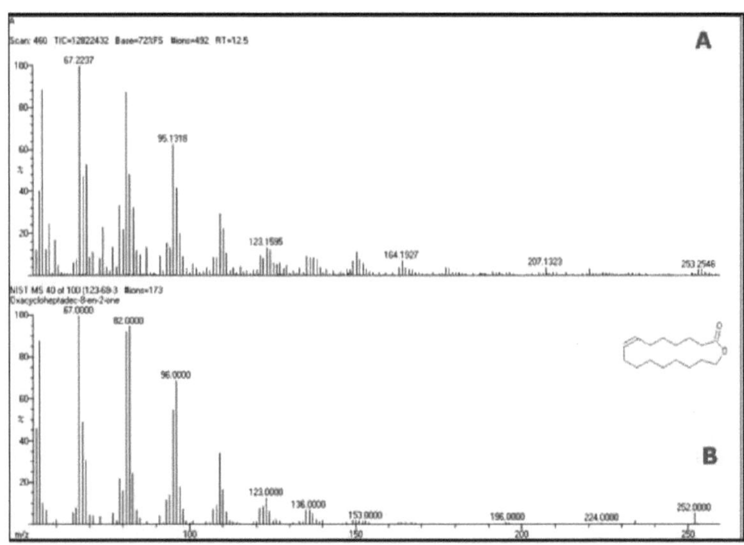

Figura: 5.7. Espectro de massa **do** extrato do fungo endofítico *Nigrospora* sp. isolado de *C. asiatica* que mostra a presença de A= Oxacicloheptadec-8-en-2-ona no valor de massa *m/z* 253,2546 no tempo de retenção 12,5, B=Espectro padrão de Oxacicloheptadec-8-en-2-ona.

5.4.4.6. Epóxido de trans-Z-a-Bisaboleno

O pico agudo de 13,32 RT de TIC foi selecionado em alta resolução no GCMS para descobrir o composto viável. Assim, o pico foi ampliado e fraccionado em vários picos e, finalmente, os compostos do "epóxido de trans-Z-a-Bisaboleno" foram determinados com peso molecular *m/z* 219,3202 **(Figura 5.8)**. Os sinónimos do epóxido de trans-Z-a-Bisaboleno, também conhecido como AC1NSH14, epóxido de trans-Z-.alfa.-Bisaboleno, 6-metil-3- [(2Z)-6-metil-hepta-2,5-dien-2-il]-7-oxabiciclo [4.1.0] heptanos e a fórmula molecular é $C_{15}H_{24}O$ com 220,3505 de massa molecular. Brezot *et al.* (1994) afirmaram que o epóxido de trans-Z-α-Bisaboleno é o principal componente da feromona sexual masculina em *Nezara viridula* (L.). Adicionalmente, para a confirmação do presente composto, os espectros foram comparados com os espectros padrão do epóxido de trans-Z-α-Bisaboleno e verificou-se que são os mais próximos no seu peso molecular e, por fim, confirmou-se o composto como epóxido de trans-Z-α-Bisaboleno.

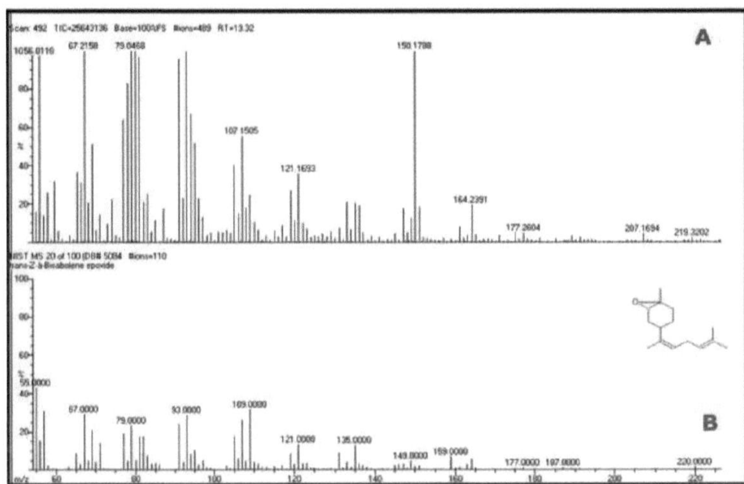

Figura: 5.8. Espectro de massa **do** extrato do fungo endofítico *Nigrospora* sp. isolado de *C. asiatica* que mostra a presença de A= epóxido de trans-Z-α-Bisaboleno a *m/z* 219,3202 valor de massa a 13,32 tempo de retenção, B=espetro padrão de epóxido de trans-Z-α-Bisaboleno.

5.4.4.7. 2-Metoxi-l, 3, 2-tiozina)(5,10,9) androstan-3,17 diona

A partir do TIC dos extractos, o composto 2-Metoxi-L,3,2-tiozina)[5,10,9]androstan-3,17-diona foi detectado no tempo de retenção 16,25 com o valor de massa *m/z* 375,2421 **(Figura).** A fórmula molecular da 2-metoxi-L,3,2-tiozina)[5,10,9]androstan-3,17-diona é $C_{21}H_{29}NO_3S$. Quando o presente composto foi confirmado com os espectros padrão de (2-Metoxi-L,3,2-tiozina)[5,10,9]androstan-3,17-diona, disponíveis na biblioteca NIST, observou-se que havia semelhança no seu peso molecular, como se mostra na **Figura 5.9.** Assim, o composto foi considerado como 2-metoxi-l,3,2-tiozina)[5,10,9]androstan-3,17-diona.

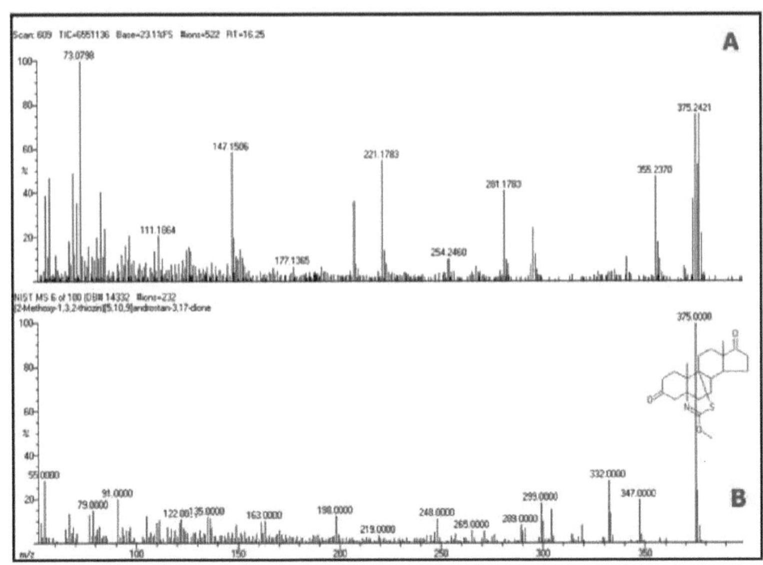

Figura: 5.9. Espectro de massa do extrato do fungo endofítico *Nigrospora* sp. isolado de *C. asiatica* que mostra a presença de A= 2-Metoxi-L, 3, 2-tiozina) [5,10,9]androstan-3,17-diona a *m/z* 375. 2421massa no tempo de retenção 16,25, B=Espectro padrão de 2-Metoxi-L,3,2-tiozina)[5,10,9]androstan-3,17-diona.

5.4.5. Seleção de metabolitos secundários de *Phoma* sp. endofítico isolado de *Withania somnífera*

A atividade antimicrobiana dos extractos de *Phoma* sp endofítico isolado de *W. somnífera* foi realizada contra agentes patogénicos humanos como *E. coli, P. aeruginosa, S. choleraesuis* e *S. aureus* pelo método de difusão em disco. A atividade máxima foi encontrada contra *E. coli* (18.43mm) seguida por *S. choleraesuis* (16.26), *S. aureus* (15.40) e *P. aeruginosa* (15.23) **(Tabela 5.4).**

Tabela: 5. 4. Atividade antibacteriana de diferentes *Phoma* sp. isolados de plantas *de W. somnifera* contra agentes patogénicos humanos

Sr. Não.	Organismos de teste	Zona de inibição (mm)			
		Extractos (mm)	Antibióticos (mm)	Antibióticos +Extrato (mm)	Controlo (mm)
1	*E. coli* (ATCC 11775)	18.43±0.15	22.23±0.15	23.16±0.15	0
2	*P. aeruginosa* (ATCC 13388)	15.23±0.11	20.46±0.15	20.50±0.10	0
3	*Salmonella choleraesuis*	16.26±0.25	21.26±0.25	21.36±0.20	0

	(ATCC 10708)				
4	*S. aureus* (ATCC 6538)	15.40±0.10	19.53±0.15	20.30±0.26	0

Todos os valores são médias ± desvio padrão P<0,05. O diâmetro do disco é de 6 mm.

De acordo com os resultados da atividade antimicrobiana, os extractos foram submetidos a cromatografia gasosa e espetroscopia de massa (GCMS). O cromatograma de iões totais (TIC) (100%) foi analisado e foram encontrados 8 picos com diferentes tempos de retenção (RT). Os tempos de retenção dos espectros de varrimento total foram o pico 1 em RT 12,22, o pico 2 em RT 14,3, o pico 3 em RT 16,33, o pico 4 em RT 16,78, o pico 5 em RT 17,28, o pico 6 em RT 17,98, o pico 7 em RT 18,97 e o pico 8 em RT 19,8 **(Figura 5.10).**

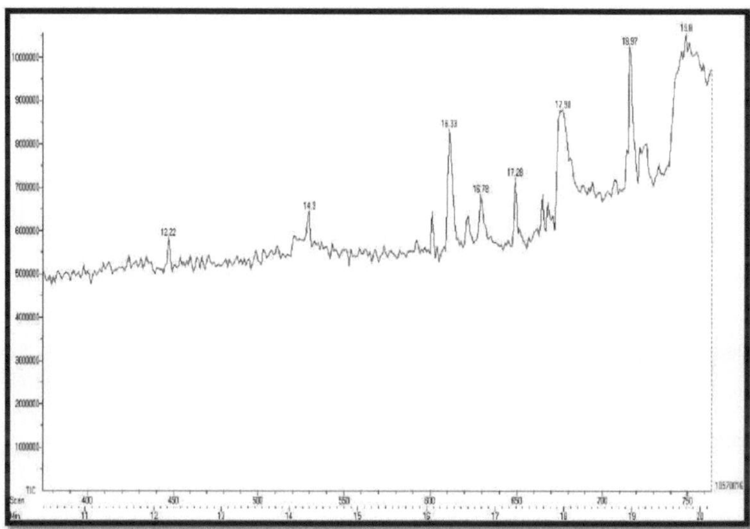

Figura: 5.10. O cromatograma de iões totais dos extractos de *Phoma* sp. endofítico isolado de *W. somnífera* analisado por GCMS mostra um total de 8 picos diferentes em diferentes tempos de retenção.

5.4.5.I. Piridina-3-carboxamida, 6-cloro-4-trifluorometil-N-[2,4-dicloeo-6-metilbenzil]-N-metil-

O primeiro pico de TIC foi selecionado em alta resolução para detetar os componentes prováveis presentes nos extractos. Quando o pico estava em alta resolução, mostrou a presença do composto Piridina-3-carboxamida, 6-cloro-4-trifluorometil-N-[2,4-dicloeo-6-metilbenzil]-N-metil, que foi detectado a 14,72 RT com valor de massa *m/z* 375,2222. O presente composto foi confirmado por comparação com os espectros padrão da piridina-3-carboxamida, 6-cloro-4-trifluorometil-N-[2,4-dicloeo-6-metilbenzil]-N-metil-.

O peso molecular do presente composto e da piridina-3-carboxamida padrão, 6- cloro-4-

trifluorometil-N-[2,4-dicloeo-6-metilbenzil]-N-metil-, foi considerado semelhante **(Figura 5.11).**

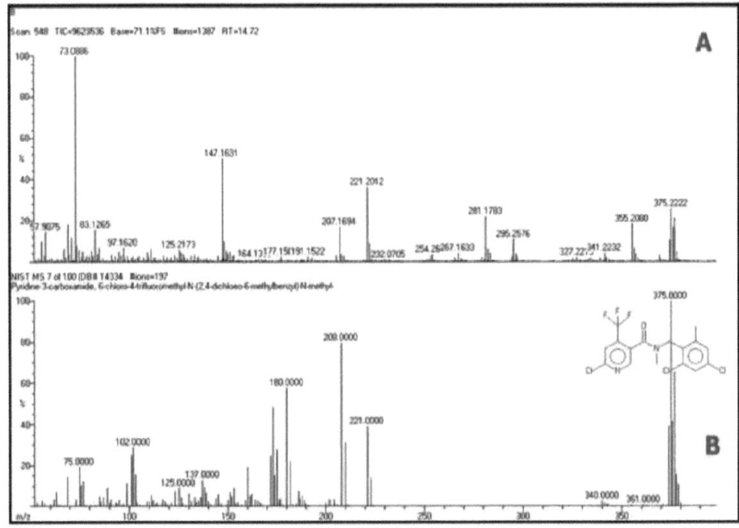

Figura: 5.11. Espectro de massa **do** extrato de *Phoma* sp. endofítico isolado de *W. somnífera* mostra a presença de A= Piridina-3-carboxamida,6-cloro-4- trifluorometil-N-[2,4-dicloeo-6-metilbenzil]-N-metil-em *m/z* 375.2222 com um tempo de retenção de 14,72, B= Espectro padrão de piridina-3-carboxamida,6-cloro-4-trifluorometil-N-[2,4-dicloeo-6-metilbenzil]-N-metil-.

5.4.5.2. 6-metil-2- 4-bromofenil -7-fenil metil indolizina

Após a varredura completa, o pico de 10,55 RT do TIC foi capturado para alta resolução e ampliado em diferentes fracções de acordo com o seu peso molecular. Simultaneamente, foi determinado o composto "6-metil-2- 4-bromofenil -7-fenilmetilindolizina" em *m/z* 377,2519 com 10,55 RT **(Figura 5.12).** Em seguida, os espectros do presente composto foram sobrepostos aos espectros padrão de 6-metil-2- 4-bromofenil -7-fenilmetilindolizina da biblioteca NIST e verificou-se uma semelhança entre o peso molecular do presente composto e dos compostos padrão. Por conseguinte, o presente composto foi confirmado como "6-metil-2- 4-bromofenil -7-fenil metil indolizina".

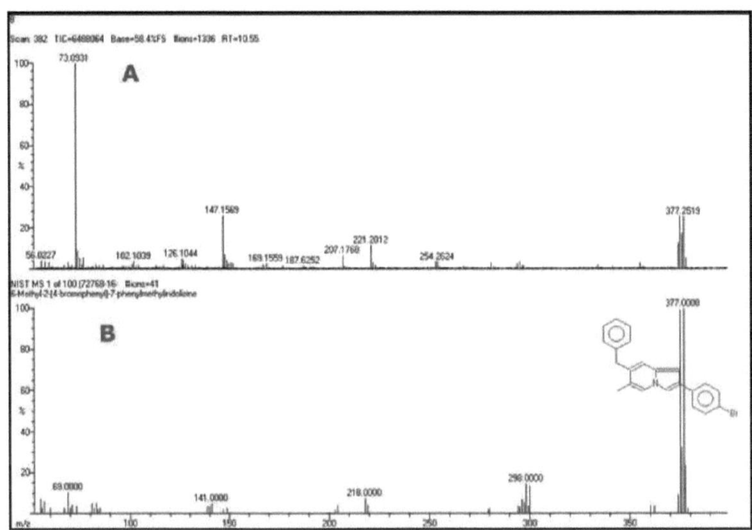

Figura: 5.12. Espectro de massa do extrato de *Phoma* sp. endofítico isolado de *W. somnífera* mostra a presença de A= 6-metil-2- 4-bromofenil -7-fenil metil indolizina a *m/z* 377,2519 a 10,55 e 377,2419 a 11,73 RT, B= Espectro padrão de 6-metil-2- 4-bromofenil -7-fenil metil indolizina.

5.4.5.3. "androstan-17-ona 3-etil-3-hidroxi (5a)-"

O outro composto que é "androstan-17-ona 3-etil-3-hidroxi- (5à)-" foi detectado a *m/z* 298,2576 com peso molecular de 13,33 RT **(Figura 5.13).** O composto androstan-17-ona 3-etil-3-hidroxi (5à)-" também é conhecido como 3-etil-3-hidroxi-10,13-dimetil-2,4,5,6,7,8,9,ll,12,14,15,16-dodeca-hidro-lH-ciclopenta [a]fenantreno-17-ona, 3-etil-3-hidroxiandrostan-17-ona, Androstan-17-ona, 3-etil-3-hidroxi, (5.alfa.)-. É relatado que a androstan-17-ona 3-etil-3-hidroxi- (5à)-" é utilizada como agente neuroactivo, analgésico e anestésico. A comparação do peso molecular e do tempo de retenção do presente composto foi avaliada com os espectros padrão da androstan-17-ona 3-etil-3-hidroxi- (5à)- e foi considerada a mais próxima uma da outra. Os resultados actuais da "androstan-17-ona 3-etil-3-hidroxi- (5à)-" foram considerados semelhantes aos resultados comunicados por Kalaivani *et al.* (2012).

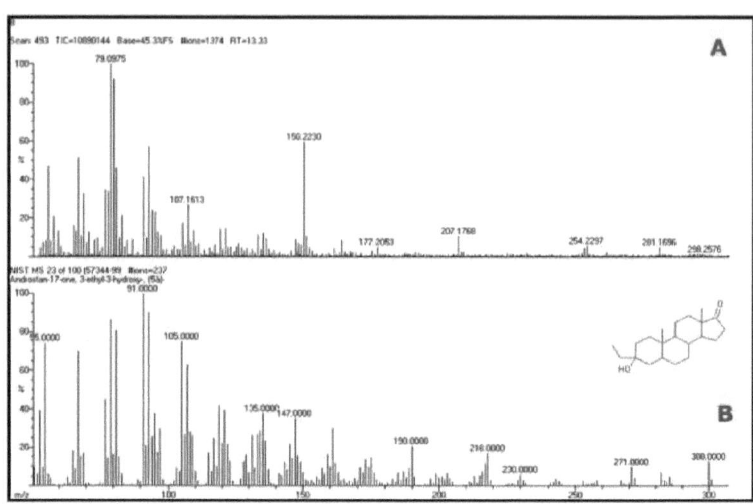

Figura: 5.13. O espetro de massa do extrato de *Phoma* sp. endofítico isolado de *W. somnífera* mostra; A= androstan-17-ona 3-etil-3-hidroxi (5a)- com *m/z* 298,2576 a 13,33 RT, B= espetro padrão de androstan-17-ona 3-etil-3-hidroxi (5à)-.

5.4.5.4. "Dasycarpidan-l-methanol, acetato (éster)"

No presente estudo, o "Dasycarpidan-l-methanol, acetato (éster)" com *m/z* 295,2399 de peso molecular foi detectado a 13,58 RT com 68,1 percentagem de base. A fórmula molecular do Dasycarpidan-l-methanol, acetato (éster) é $C_{20}H_{26}N_2O_2$. A melhor correspondência para o presente componente foi confirmada comparando os seus espectros GCMS com os espectros padrão de Dasycarpidan-l-methanol, acetato (éster) que estava disponível na biblioteca da base de dados NIST **(Figura 5.14)**.

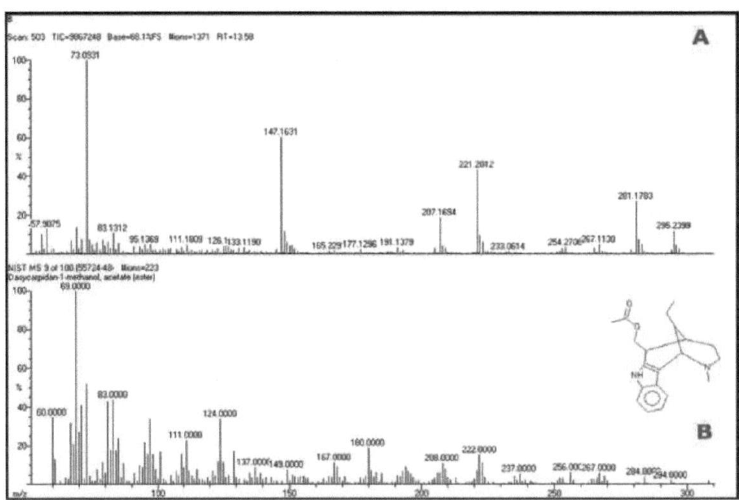

Figura: 5.14. Espectro de massa **do** extrato de *Phoma* sp. endofítico isolado de *W. somnífera* mostra a presença de A= Dasycarpidan-l-metanol, acetato (éster) a *m/z* 295.2399 a 13.58 RT, B= Espectro padrão de Dasycarpidan-l-metanol, acetato (éster).

5.4.5.5. Acetonido de triamcinolona

No presente estudo, o composto acetonido de triancinolona foi extraído de dois fungos endofíticos, *Nigrospora* e *Phoma* sp., com peso molecular semelhante *m/z* 254,2214, mas os seus RT (10,6, 18,25) foram diferentes **(Figura 5.15)**. A diferença entre os seus tempos de retenção pode dever-se à disponibilidade de diferentes derivados de acetonido de triancinolona.

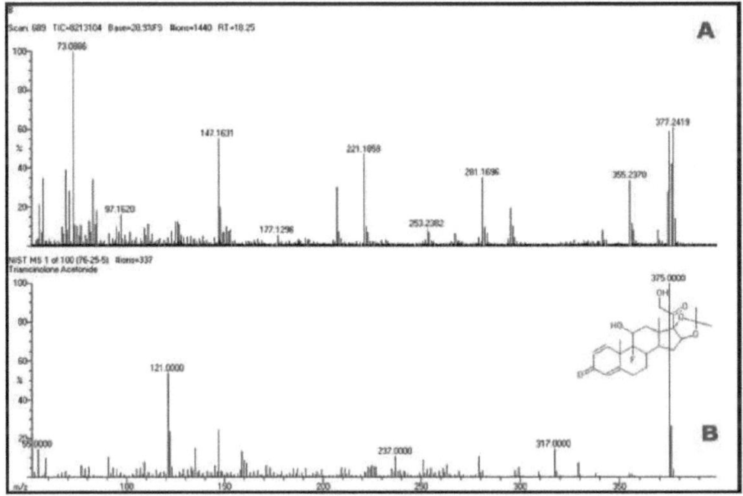

Figura: 5.15. Espectro de massa do extrato de *Phoma* sp. endofítico isolado de *W. somnífera*

mostra a presença de A= Triamcinolona acetonida com *m/z* 377,2419 valor de massa a 18,25 RT, B= Espectro padrão deTriamcinolona acetonida biblioteca NIST.

5.4.5.6. N-(4,6-Dimetoxinaftalen-l-il)metileno)-2,5-dicloro-4-hidroxifenilamina

O pico com um tempo de retenção de 11,38 determinou o componente com melhor correspondência como "N-(4,6- Dimetoxinaftalen-l-il) metileno)-2,5-dicloro-4-hidroxifenilamina" com 375,2123 de peso molecular **(Figura 5.16)**. Os componentes actuais são também conhecidos como 2, 6-dicloro-4-[(4,6-dimetoxinaftalenil-l-il) metilidenoamino] fenol. O RT e o peso molecular foram comparados com os espectros padrão de N-(4,6- Dimetoxinaftalenil-l-il)metileno)-2,5-dicloro-4-hidroxifenilamina da biblioteca NIST, que encontrou semelhança em ambos os espectros.

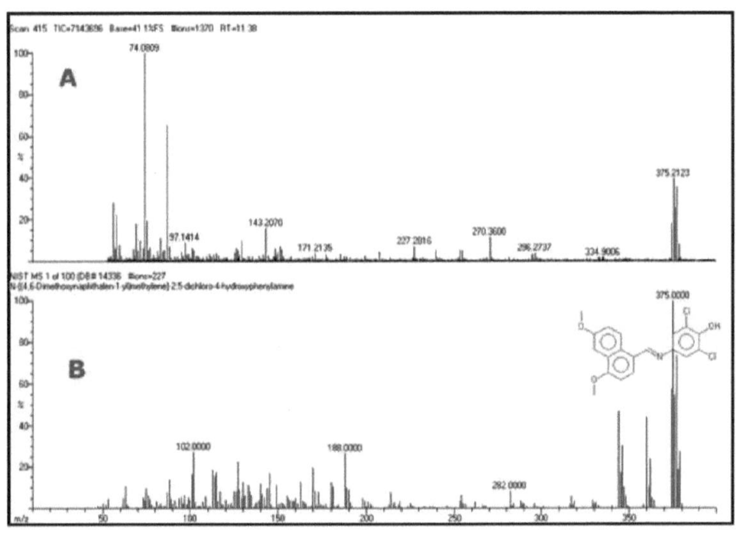

Figura: 5.16. Espectro de massa do extrato de *Phoma* sp. endofítico isolado de *W. somnífera* mostra a presença de A= N-(4,6-Dimetoxinaftalen-l-il) metileno)- 2,5-dicloro-4-hidroxifenilamina foi detectado em TIC 7143696 com 375.2123 a 11,38 RT, B=Espectro padrão de N-(4,6-Dimetoxinaftalenil-l-il) metileno)-2,5-dicloro-4-hidroxifenilamina da biblioteca NIST.

5.4.6. Seleção de metabolitos secundários de *Colletotrichum* sp. endofítico isolado de *Gymnema sylvestre*

O extrato bruto de *Colletotrichum* sp. endofítico foi utilizado para a atividade antimicrobiana contra *E. coli* (ATCC 11775), *P. aeruginosa* (ATCC 13388), *Salmonella choleraesuis* (ATCC 10708) e *S. aureus* (ATCC 6538). A zona de inibição máxima formou-se contra *S. aureus* (17,5), *E. coli* (16,26) *P. aeruginosa* (15,23) seguida de *S. choleraesuis* (14,43) **(Tabela 5.5).**

Tabela: 5.5. Atividade antibacteriana de diferentes *Colletotrichum* sp. isolados de plantas

G.sylvestre contra agentes patogénicos humanos

Sr. Não.	Organismos de teste	Zona de inibição (mm)			
		Extractos (mm)	Antibióticos (mm)	Antibióticos +Extrato (mm)	Controlo (mm)
1	*E. coli (ATCC 11775)*	16.26±0.05	12.23±0.32	15.60±0.10	0
2	*P. aeruginosa* (ATCC 13388)	15.23±0.15	11.16±0.15	14.83±0.05	0
3	*S. choleraesuis (ATCC* 10708)	14.43±0.32	12.40±0.10	16.20±0.10	0
4	*S. aureus* (ATCC 6538)	17.5±0.10	13.33±0.30	17.33±0.15	0

Todos os valores são médias ± desvio padrão P<0,05. O diâmetro do disco é de 6 mm.

A purificação dos compostos activos foi realizada por TLC com uma combinação de clorofórmio, acetato de etilo e metanol (9:0,9:0,1) e as bandas purificadas foram dissolvidas em acetato de etilo para estudo posterior. O cromatograma de iões totais foi analisado por espetrometria GCMS. Observou-se um total de 8 picos diferentes com diferentes tempos de retenção. O tempo de retenção dos diferentes picos, tais como o pico-1 RT-10,58, o pico-2 RT-11,38, o pico-3 RT-12,5, o pico-4 RT-12,83, o pico-5 RT-13,33, o pico-6 RT-13,62, o pico-7 RT-14,73 e o pico- RT-16,22, correspondem a diferentes compostos com diferentes pesos moleculares **(Figura 5.17)**.

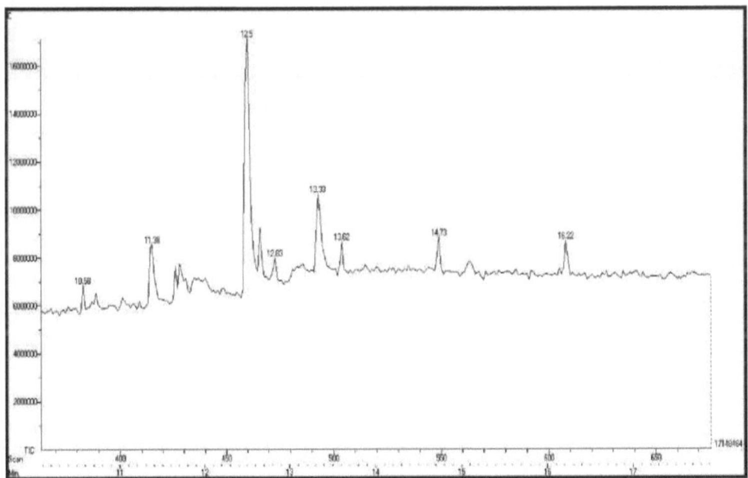

Figura: 5.17. O cromatograma de iões totais de extractos de *Colletotrichum* sp. endofítico isolado de *G. sylvestre* mostra um total de 8 picos diferentes em diferentes tempos de retenção de diferentes compostos.

5.4.6.I. 3a, 12a-di-hidroxi-diacetato de 5a-Pregn-16-en-20-ona

O pico com 12,83 RT de TIC foi selecionado para a espetroscopia de alta resolução em GCMS e fraccionado em diferentes derivados, mostrando a melhor correspondência com "5 a- Pregn-16-en-20-ona, 3a, 12a-dihidroxi-diacetato" com 355,2563 de peso molecular **(Figura)**. Além disso, o presente composto foi confirmado por comparação com a ajuda de espectros padrão de 5a-Pregn-16-en-20-ona, 3a, 12a-dihidroxi-diacetato da biblioteca NIST, que era semelhante em RT e peso molecular **(Figura 5.18)**.

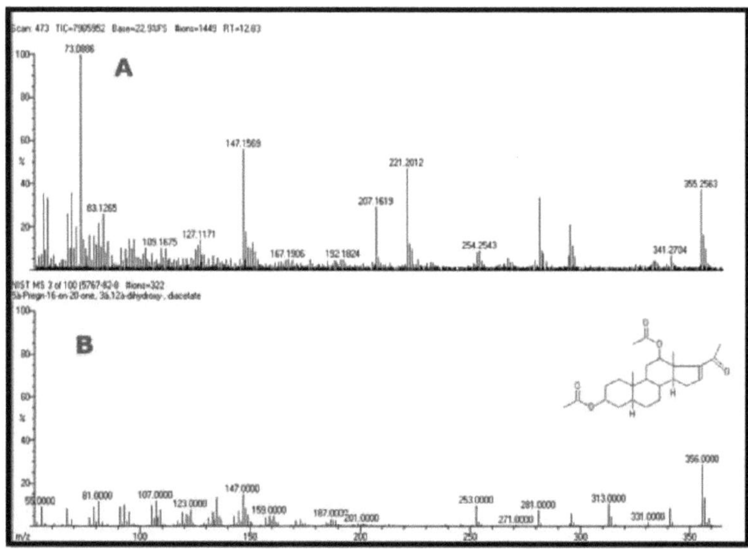

Figura: 5.18. O espetro de massa do extrato de *Colletotrichum* sp. endofítico isolado de *G. sylvestre* mostra a presença de A= "5a-Pregn-16-en-20-ona, 3a, 12a-dihidroxi-diacetato" com peso molecular 355,2563 a RT-12,83, B= Espectro padrão de 5a- Pregn-16-en-20-ona, 3a, 12a-dihidroxi-diacetato da biblioteca NIST.

5.4.6.2. Diacetato de pseudosolasodina

O pico obtido em TIC no tempo de retenção de 13,33 foi ampliado em alta resolução em GCMS e o provável composto foi detectado como diacetato de pseudosolasodina com peso molecular de 219,2134. Também é conhecido por 3, 16-Diacetil Pseudosolasodina. Verificou-se que o presente composto é o mais próximo do diacetato de pseudosolasodina quando comparado com os espectros padrão do diacetato de pseudosolasodina disponíveis na biblioteca NIST **(Figura 5.19)**. **Verificou-se** que os resultados do presente estudo são semelhantes aos resultados comunicados por Jose *et al.* (2008).

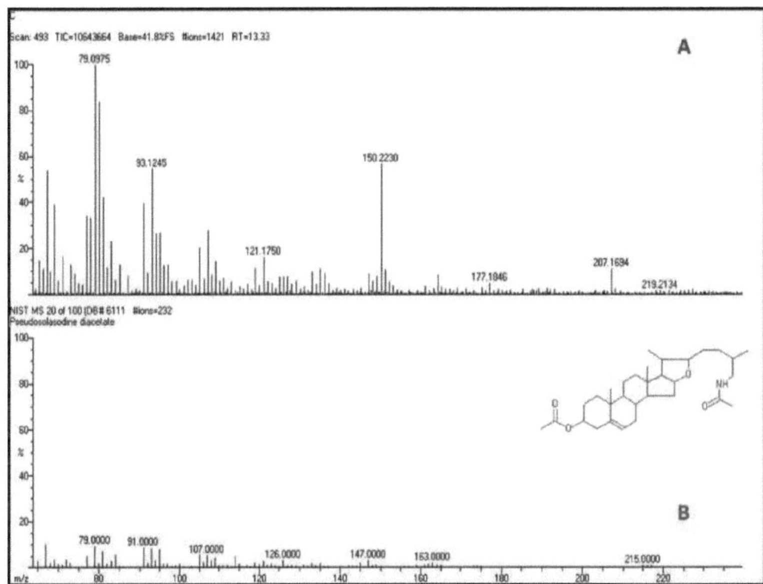

Figura: 5.19. O espetro de massa do extrato de *Colletotrichum* sp. endofítico isolado de *G. sylvestre* mostra a presença de A= "Diacetato de Pseudosolasodina" com *mz2!9.2134* a 13.33 RT, B= Espectro padrão de diacetato de Pseudosolasodina da biblioteca NIST.

5.4.6.3. Ciclo-hexanocarboxamida, N-hidroxi-2(E)-2,4-pentadienil-

O composto bioativo Ciclohexanocarboxamida, N-hidroxi-2(E)-2,4-pentadienil- foi detectado a 13,62 RT em TIC. Enquanto a resolução completa em GCMS o pico se assemelhava a "Ciclohexanocarboxamida, N-hidroxi-2(E)-2,4-pentadienil-" com 207,1768 peso molecular **(Figura 5. 20).** Além disso, as melhores correspondências do presente composto foram confirmadas por comparação com os espectros padrão da ciclo-hexanocarboxamida, N-hidroxi-2(E)-2,4-pentadienil- da biblioteca NIST. Os resultados comunicados para a ciclo-hexanocarboxamida, N-hidroxi-2(E)-2,4-pentadienil- mostraram semelhança com os resultados comunicados por Bahgat *et al.* (2009).

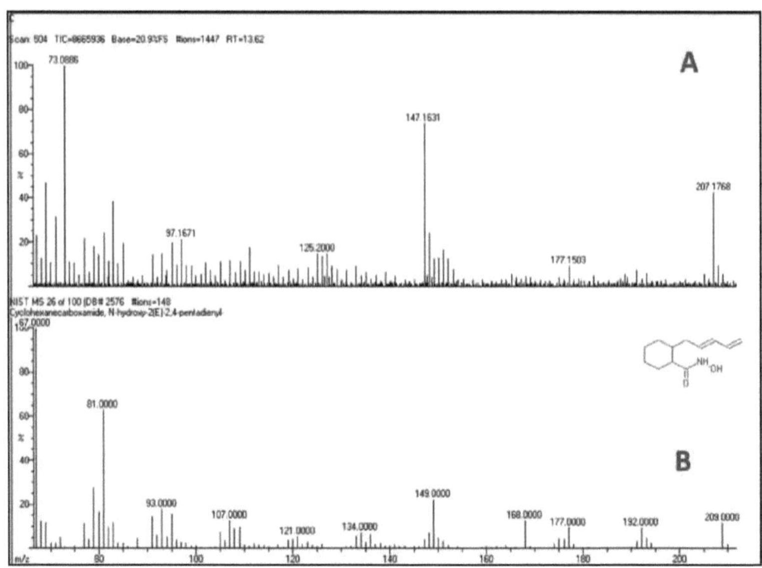

Figura: 5.20. O espetro de massa do extrato de *Colletotrichum* sp. endofítico isolado de *G. sylvestre* mostra a presença de A= "Ciclohexanocarboxamida, N-hidroxi-2(E)-2,4- pentadienil- com 207,1768 a 13,62 RT, B= Espectro padrão de ciclohexanocarboxamida, N-hidroxi-2(E)-2,4-pentadienil- da biblioteca NIST.

5.4.6.4. Acetonido de triamcinolona

O composto acetonido de triancinolona já foi registado nas espécies *Nigrospora* e *Phoma*, como explicado acima. Mas também foi registado em *Colletotrichum* sp. de *G. sylvestre* com um tempo de retenção diferente do extraído de *Nigrospora* e *Phoma*, que é 10,58. Poderá ter um derivado diferente dos anteriores **(Figura 5, 21).**

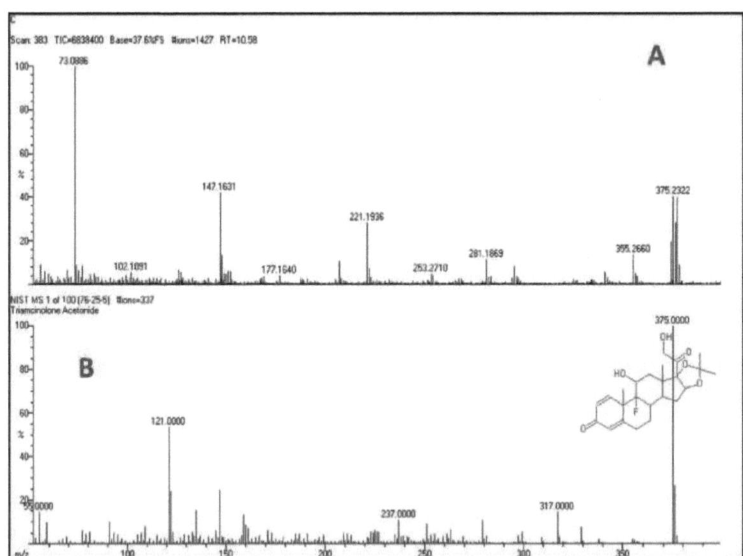

Figura: 5.21.Espectro de massa do extrato de *Colletotrichum* sp. endofítico isolado de *G. sylvestre* mostra a presença de A=Triamcinolona acetonida no tempo de retenção = 10,58 com valor de massa 375,2322, B=Espectro padrão de Triamcinolona acetonida da biblioteca NIST.

5.4.7. Seleção de metabolitos secundários de *Pestalotia* sp. endofítica isolada de *Terminalia arjuna*

A atividade antimicrobiana do extrato de *Pestalotia* sp. endofítica foi realizada contra *E. coli* (ATCC 11775), *P. aeruginosa* (ATCC 13388), *Salmonella choleraesuis* (ATCC 10708) e *S. aureus* (ATCC 6538). A zona de inibição mais elevada foi observada contra *Salmonella choleraesuis* (12,33), *P. aeruginosa* (12,30), *S. aureus* (11,90) e *E. coli* (11,16).

Tabela: 5.6. Atividade antibacteriana de diferentes *Pestalotia* sp. isoladas de plantas de *Terminalia arjuna* contra agentes patogénicos humanos

Sr. Não.	Organismos de teste	Zona de inibição (mm)			
		Extractos (mm)	Antibióticos (mm)	Antibióticos +Extrato (mm)	Controlo (mm)
1	*E. coli (*ATCC 11775*)*	11.16±0.15	12.23±0.32	14.90±0.10	0
2	*P. aeruginosa* (ATCC 13388)	12.30±0.10	12.26±0.15	13.50±0.10	0
3	*Salmonella choleraesuis* (ATCC 10708)	12.33±0.30	12.26±0.25	12.50±0.10	0
4	*S. aureus* (ATCC	11.90±0.10	11.93±0.05	13.36±0.20	0

	6538)				

Todos os valores são a média ± desvio padrão P<0,05. O diâmetro do disco é de 6 mm.

Após a atividade antimicrobiana, o extrato foi purificado por TLC e as bandas foram separadas conforme explicado acima. O cromatograma iónico total foi analisado, tendo sido observados 7 picos principais com tempos de retenção diferentes, que representam compostos diferentes. O tempo de retenção de cada pico foi o pico 1 a 12,22 RT, o pico 2 a 14,3 RT, o pico 3 a 16,08 RT, o pico 4 a 17,57 RT, o pico 5 a 19,17 RT, o pico 6 a 21,1 RT e o pico 7 a 21,8 RT **(Figura 5.22)**. Os compostos em causa foram identificados por alta resolução de cada pico de TIC.

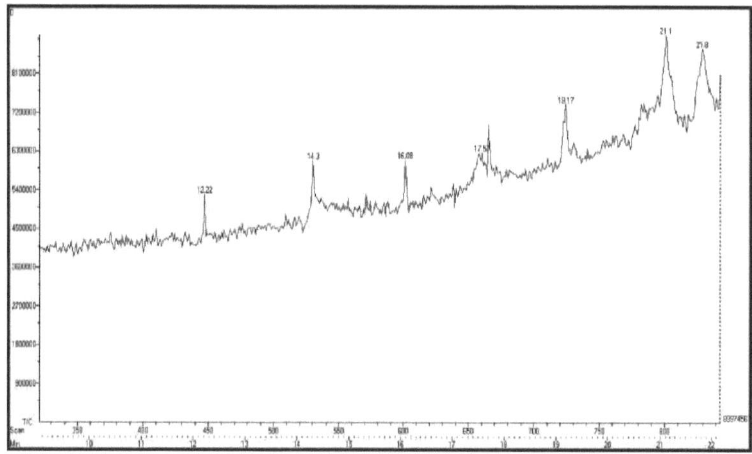

Figura: 5.22 .Cromatograma de iões totais de extractos de *Pestalotia* sp. endofítica isolada de *T. arjuna* mostra um total de 7 picos diferentes em diferentes tempos de retenção de diferentes compostos de varrimento de espectros de massa.

5.4.7.I. Colestan-3-ol, 2-metileno, (3 alfa, 5 alfa)

O pico obtido a 21,8 RT de TIC foi capturado para alta resolução e o composto com melhor correspondência foi determinado como "Colestan-3-ol, 2-metileno, (3 alfa, 5 alfa)" com um valor de massa de 213,2288 **(Figura 5.23)**. Para uma verificação mais aprofundada, os presentes espectros foram comparados com os espectros padrão do colestan-3-ol, 2-metileno, (3 alfa, 5 alfa), tendo-se verificado que o peso molecular e o RT do presente composto e do composto padrão eram semelhantes.

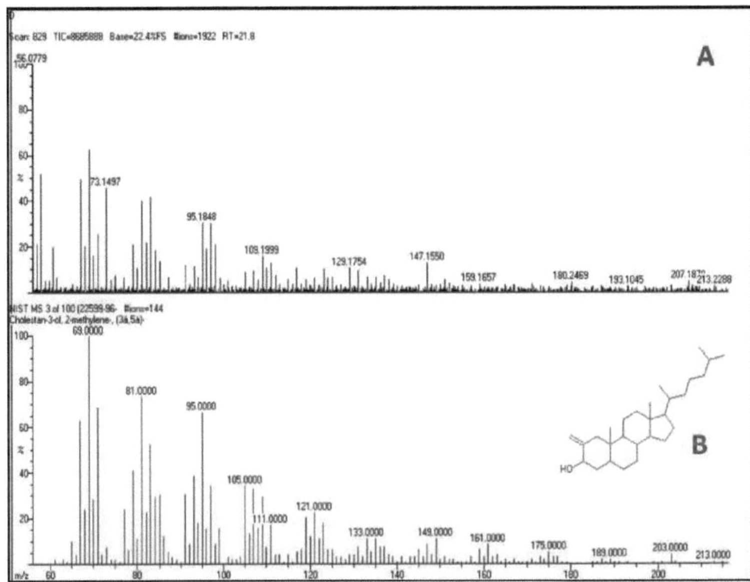

Figura: 5.23. Espectro de massa do extrato de *Pestalotia* sp. endofítica isolada de *T. arjuna* mostra a presença de A="Cholestan-3-ol, 2-metileno, (3 alfa, 5 alfa) "com 213,2288 valor de massa a 21,8 RT., B= Espectro padrão de "Cholestan-3-ol, 2-metileno, (3 alfa, 5 alfa)" da biblioteca NIST.

5.4.7.2. Aspidospermidina-17 ol, l-acetil-19, 21-epoxi-15,16-dimetoxi-

No espetro do cromatograma de iões totais, o pico acentuado foi observado no tempo de retenção 21.1. A ampliação do pico de 21,1 RT mostrou a presença de "Aspidospermidina-17-ol, l-acetil-19, 21-epoxi-15, 16-dimetoxi-" com peso molecular m/z 201,1229 **(Figura 5.24)**. O composto Aspidospermidina-17-ol, l-acetil-19, 21-epoxi-15, 16-dimetoxi, também conhecido como "Aspidoalbina, N-acetil-N-depropionil- (7CI); 13a, 3a-(Epoxietano)-1H-indolizino [8,l-cd]carbazole,aspidospermidina-17- olderiv.l-Acetil-17-hidroxi-15,16 dimetoxiaspidoalbidina; Kromantina" com fórmula molecular C23H30 N2 05. O presente composto foi confirmado por comparação do peso molecular e RT com espectros padrão de Aspidospermidin-17- ol, l-acetil-19,21-epoxy-15, 16-dimethoxy que se mostraram semelhantes entre si.

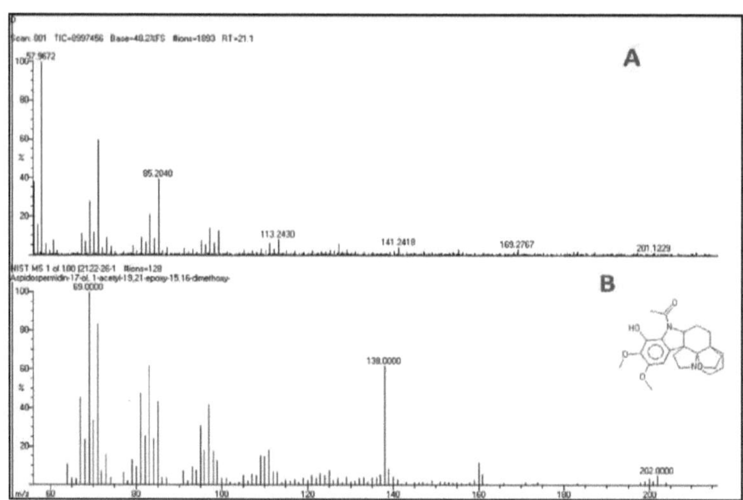

Figura: 5.24. Espectro de massa do extrato de *Pestalotia* sp. endofítica de *T. arjuna* que mostra a presença de A="Aspidospermidin-17 ol, 1-acetyl-19, 21-epoxy-15, 16- dimethoxy-" a *m/z* 201.1229 com 21.1 RT, B= Espectro padrão de Aspidospermidin- 17-ol, 1-acetyl-19,21-epoxy-15, 16-dimethoxy-of NfSTlibrary.

5.4.7.3. Ácido acético, éster 17acetoxi-3-hidroxiimino-4, 4, 13trimetil-hexadeca-hidrociclopenta [a] fenantreno-10-ilmetil

Procurou-se outro composto seleccionando o pico de TIC que apresentava um tempo de retenção de 19,17. O pico selecionado foi submetido a alta resolução e fraccionado em diferentes derivados coletivamente designados como "Ácido acético, 17acetoxi-3-hidroxi-imino-4, 4, 13 trimetil-hexadeca-hidrociclopenta [a] fenantren-10-il-éster metílico" com 372,8589 de peso molecular **(Figura 5.25).** O presente composto também é conhecido como acetato de [(3E)-17-acetiloxi-3-hidroxi-imino-4,4,13-trimetil-2,5,6,7,8,9,11,12,14,15,16,17- dodeca-hidro-1H-ciclopenta[a]fenantren-10-il]metilo. Além disso, o composto isolado foi confirmado por comparação do peso molecular e do tempo de retenção com os espectros padrão do ácido acético, 17acetoxi-3-hidroxiimino-4, 4, 13 trimetil-hexadeca-hidrociclopenta [a] fenantren-10-il-éster metílico da biblioteca NIST do instrumento GCMS.

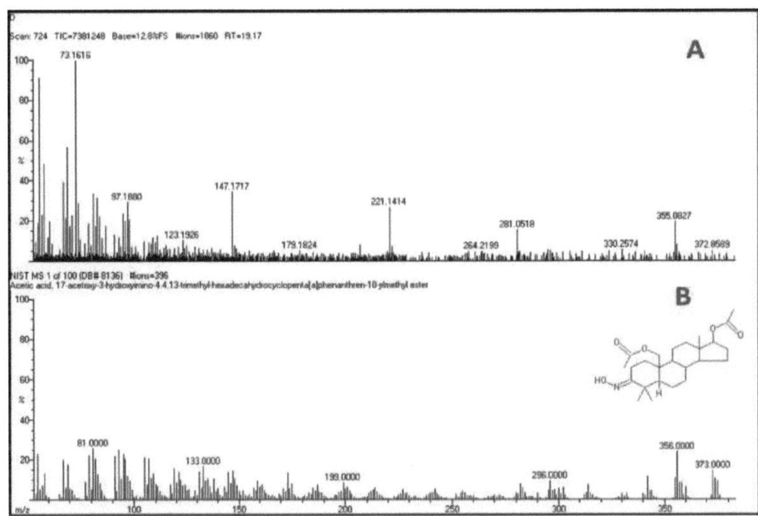

Figura: 5.25. O espetro de massa do extrato de *Pestalotia* sp. endofítica mostra a presença de A="Acetic acid, 17acetoxy-3-hydroxyimino-4, 4,13 trimethyl-hexadecahydrocyclopenta [a] phenanthren-10-ylmethyl ester" com 372.8589 com valor de massa a 19.17 RT, B= Espectro padrão do "Ácido acético, 17acetoxi-3-hidroxi-imino-4, 4,13 trimetil-hexadeca-hidrociclopenta [a] fenantren-10-il-éster metílico".

5.4.7.4. "Espirostan-9-ol, 3-amino-(3a, 5a 25 R)"

O pico TIC do GCMS mostrou que o pico agudo estava no tempo de retenção 17,57. Estes picos foram depois ampliados em alta resolução, o que mostra o composto "Spirostan-9-ol, 3-amino-(3a, 5a 25 R)" com 374,3245 de peso molecular **(Figura 5.26)**. O peso molecular e o RT do presente composto foram comparados com os espectros padrão do espirostan-9-ol, 3-amino-(3a, 5a 25 R), que observaram semelhanças entre si. O presente composto é também conhecido como um agente anabólico não esteroide utilizado na construção muscular que aumenta o tamanho e a força dos músculos. Além disso, também é utilizado como saponinas esteroidais que são agentes antimicrobianos. No presente estudo, foi observada uma semelhança com os resultados registados por Muhammad *et al.* (2010).

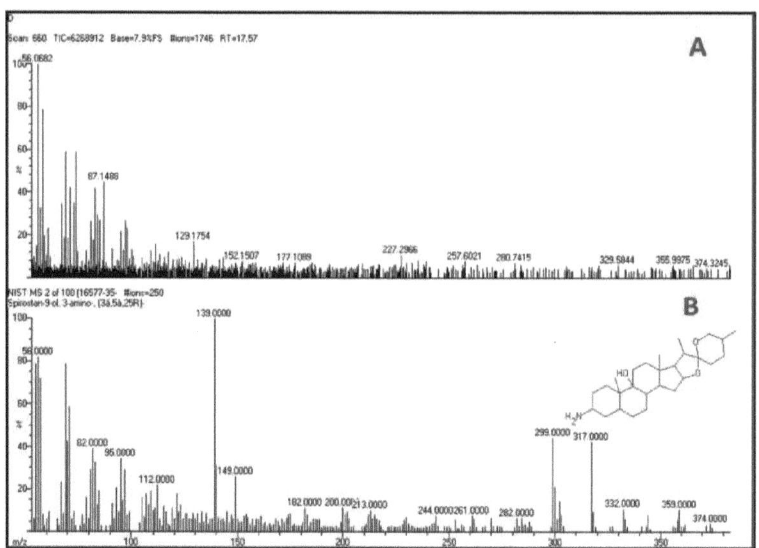

Figura: 5.26. Espectro de massa do extrato de *Pestalotia* sp. endofítica que mostra a presença de A="Spirostan-9-ol, 3-amino-(3a, 5a 25 R)" com 374,3245 *m/z* a 17,57RT, B= Espectro padrão deSpirostan-9-ol, 3-amino-(3a, 5a 25 R).

5.4.7.5. "Carda-5,20(22)-dienolide,3-[(6-deoxy-a-L-mannopyranosyl)oxy]-14-   hydroxy-(3a)

O pico do componente "Carda-5, 20 (22)-dienolida, 3-[(6-desoxi-a-L-manopiranosil)oxi]-14-hidroxi-(3a)-" foi observado a 16,08 RT com 371,3171 de peso molecular. O presente composto foi provavelmente determinado por comparação com os espectros padrão do composto Carda-5,20 (22)-dienolida, 3-[(6-desoxi-a-L-manopiranosil)oxi]-14-hidroxi-(3a)- (372,0000 peso molecular) em que o seu peso molecular à temperatura ambiente foi comparado entre si **(Figura 5.27).**

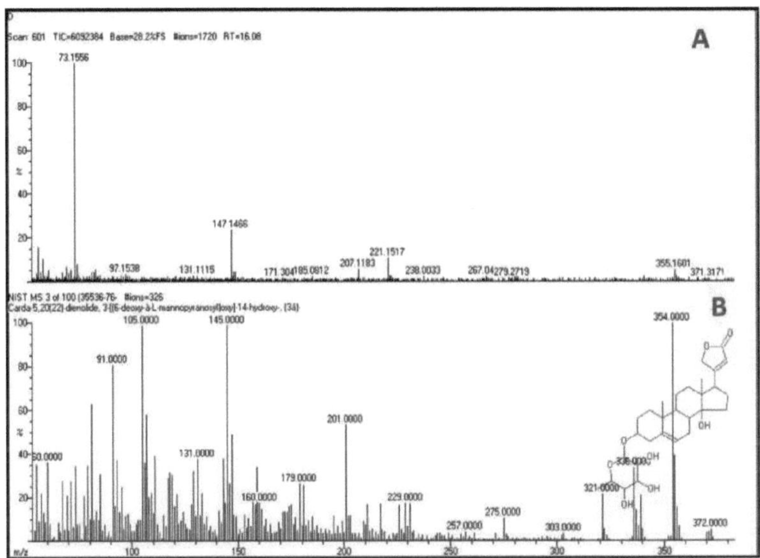

Figura: 5.27. Espectro de massa do extrato que revela a presença de A="Carda-5, 20 (22)-dienolida, 3-[(6-deoxi-a-L-manopiranosil)oxi]-14-hidroxi-(3a)-"a 16,08 RT com 371,3171 de massa molecular, B= Espectro padrão de Carda-5, 20 (22)-dienolida, 3- [(6-deoxi-a-L-manopiranosil)oxi]-14-hidroxi-(3a)-.

5.4.7.6. **Éster (15a, 16E)-metílico do ácido 18, 19-secoimban-19-óico, 16, 17, 20, 21-tetradehidro-16-[hidroximetil]-metílico**

A outra fração da banda TLC foi submetida a espetrometria GCMS e foi realizada uma alta resolução na qual a presença do ácido 18, 19-Secoyohimban-19-oic, 16, 17, 20, 21-tetradehydro-16-[hydroxymethyl]-methyl ester,(15a,16E)- foi determinada a 14.3 RT e com 279.5128 de peso molecular **(Figura 5.28).** O composto detectado no presente estudo foi então confirmado pela comparação do peso molecular e dos espectros do composto padrão 18, 19-ácido secoyohimban-19-oico, 16, 17, 20, 21-tetradehidro-16-[hidroximetil]-éster metílico,(15a,16E)- da biblioteca NIST.

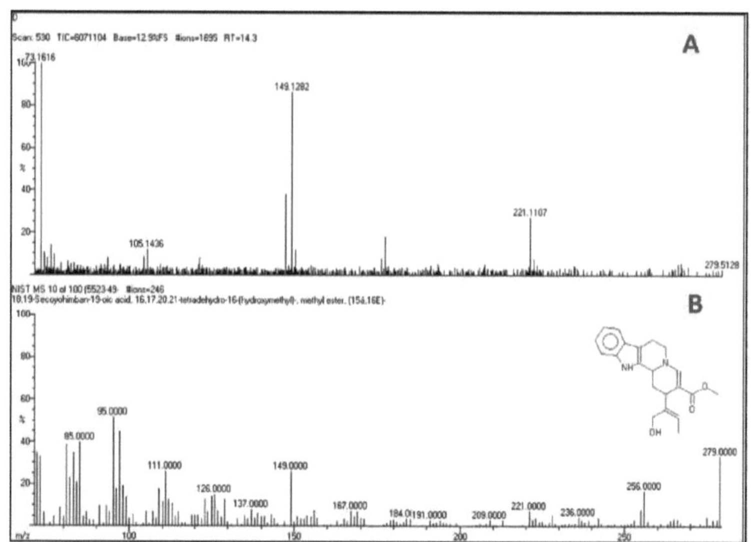

Figura: 5.28. O espetro de massa do extrato de *Pestalotia* sp. mostra a presença de A= ácido 18, 19-Secoyohimban-19-oico, 16, 17, 20, 21-tetradehydro-16-[hydroxymethyl]-methyl ester,(15a,16E)- a 14.3 RT com peso molecular 279,5128, B= Espectro padrão do ácido 18, 19-Secoimban-19-oico, 16, 17, 20, 21-tetradehidro-16-[hidroximetil]-éster metílico,(15a,16E)-.

5.4.7.7. Ácido gibb-3-eno-l 10-dicarboxílico, 2, 4a-di-hidroxil-metil-8-metileno- l,4a-lactona, éster 10-metil, la,2a,4aa,4ba,10a)-

Quando o pico com 12,22 RT foi ampliado em diferentes fracções, revelou a presença de "Gibb-3-ene-l 10-dicarboxylic acid, 2, 4a-dihydroxyl-methyl-8-methylene-l,4a- lactone,10-methyl ester,la,2a,4aa,4ba,10a)-" com 281,0979 peso molecular. A fórmula molecular do composto atual é C21H26O8S. Verificou-se que o peso molecular e o RT do presente composto e do composto de referência são os mais próximos um do outro **(Figura 5.29).**

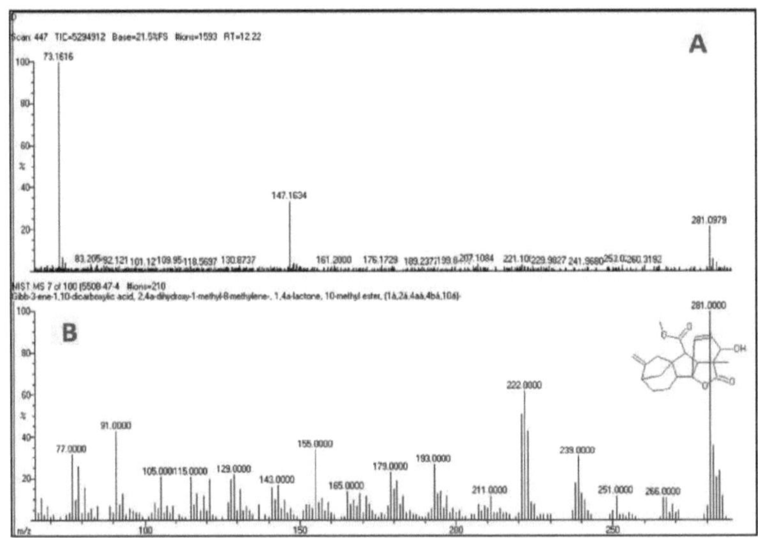

Figura: 5.29. O espetro de massa do extrato de *Pestalotia* sp. mostra a presença de **A**= ácido Gibb-3-ene-1 10-dicarboxílico, 2, 4a-dihidroxil-metil-8-metileno-l,4a- lactona, 10-metil éster, la,2a,4aa,4ba,10a)-" a 12.22 com peso molecular de 281,0979, B= Espectro padrão do ácido Gibb-3-eno-1   10-dicarboxílico,   2,   4a-dihidroxil-metil-8-metileno-l,4a-lactona,l   0-metil éster,la,2a,4aa,4ba,10a)-.

5.4.8. Caracterização dos metabolitos secundários de *Helminthosporium* sp. endofítico de *Gymnema sylvestre*

O fungo endofítico *Helminthosporium* sp. recuperado de *Gymnema sylvestre* foi selecionado para caraterização química devido à sua atividade antimicrobiana significativa contra *E. coli* (ATCC 11775), *P. aeruginosa* (ATCC 13388), *Salmonella choleraesuis* (ATCC 10708) e *S. aureus* (ATCC 6538). A zona máxima de inibição foi encontrada contra *P. aeruginosa* (14,31) seguida por *S. choleraesuis* (13,41), *E. coli* e *S. aureus* (12,7) **(Tabela).**

Tabela: 5.7. Atividade antibacteriana do extrato de *Helminthosporium* sp. de *Gymnema sylvestre* contra agentes patogénicos humanos

Sr. Não.	Organismos de teste	Zona de inibição (mm)			
		Extractos (mm)	Antibióticos (mm)	Antibióticos ±Extrato (mm)	Controlo (mm)
1	*E. coli (ATCC 11775)*	12.25±0.17	13.15±0.33	15.79±0.11	0
2	*P. aeruginosa* (ATCC 13388)	14.3Ü0.12	15.53±0.17	13.58±0.17	0
3	*Salmonella choleraesuis*	13.41i0.32	14.28±0.28	14.60±0.10	0

	(ATCC 10708)				
4	*S. aureus* (ATCC 6538)	12.7±0.15	12.95±0.7	14.48±0.21	0

Todos os valores são a média ± desvio padrão P<0,05. O diâmetro do disco é de 6 mm.

Em seguida, foi efectuado o cromatograma iónico total do extrato, que mostrou um total de 8 picos diferentes com tempos de retenção (RT) diferentes, tais como o primeiro pico a 12,22 RT, o segundo pico a 14,3 RT, o terceiro pico a 16,33 RT, o quarto pico a 16,78 RT, o quinto pico a 17,28 RT, o sexto pico a 17,98 RT, o sétimo pico a 18,97 RT e o oitavo pico a 19,8 RT (**figura 5.30**).

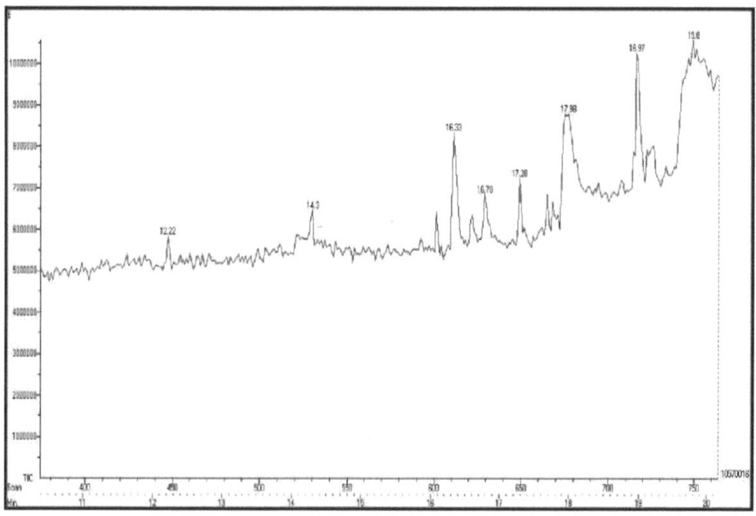

Figura: 5.30. Cromatograma de iões totais de extractos do fungo endofítico *Helminthosporium* isolado de *G. sylvestre*, que mostra um total de 8 picos diferentes em diferentes tempos de retenção dos respectivos compostos por GCMS.

5.4.8.I. "Estricano, l-acetil-20a-hidroxi-16-metileno-"

O pico 12.22 RT de TIC foi selecionado em alta resolução para a identificação dos componentes bioactivos correspondentes. Mostrou a presença de "Strychane, l-acetyl-20a- hydroxy-16 methylene-" com peso molecular de 281,0749. A fórmula molecular do estricano, l-acetil-20a-hidroxi-16-metileno- é $C_{21}H_{26}N_2O_2$. É também designado por Strychan, l-acetil-20a-hidroxi-16-metileno- (7CI); Strychane, l-acetil-20a-hidroxi-16-metileno- (8CI); 3,5-Etano-3H-pirrolo[2,3-d]carbazole,curan-20-ol derivado; 1- Acetil-20a-hidroxi-16-metilenestrichane. O componente extraído foi confirmado por comparação com os espectros padrão do estricano, l-acetil-20a-hidroxi-16-metileno, que mostram semelhança no seu peso molecular e RT (**Figura 5.31**).

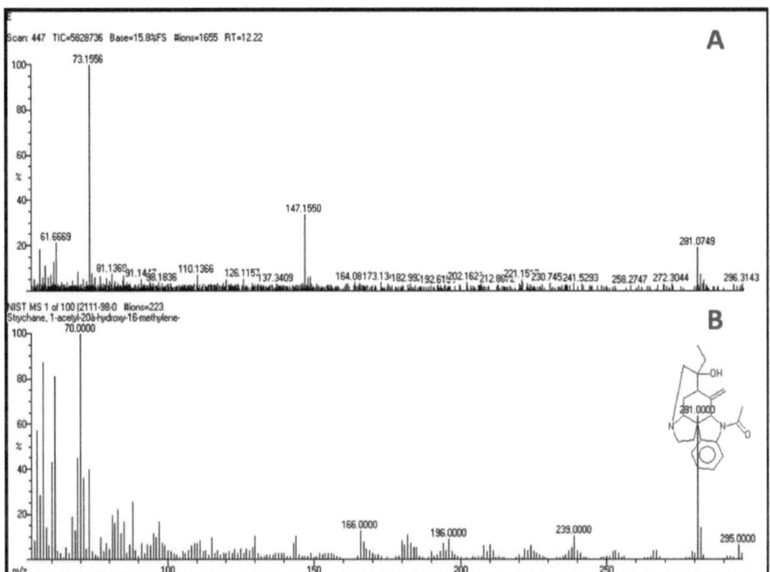

Figura: 5.31. Espectro de massa do extrato de *Helminthosporium* sp. que mostra a presença de A= "Strychane, l-acetyl-20a-hydroxy-16 methylene-" com 281,0749 de peso molecular a 12,22 RT, B=Espectro padrão de Strychane, l-acetyl-20a-hydroxy- 16 methylene-.

5.4.8.2. "Ciclo-hexanona, 2, 2-dimetil-5-(3-metiloxiranil)-(2a(R*)3a)-(+-)-"

O outro composto, "Ciclohexanona, 2, 2-dimetil-5-(3-metiloxiranil)- (2a(R*)3a)-(+-)-", foi detectado com um tempo de retenção de 16,33 e um peso molecular de 181,1473 **(Figura 5.32).** Verificou-se que o peso molecular e o tempo de retenção do composto atual e do composto padrão eram os mais próximos. Os espectros do presente composto foram sobrepostos aos espectros padrão da ciclohexanona, 2, 2-dimetil-5-(3-metiloxiranil)- (2a(R*) 3a)- (+-), que apresentaram fracções semelhantes.

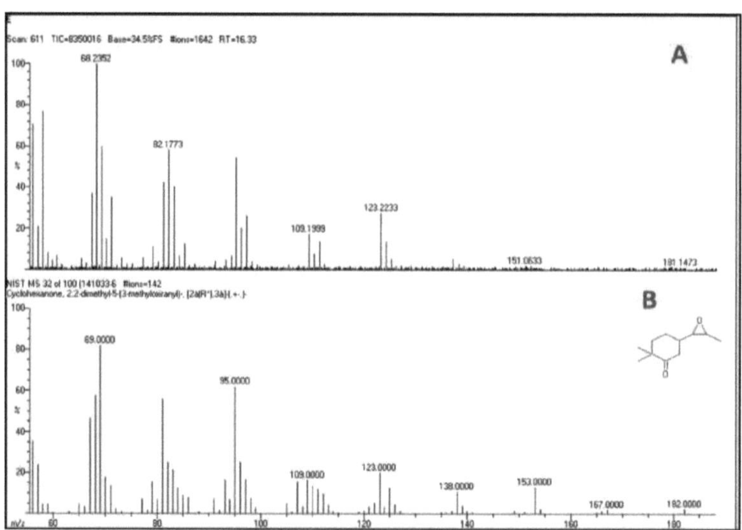

Figura: 5.32. Espectro de massa do extrato de *Helminthosporium* sp. endofítico que mostra a presença de A= "Cyclohexanone, 2, 2-dimethyl-5-(3-methyloxiranyl)- (2a(R*)3a)-(+-)-"at 16.33 RT com massa molecular 181.1473, B=Espectro padrão da "Ciclohexanona, 2, 2-dimetil-5-(3-metiloxiranil)-(2a(R*)3a)-(+-)-.

5.4.8.3. Ácido ciclo-hexano-butanóico a,4-dimetil-

O TIC mostrou um pico acentuado a 17,28 RT que foi selecionado para ampliação em alta resolução para descobrir o composto provável que é o "ácido ciclo-hexano-butanóico a,4-dimetil-" com 180,8593 de peso molecular. O componente extraído também é conhecido como ácido 2-metil-4-(4-metilciclohexil) butanóico e a sua fórmula molecular é $C_{12}H_{22}O_2$. O componente extraído foi confirmado comparando o seu valor de massa e RT com o composto padrão, que apresentou o peso molecular e RT mais próximos um do outro **(Figura 5.33).**

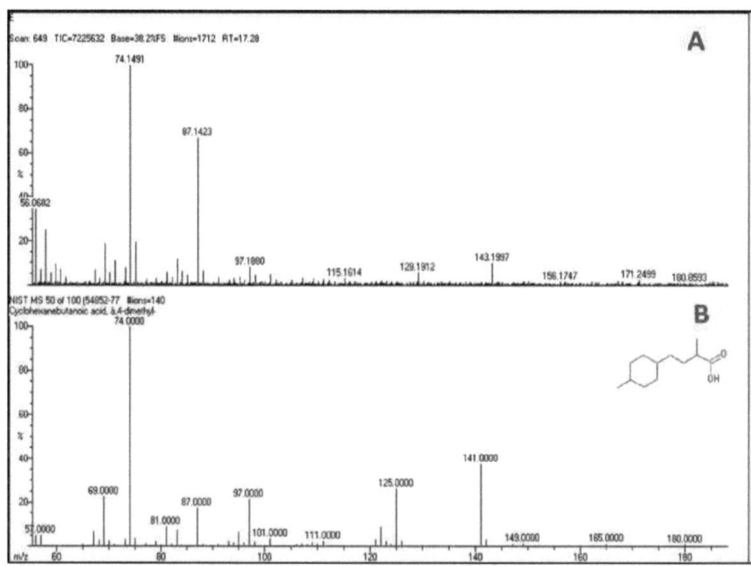

Figura: 6.33. Espectro de massa do extrato de *Helminthosporium* sp. endofítico que mostra a presença de A= "Cyclohexanebutanoic acid a,4-dimethyl-" com 180,8593 de peso molecular wt 17,28 RT, B=Espectro padrão de "Cyclohexanebutanoic acid a,4- dimethyl-"com 180,0000 de peso molecular.

5.4.8.4. Oxaciclotetradecano-2 11-diona 13-metil-

O pico TIC de 18,97 de tempo de retenção determinou o composto pertencente que é Oxaciclotetradecano-2 11-diona 13-metil- com peso molecular de 238,7787 **(Figura 5.34)**. A fórmula molecular do oxaciclotetradecano-2 11-diona 13-metil- é C14H24O3. De um modo geral, o presente composto é também conhecido como 13-metiloxiciclotetradecano-2,11-diona, 3-metil-5-oxaciclotetradecano-1,6-diona, 3-metil-5-oxaciclotetradecano-1,6-quinona, C14H24O3, oxaciclotetradecano-2,11 - diona, 13-metil-. A clarificação adicional do presente composto foi estudada por comparação com espectros padrão de oxaciclotetradecano-2,11-diona 13-metil- que mostraram semelhança entre si.

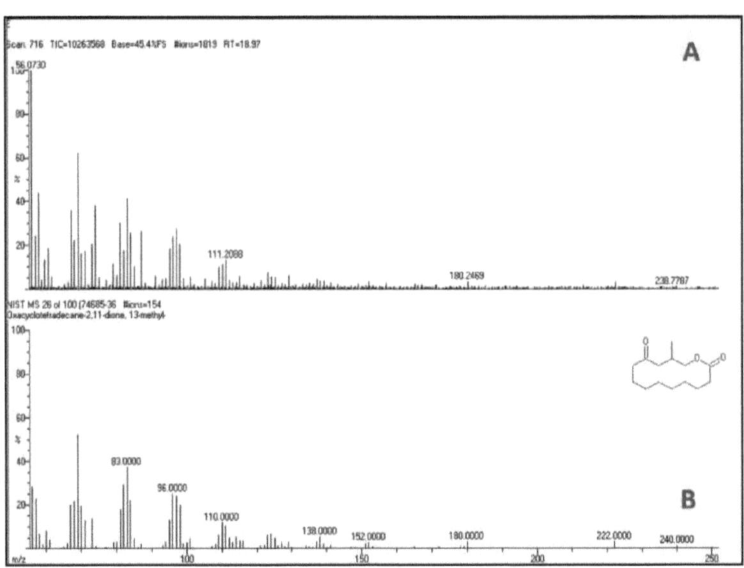

Figura: 5.34. Espectro de massa do extrato de *Helminthosporium* sp. endofítico que mostra a presença de A= "Oxacyclotetradecano-2 11-diona 13-metil- com peso molecular de 238,7787, a 18,97 RT, B=Espectro padrão de "Oxacyclotetradecano-2 11- diona 13-metil-.

5.4.9. Caracterização de metabolitos secundários de *Colletotnchum gloeosporioides* endofíticos

A análise GC-MS revelou diferentes fracções, como o ácido hexadecanóico, que foi encontrado a 18,012 t_R min com 7,81 % relativo. O ácido hexadecanóico é também conhecido como ácido palmítico, utilizado principalmente no fabrico de sabões e cosméticos. Do mesmo modo, o éster etílico do ácido hexadecanóico foi registado em t_R min 18,521 com 9,67 % relativo e o etil 9, 12-octadecadienoico (éster etílico do ácido linoleico) foi registado em t_R min 21,568 com 9,92 % relativo. Acima de todos os componentes vulgarmente designados por ácido palmítico. Além disso, o Ergosterol também foi encontrado em t_R min 37,466 com 37, 71 % relativo **(Figura 5.35).** No presente estudo, os compostos prováveis foram confirmados através da comparação do tempo de retenção e da % relativa com a base de dados disponível na biblioteca NIST.

Tabela: 5.8. A lista de componentes prováveis extraídos de *C. gloeosporioides* endofítico

Tempo de retenção (min)	Identificação	% relativo
18,012	Ácido hexadecanóico	7,81
18,521	Éster etílico do ácido hexadecanóico	9,67
21,568	Etil 9,12-octadecadienoico (éster etílico do ácido olinoleico)	9,92
37,466	Ergosterol	37,71

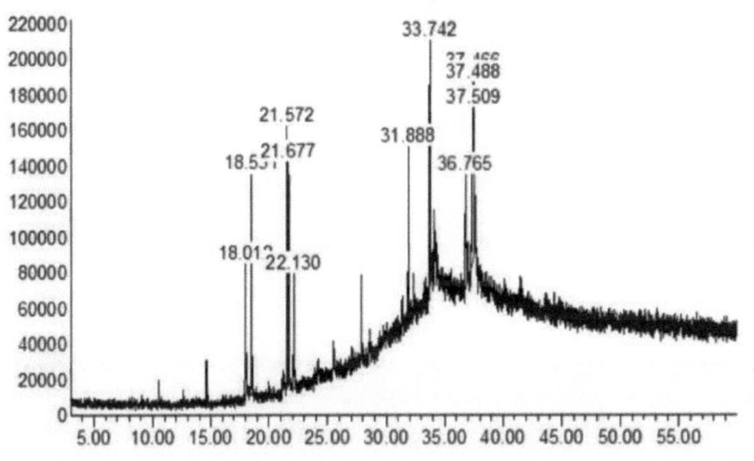

Figura. 5.35. Os espectros GCMS do extrato de *C.* endofítico. *gloeosporioides endofítico* mostra **(1)** Ácido hexadecanóico em t$_R$ min 18,012 com 7,81 % relativo, **(2)** Éster etílico do ácido hexadecanóico em t$_R$ min 18,521 com 9,67 % relativo, (3) Etil 9,12-octadecadienoico (éster etílico do ácido linoleico) em t$_R$ min 21,568 com 9,92 % relativo (4) Ergosterol em t$_R$ min 37,466 com 37,71 % relativo.

5.4.10. Caracterização de metabolitos secundários de espécies de *Phoma*

A atividade antimicrobiana do extrato *de Phoma* mostrou contra *E. coli, P. aeruginosa, Klebsiella* e *S. aureus*. A atividade não foi significativa mas mostrou a inibição do crescimento bacteriano. Os seus espectros de massa mostraram compostos como o ácido hexadecanóico tR min 18,014 com 11, 32 % relativo e o agente antimicrobiano composto orgânico aromático 2,2 '-metilenobis [6 - (l,l-dimetiletil)-4-etil] fenol em tR min 27,396 com 5,28 % relativo (Figura 23). É também conhecido como Fenol, 2,2'-metilenobis[6-terc-butil-4-etil-; Antioxidante 425; AO 425; Chemanox 22; Plastanox 425; Antioxidante Plastanox 425; 2,2'-Metilenobis(6-terc-butil-4-etilfenol); 2,2'-Metilenobis(4-etil-6-terc-butilfenol); Bis (2-hidroxi-3-terc-butil-5-etilfenil)metano. Os compostos em causa foram confirmados pela base de dados da biblioteca

167

NIST **(Figura 5.36).**

Tabela: 5.9. A lista de componentes prováveis extraídos da *Phoma* sp. endofítica

t_R (min)	Identificação	% relativo
18,014	Ácido hexadecanóico	11,32
27,396	2,2 '-metilenobis [6 - (1,1-dimetiletil)-4-etil] fenol	5,28

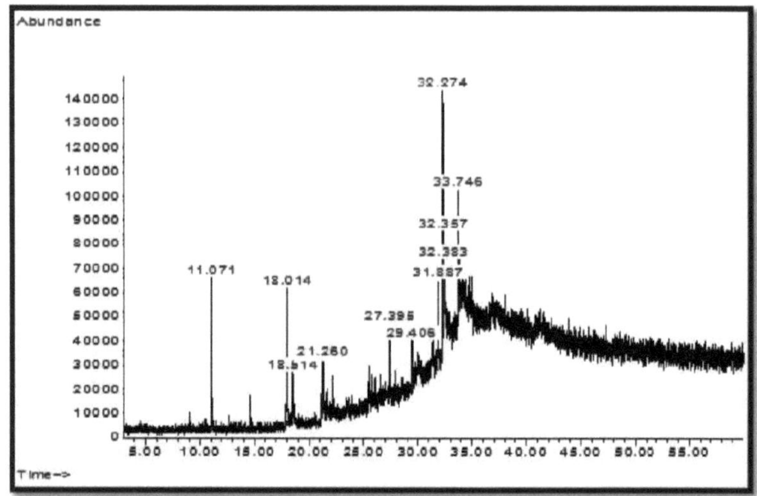

Figura. 5.36. Os espectros de massa das espécies de *Phoma* endofíticas mostram **(1)** Ácido hexadecanóico t_R min 18,014 com 11, 32 % relativo, **(2)** 2,2 '-metilenobis [6 - (1,1-dimetiletil)-4-etil] fenol em t_R min 27,396 com 5,28 % relativo

5.4.11. Caracterização de compostos bioactivos potentes de espécies de *Pestalotia*

Os extractos de acetato de etilo das espécies endofíticas de *Pestalotia* isoladas de *S. cuminii* revelaram a presença de ácido hexadecanóico t_R min 18,032 com 3,11 % relativo e de éster etílico do ácido hexadecanóico em t_R min 18,521 com 2,85 % relativo **(Figura 5.37).** A análise química foi efectuada por GCMS e confirmada por espectros de compostos padrão da biblioteca do NIST, comparando o seu t_R (min) e % relativa.

Tabela: 5.10.A lista de componentes prováveis extraídos de *Pestalotia* sp. endofítica.

t_R (min)	Identificação	% relativo
18,032	Ácido hexadecanóico	3,11
18,521	Éster etílico do ácido hexadecanóico	2,85

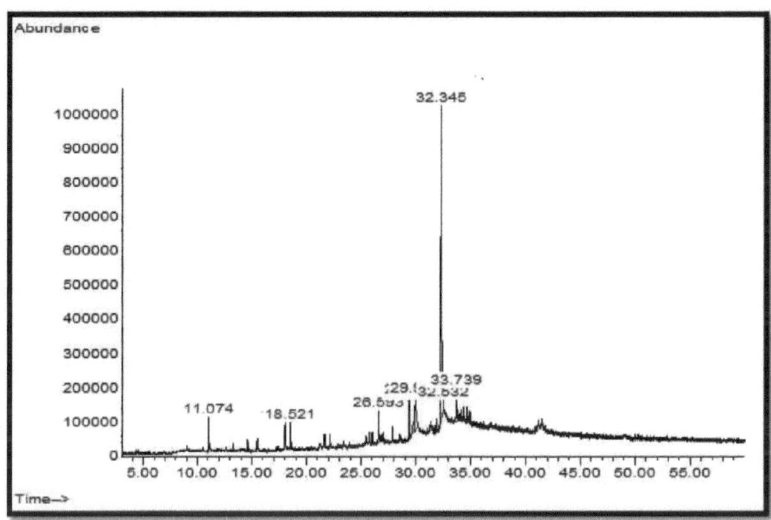

Figura. 5.37. Os espectros de massa das espécies endofíticas de *Pestalotia* mostram **(1)** Ácido hexadecanóico t_R min 18,032 com 3,11 % relativo, **(2)** Ácido etil éster hexadecanóico att$_R$ min 18,521 com 2,85 % relativo.

Tabela: 5.11. Lista de componentes bioactivos extraídos de endófitos fúngicos seleccionados de plantas medicinais

Sr. Não	Composto de endófitos	Tempo de retenção (RT)	Valor da massa *m/z*	Valor da massa padrão *m/z*
1	(2,4,6-trimetoxi-6'-metil-espiro [benzofurano-2 (3H), 1'-[2] ciclo-hexeno] - 3, 4'-diona) (Griseofulvina)	31.71	352	352
2	Acetonido de triamcinolona	10.6	375.2322	375.0000
3	Bis[2-cloro-4-etoxifenil]sulfona	11.38	375.2123	374.0000
4	Biciclo [4.1.0] hepta 2,4-dieno, 2,3,4,5-tetraquis(metoximetil)-7-7-difenil	11.68	375.2421	375.0000
5	7-chloro-3-[3,4-dichorophenyl] -1,10-dihydro-1,10-dihydroxy-9[2H] acridinone	12	377.2519	375.0000
6	Oxacicloheptadec-8-en-2-ona"	12.5	253.2546	252.0000
7	epóxido de trans-Z-a-Bisaboleno	13.32	219.3202	220.0000
8	(2-Metoxi-1,3,2-tiozina) [5,10,9] androstano-3,17-diona	16.25	375.2421	375.0000
9	Piridina-3-carboxamida, 6-cloro-4-trifluorometil-N-[2,4-dicloeo-6-metilbenzil]-N-metil-	14.72	375.2222	375.0000

10	6-metil-2- 4-bromofenil -7-fenil metil indolizina	10.55	377.2519	377.0000
11	androstan-17-ona 3-etil-3-hidroxi- (5a)-	13.33	298.2576	300.0000
12	Oxacicloheptadec-8-en-2-ona	12.5	254.2214	255.0000
13	Acetonido de triamcinolona	18.25	377.2419	375.0000
14	Dasycarpidan-l-methanol,acetato (éster)	13.58	295.2399	294.0000
15	N-(4,6-Dimetoxinaftalenil-l-il) metileno)-2,5-dicloro-4-hidroxifenilamina	11.38	375.2123	375.0000
16	3a, 12a di-hidroxi-diacetato de 5a-Pregn-16-en-20-ona	12.83	355.2563	356.0000
17	Diacetato de pseudosolasodina	13.33	219.2134	215.0000
18	Ciclo-hexanocarboxamida, N-hidroxi- 2(E)-2,4-pentadienil-	13.62	207.1768	209.0000
19	Acetonido de triamcinolona	10.58	375.2322	375.0000
20	6-metil-2- 4-bromofenil -7-fenil metil indolizina	11.38	377.2419	377.0000
21	Dasycarpidan-l-methanol, acetato (éster)	14.73	207.1768	208.0000
22	"Colestan-3-ol, 2-metileno, (3 alfa, 5 alfa)"	21.8	213.2288	213.0000
23	Aspidospermidina-17-ol, l-acetil-19, 21- epóxi-15, 16-dimetoxi"	21.1	201.1229	201.0000
24	Ácido acético, éster de 17acetoxi-3-hidroxiimino- 4, 4, 13 trimetil-hexadeca-hidrociclopenta [a] fenantreno-10-ilmetilo"	19.17	372.8589	373.0000
25	Espirostano-9 -ol, 3-amino-(3a, 5a 25 R)	17.57	374.3245	374.0000
	Carda-5,20 (22)-dienolida, 3-[(6-desoxi-a-L-manopiranosil)oxi] - 14-hidroxi- (3a)-	16.08	371.3171	372.0000
26	Ácido 2, 4a-dihidroxil-metil-8-metileno-1,4a-lactona, éster 10-metil, la,2a,4aa,4ba,10a)-" de Gibb-3-eno-l 10-dicarboxílico	12.22	281.0979	281.0000
27	Ácido 18, 19-secoimban-19-óico, 16, 17, 20, 21 -tetradehidro-16-[hidroximetil]-éster metílico,(15a,16E)-	14.3	279.5128	279.0000
28	Estricano, 1 -acetil-20a-hidroxi-16-metileno-"	12.22	281.0749	281.0000
29	Ácido 18, 19-secoimban-19-óico, 16, 17, 20, 21 -tetradehidro-16-[hidroximetil]-éster metílico,(15a,16E)-	14.3	292.3494	293.0000
30	Oxacicloheptadec-8-en-2-ona	16.78	185.7394	167.0000
31	"Ciclo-hexanona, 2, 2-dimetil-5-(3-metiloxiranil)-(2a(R*)3a)-(+-)-"	16.33	181.1473	182.0000
32	"Ácido ciclo-hexano-butanóico a,4-dimetil-	17.28	180.8593	180.0000

| 33 | Dasycarpidan-l-methanol, acetato (éster) | 17.98 | 252.1246 | 252.0000 |
| 34 | Oxaciclotetradecano-2 11-diona 13-metil- | 18.97 | 238.7787 | 240.0000 |

5.5. Conclusão

Com base nos resultados e na discussão acima referidos, pode concluir-se que os fungos endofíticos podem ser utilizados como agentes antimicrobianos potentes contra organismos patogénicos humanos. Os endófitos fúngicos, tais como *Nigrospora, Pestalotia, Colletotrichum, Phoma* e *Helminthosporium,* foram analisados para procurar um agente antimicrobiano com uma atividade antimicrobiana significativa. Verificou-se que os endófitos seleccionados produziam agentes antimicrobianos potentes, como a griseofulvina, o ácido palmítico, o acetonido de triamcinolona, a oxacicloheptadec-8-en-2-ona, o espirostano-9-ol, o 3-amino-(3a, 5a 25 R), o colestano-3-ol, o 2-metileno, (3 alfa, 5 alfa), etc. Isto indica que os fungos endofíticos são uma fonte promissora de metabolitos naturais bioactivos e novos com grande potencial para um estudo mais aprofundado. Diferentes técnicas analíticas, como a cromatografia em camada fina (TLC), a análise por espetrofotómetro UV-Visível e HPLC, GCMS, foram consideradas métodos potenciais. Além disso, todos os compostos em causa foram confirmados por comparação com espectros padrão, peso molecular e tempo de retenção com os respectivos compostos disponíveis na base de dados da biblioteca NIST.

Referências

Ahmed, M., Hussain, M., Dhar, M.K. e Kaul, S. (2012) Isolamento de endófitos microbianos de algumas plantas etnomedicinais de Jammu e Caxemira. *Jornal de Produtos Naturais e Recursos Vegetais,* 2(2):215-220.

Alexopoulos, C. J., Mims, C.W. e Blackwell, M. (1996) introductory mycology, quarta edição. John wiley and sons. Nova Iorque Chichester Brisbane Toronto, Singapura.

Amirita, A., Sindhu, P., Swetha, J., Vasanthi, N.S. e Kannan, K.P. (2012) Enumeração de fungos endofíticos de plantas medicinais e rastreio de enzimas extracelulares. *Revista Mundial de Ciência e Tecnologia,* 2(2):13-19.

Arenal, F., Platas, G. e Pelaez, F. (2007) Uma nova espécie endofítica de *Preussia (Sporormiaceae)* inferida a partir de observações morfológicas e análise filogenética molecular. *Fungal Diversity,* 25:1-17.

Arnold, A.E., Henk, D.A., Eells, R.L., Lutzoni, F. e Vilgalys, R. (2007) Diversidade e afinidades filogenéticas de endófitos fúngicos foliares em pinheiro bravo inferidas por cultura e *VC&* ambiental. *Mycologia,* 99(2):185-206.

Arnold, A.E., Maynard, Z., Gilbert, G.S., Coley, P.D. e Kursar, T.A. (2003) Are Tropical Fungal Endophytes Hyperdiverse? *Ecology Letter,* 3:267-274.

Bacon, C.W., Porter, J.K., Robins, J.D., Luttrell, E.S. (1977) *Epichloe typhi* from toxic tall fescue grasses. *Appl Environ Microbiol,* 34:576-581.

Bacon, C.W. e White, J.F. (1994) Biotechnology of endophytic fungi of grasses. CRC Press, Boca Raton, FL, EUA, pp. 47-56.

Bagchi, B. e Banerjee, D. (2013) Diversidade de endófitos fúngicos em *Bauhinia vahlii* (A Lianas) de diferentes regiões do distrito de Paschim Medinipur de Bengala Ocidental. *Revista Internacional de Ciência, Ambiente e Tecnologia,* 2(4):748-756.

Bahgat M, Aboul-Enein MN, El Azzouny AA, Maghraby A, Ruppel A, Soliman WM. (2009) Um derivado de ciclohexanocarboxamida com efeitos inibitórios na serina protease cercarial do Schistosoma mansoni e na penetração do parasita na pele de ratinhos. *Ata Pol Pharm.*:66(3):333-40.

Baker, G.M., Pottinger, R.P., Addison, P.J. e Prestidge, R. (1984) Effect of *Lolium* endophyte fungus infections on behaviour of argentine stem weevil. *New Zealand Journal of Agriculture Research,* 27:271-277.

Banerjee, D. (2011) Diversidade de fungos endofíticos em plantas tropicais e subtropicais. *Res. J. Microbiol,* 6:54-62.

Barnett, H.L. and Hunter, B.B. (1956) "Illustrated Genera of Imperfect Fungi", 2nd Edn., Burgess Publishing, Minneapolis, MN, Pp.218.

Berdy, J. (2005) Metabolitos microbianos bioactivos: Uma visão pessoal. *The Journal of Antibiotics,* 58:1-26.

Bharathidasan, R. e Panneerselvam, A. (2011) Biodiversidade dos fungos endofíticos isolados de *Avicennia marina* no distrito de Ramanathapuram, Karankadu. *Revista Mundial de Ciência e Tecnologia,* l(9):01-05.

Bills, G.F. (1996) Isolamento e análise de comunidades de fungos endofíticos de plantas lenhosas em Endophytic Fungi in Grasses and Woody Plants. *Ecology and Evolution,* EUA, pp. 31-65.

Borges, W.D. and Pupo, M.T. (2006) Novos derivados de antraquinona produzidos por *Phoma sorghina,* um endófito encontrado em associação com a planta medicinal *Tithonia diversifolia* (Asteraceae). *J. Braz. Chem. Soc.,* 17(5):929-934.

Brezot, P., Malosse, C., Mori, K. e Renou, M. (1994) Bisabolene epoxides in sex pheromone in *Nezara viridula* (L.) (heteroptera: pentatomidae): Papel do isómero cis e relação com a especificidade da feromona. *Journal of Chemical Ecology,* 20(12):3133- 3147.

Budhiraja, A., Kumar, S., Nepali, K., Kaul, S. e Dhar, K. L. (2013) Análise da comunidade de fungos endofíticos na planta medicinal *Gloriosa superba. Avanços em biologia humana,* 3(l):15-20.

Budhiraja, A., Nepali, K., Kaul, S. e Dhar, K.L. (2012) Actividades antimicrobianas e citotóxicas de isolados fúngicos da planta medicinal *Gloriosa superba. Revista internacional de avanços recentes na investigação farmacêutica,* 2(l):37-45.

Budhiraja, A., Nepali, K., Sapra, S., Gupta, S., Kumar, S. e Dhar, K.L. (2013) Metabolitos bioactivos de um fungo endofítico de espécies de *Aspergillus* isoladas de sementes de *Gloriosa superba* Linn. *Investigação em Química Medicinal,* 22:323-329.

Chang, H.L., Wong, X.Z., Hong, L. e Ren, X.T. (2001) Antifungal activity of *Artemisia annua* endophyte cultures against phytopathogenic fungi. *Jornal de biotecnologia,* 88:277-282.

Chhetri, B.K., Maharjan, S. and Budhathoki, U. (2013) Endophytic fungi associated with twigs of *Buddleja asiatica* Lour. *Jornal da universidade de Kathmandu de ciência, engenharia e tecnologia,* 9(l):90-95.

Chin, Y.W., Balunas, M.J., Chai, H.B. e Kinghom, A. D. (2006) Drug discovery from natural sources. *The AAPS Journal,* 8:239-253.

Clay, K. e Schardl, C. (2002) Origens evolutivas e consequências ecológicas da simbiose de endófitos com *gramíneas. American Naturalist,* 160:99-127.

Contreras-Cornejo, H. A. (2009) *Trichoderma virens,* um fungo benéfico para as plantas, aumenta a produção de biomassa e promove o crescimento de raízes laterais através de um mecanismo dependente de auxina em *Arabidopsis. Plant Physiol,* 149:1579-1592.

Copp, B.R. e Pearce, A.N. (2007) Inibidores de crescimento de produtos naturais de *Mycobacterium tuberculosis. R Soc Chem,* 24:278-297.

Dandu, A., Tartte, V., Duggina, P., Netala, V. R., Kalla, C.M., Nagam, V. e Desaraju, S. B. (2013) Isolamento e caraterização de fungos endofíticos de plantas medicinais endémicas das colinas de Tirumala. *Revista internacional de ciências da vida, biotecnologia e investigação farmacêutica,* 2(3):367-373.

Darbhaa, N.S. e Tikoleb, S.S. (2013) Estudos sobre fungos endofíticos da planta medicinal ayurvédica *Gymnema sylvestre. Revista internacional de ciência atual,* 7:118-127.

Debbab, A., Aly, A.H., Edrada-Ebel, R. A., Müller, W. E. G., Mosaddak, M., Hakiki, A., Ebel, R. e Proksch, P. (2009) Metabolitos secundários bioactivos do fungo endofítico *Chaetomium* sp. isolado de *Salvia officinalis* que cresce em Marrocos. *Biotechnol. Agron. Soc. Environ.,* 13(2):229-234.

Deepake, U.S., Das, Y., Algunde, S. e Gyananath, G. (2012) Rastreio preliminar de fungos endofíticos de *Enicostemma axillare* (Lam.) Raynal para atividade antimicrobiana. *Botânica Atual,* 3(5):23-29.

Deng, B.W., Liu, K. H., Chen, W.Q., Ding, X.W. e Xie, X.C. (2009) *Fusarium solani,* Tax-3, um novo fungo endofítico produtor de taxol de *Taxus chinensis. Revista mundial de microbiologia e biotecnologia,* 25:139-143.

Deshmukh, S.K., Verekar, S.A. (2008) Fungal Endophytes: A potential source of anticancer compounds, ImCarpinella C, Rai M (eds), Novel therapeutic agents from natural origin: Progress and future perspectives. Editora Science, EUA.

Deshmukh, S. K., Kolet, M. J. e Verekar, S. A. (2010) Distribuição de fungos endofíticos em capim-limão *{Cymbopogon citratus* (de.) stapf.). *Journal of cell and tissue research,* 10(2):2263-2267.

Devaraju, R. e Sreedharamurthy, S. (2011) Endophytic mycoflora of *Mirabilis jalapa* L. and studies on antimicrobial of its endophytic *Fusarium* species. *Revista asiática de ciências biológicas experimentais,* 2(l):75-79.

Ding, G.Z., Liu, J., Wang, J.M., Fang, L. e Yu, S.S. (2013) Metabolitos secundários dos fungos endofíticos *Penicillium polonicum* e *Aspergillus fumigates. Jornal de Pesquisa de Produtos Naturais Asiáticos,* 15(5): 446-452.

Dreyfuss, M.M. e Chapela, I.H. (1994) Potencial dos fungos na descoberta de novos produtos farmacêuticos de baixo peso molecular. In: Gullo VP. (ed.) the discovery of natural products with therapeutic potential. Butterworth-Heinemann, Boston, EUA.

Dugan F. M. (2006) The Identification of Fungi: An Illustrated Introduction with Keys, Glossary, and Guide to Literature.

Edward, J.D., Yoice, S., Wahyudi, P.S., Herry, C. e Partomuan, S. (2011) Potencial seleção de micróbios endofíticos para a produção de compostos bioactivos antidiabéticos. *Asian Journal of Biochemistry,* 6:465-471.

Elfita, E., Muhami, M., Munawar, M., Leni, L. e Darwati, D. (2011) Compostos antimaláricos de fungos endofíticos de Brotowali *(Tinaspora crispa* L). *Jornal Indonésio de Química* 11(1).

Felsenstein, J. (1985) Confidence limits on phylogenies: An approach using the bootstrap. *Evolution,* 39:783-791.

Fenn, K., Greene, J.S., Hann, B.D., Keehner, J., Kelley-Swift, E.G., Kembaiyan, V., Lee, S.J., Li, P., Light, D.Y., Lin, E.H., Moore, E., Schorn, M.A., Vekhter, D., Nunez, P.V., Strobel, G.A., Donoghue, M.J. e Strobel, S.A. (2008) Bioactive endophytes warrant intensified exploration and conservation. *PLoS One.*3(8):3O52.

Fernandes, M.D.R.V., Silva, T.A.C., Pfenning, L.H., da Costa-Neto, C.M., Heinrich, T.A., de Alencar, S.M., de Lima, M. A. e Ikegaki, M. (2009) Atividades biológicas do extrato de fermentação do fungo endofítico *Alternaria alternata* isolado de *Coffea arabica* L. *Brazilian Journal of Pharmaceutical Sciences,* 45(4):677-685.

Firakova S, "Slurd'ikov'a M, e M'u "ckov'a M. (2007) Bioactive secondary metabolites produced by microorganisms associated with plants. *Biologia,* 62:251-257.

Gajalakshmi, S., Iswarya, V., Ashwini, R., Bhuvaneshwari, M., Mythili, S. e Sathiavelu, A. (2012) Produção de metabolitos secundários por fungos endofíticos isolados de *Andrographis paniculata. Jornal Internacional de Biociências e Tecnologia,* 5:12

Gangadevi, V. e Muthumary, J. (2008) Um método simples e rápido para a determinação de taxol produzido por endófitos fúngicos de plantas medicinais utilizando cromatografia em camada fina de alto desempenho. *Chin J Chromatogr,* 26 (l):50-55.

Gangwar, M., Rani, S., Sharma, N. (2012) Diversidade de Actinomyetes endofíticos do trigo e seu potencial como agentes de promoção do crescimento vegetal e de biocontrolo. Jr. *de Investigação Laboratorial Avançada em Biologia,* 3(l):18-23.

Garcia, A., Rhoden, S.A., Bernardi-Wenzel, J., Orlandelli, R.C., Azevedo, J. L. e Pamphile, J.A. (2012) Atividade antimicrobiana de extractos brutos de fungos endofíticos isolados da planta medicinal *Sapindus saponaria* L. *Journal of Applied Pharmaceutical Science*, 2(10):035-040.

Gascuel, O. (1997) BIONL: Uma versão melhorada do algoritmo NJ baseada num modelo simples de dados de sequências. *Molecular Biology Evolution*, 14:685-695.

Gasoni, L. e De Gurfmkel, B. S. (1997) O endófito *Cladorrhinum forcundissimum* em raízes de algodão: Absorção de fósforo e crescimento do hospedeiro. *Mycol. Res.*, 101:867-870.

Gautama, A. K., Kant, M. e Thakur, Y. (2013) Isolamento de fungos endofíticos de *Cannabis sativa* e estudo do seu potencial antifúngico. *Arquivos de fitopatologia e proteção de plantas*, 46(6):627-635.

Gherbawy, Y.A. e Gashgari, R.M. (2013) Caracterização molecular de endófitos fúngicos de plantas de *Calotropis procera* na região de Taif (Arábia Saudita) e suas atividades antifúngicas. *Plant Biosystems*, DOI: 10.1080/11263504.2013.819043.

Gond, S.K., Verma, V,C., Kumar, A., Kumar, V., Kharwar, R.N., (2007) Estudo da comunidade de fungos endofíticos de diferentes partes de *Aegle marmelos* Correae (Rutaceae) de Varanasi (Índia). *World J Microb Biot*, 23: 1371-1375.

Gordien, A.Y., Gray, A.I., Ingleby, K., Franzblau, S.G., Seidel, V. (2010) Atividade de extractos de plantas escocesas, líquenes e endófitos fúngicos contra *Mycobacterium aurum* e *Mycobacterium tuberculosis*. *Phytother Res*, 24(5): 692-698.

Guo, B., Wang, Y., Sun, X. e Tang, K. (2008) Bioactive natural products from endophytes: *Appl Biochem Microbiol*, 44(2):136-142.

Haiyan, L., Chen, Q., Yanli, Z. e Zhiwei, Z. (2005) Rastreio de fungos endofíticos com actividades antitumorais e antifúngicas a partir de plantas medicinais chinesas. *Revista mundial de microbiologia e biotecnologia*, 21:1515-1519.

Hamayun, M., Khan, S.A., Khan, A.L., Rehman, G., Sohn, E.Y., Shah, A.A., Kim, S.K., Joo, G.J. e Lee, I.J. (2009) *Phoma herbarum* as a new Gibberellin-producing and plant growth- promoting fungus. *J Microbiol Biotech*, 19(2):12131.

Hao, W., Hongyan, Y., Xiangling, Y. e Yuhua, L. (2012) Isolamento e caraterização de endófitos fúngicos produtores de saponina de *Aralia elata* no nordeste da China. *Revista internacional de ciências moleculares*, 13:16255-16266.

Harper, J.K., Arif, A.M., Ford, E.J., Srobel, G.A., Porco, J.A., Tomer, D.P., Oneil, K.L., Heider, E.M. e Grant, D.M. (2003) Pestacin: um isobenzofurano 1,3-di-hidro de *Pestalotiopsis microspora* com actividades antioxidante e antimicótica. Tetrahedron 59: 2471-2476.

Hata, K., Atari, R. e Sone, K. (2002) Isolamento de fungos endofíticos de folhas de *Pasania edulis* e sua distribuição dentro da folha. *Mycoscience*, 43:369-373.

Hawksworth, D.F.L., Kirk, P.M., Sutton, B.C., Pegler, D.N. (1995) Dictionary of the Fungi, CAB Inti, Nova Iorque.

Hazalin, N.A.M.N., Ramasamy, K., Lim, S.M., Wahab, I.A., Cole, A.L.J. e Abdul, Majeed, A.B. (2009) Actividades citotóxicas e antibacterianas de fungos endofíticos isolados de plantas do Parque Nacional, Pahang, Malásia. *Complem Alt Med,* 9:46.

Herre, E.A., Mejia, C., Kyllo, D.A., Rojas, E., Maynard, Z., Butler, L. e Van bael, S.A. (2007) Ecological implications of anti-pathogen effects of tropical fungal endophytes and mycorrhizae. *Ecology,* 88(3):550-558.

Hillis, D.M. and Bull, J.J. (1993) An empirical test of bootstrapping as a method for assessing confidence inphylogenetic analysis. *Systematic Biology,* 42:182-192.

Hipol, R.M. (2012) Identificação molecular e afinidade filogenética de dois endófitos fúngicos promotores de crescimento da batata-doce *(Ipomea batatas* (L.) Lam.) da cidade de Baguio, Filipinas. *Revista Eletrónica de Biologia,* 8(3):57-61.

Ho, M.Y., Chung, W.C., Huang, H.C., Chung, W.H. e Chung, W.H. (2012) Identificação de fungos endofíticos de ervas medicinais de Lauraceae e Rutaceae com propriedade antimicrobiana. *Taiwania,* 57(3):229-241.

Hoffman, A.W., Khan, J., Worapong, G., Strobel, D., Arbogast, D., Borofsky, R.B., Boone, L., Ning, P. e Zheng, D. (1998) Bioprospecção de taxol em extractos de plantas angiospérmicas. Spectroscopy 13: 22-32.

Hsu, J.L., Ruoss, S.J., Bower, N.D., Lin, M., Holodniy, M. e Stevens, D.A. (2011) Diagnosticar doenças fúngicas invasivas em doentes críticos. *Revisão Crítica de Microbiologia,* 37(4):277-312.

Huang, W.H., Cai, Y.Z., Xing, J., Corke, H., e Sun, M. (2007) Um potencial recurso antioxidante: fungos endofíticos de plantas medicinais. *Eco Bot,* 61:14-30.

Huang, Y., Wang, J., Li, G., Zheng, Z. e Su, W. (2001) Actividades antitumorais e antifúngicas em fungos endofíticos isolados de plantas farmacêuticas *Taxus mairei, Cephalataxus fortunei* e *Torreya grandis. FEMS Immunology and Medical Microbiology,* 31:163167.

Immaculate, N.R.A., Mukesh Kumar, D.J., Srimathi, S., Muthumary, J. e Kalaichelvan, P.T. (2011) Isolamento de espécies de *Phoma* de *Aloe vercr.* um endófito e seleção do fungo para a produção de taxol. *Revista Mundial de Ciência e Tecnologia,* 1(11):23- 31.

Immaculate, N.R.A., Hemamalini, V., Mukesh Kumar, D.J., Srimathi, S., Muthumary, J. e Kalaichelvan, P.T. (2012) *Chaetomium* sp. endofítico de *Michelia champaca* L. e sua produção de taxol. *Journal of Academia and Industrial Research,* (2):68-72.

Ishii, T., Hayashi, K., Hida, T., Yamamoto, Y. e Nozaki, Y. (2000) TAN-1813, um novo inibidor da Ras-famesiltransferase produzido por *Phoma* sp. taxonomia, fermentação, isolamento e actividades biológicas in vitro e *in vivo*. *J Antibiot,* 53(8):765-778.

Izumi, O., Prasert, S., Kyoko, T., Thomas, L., Somsak, S., Nigel, H.J., Akira, N., Wanchem, P. e Ken-ichiro, S. (2008) Estudo de Xylariaceae endofíticas na Tailândia: diversidade e taxonomia inferidas a partir de análises de sequências de rDNA com sapróbios que formam corpos de fruto na *Natureza. Mycoscience,* 49:359-372.

Jacobs, K.A. e Rehner, S.A. (1998) Comparação de caracteres culturais e morfológicos e sequências ITS em anamorfos de Botryosphaeria e taxa relacionados. *Mycologia,* 90:601-610.

Jadson, D.P.B., Marília, G.S.S., Renan, N.B., Virgínia, M.S., Débora, M.M.L., Maria, J.S.F., Bruno, S.G., Laura, M.P., Jarcilene, S.A. e Cristina, M.S. (2013) Endófitos fúngicos do cato *Cereus jamacaru* em floresta tropical seca brasileira: um primeiro estudo. *Symbiosis,* 60:53-63.

Jayanthia, G., Kamalraja, S., Karthikeyanb, K. e Muthumarya, J. (2011) Atividade antimicrobiana e antioxidante do fungo endofítico *Phomopsis* sp. GJJM07 isolado de *Mesua ferrea. Jornal Internacional de Ciência Atual,* 1:85-90.

Jeewon, R., Ittoo, J., Mahadeb, D., Jaufeerally-Fakim, Y., Wang, H. e Liu, A. (2013) Identificação baseada em ADN e caraterização filogenética de fungos endofíticos e sapróbios *em Antidesma madagascariense,* uma planta medicinal nas Maurícias. *Journal of mycology,* http://dx.doi.org/10.1155/2013/781914.

Jena, S.K. e Tayung, K. (2013) Comunidades fúngicas endofíticas associadas a duas plantas etno-medicinais da Reserva da Biosfera de Similipal, Índia, e a sua perspetiva antimicrobiana. *Jornal de Ciências Farmacêuticas Aplicadas,* 3:7-12.

Jiao, R.H., Xu, S., Liu, J.Y., Ge, H.M., Ding, H., Xu, C., Zhu, H.L. e Tan, R.X. (2006) Chaetominina, um alcaloide citotóxico produzido por *Chaetomium* sp. IFB- E015 endofítico. *Carta Orgânica,* 8:5709-5712.

Jose, L.V.B., Jesus, S. R., Socorro, M.R., Sara, M.S., Victor, G.C. e Sylvain, B. (2008) doi: 10.1107/S0108270108005763.

Jukes, T.H. e Cantor, C.R. (1969) Evolution of protein molecules. Em Munro HN, *editor, Mammalian Protein Metabolism,* pp.21-132, Academic Press, Nova Iorque.

Kajula, M., Tejesvi, M.V., Kolehmainen, S., Mäkinen, A., Hokkanen, V., Mattila, S. e Pirttilä, A.M. (2010) O sideróforo ferricrocina produzido por fungos endofíticos foliares específicos *in vitro. Fungal Biology,* 114(2-3):248-254.

Karsten, K., Umar, F., Ulrich, F., Barbara, S., Siegfried, D., Gennaro, P., Piero, S., Sandor, A. e

Tibor, K. (2007) Metabolitos secundários isolados de um *Phoma* sp. endofítico Configuração absoluta do tetrahidropirenoforol usando a metodologia de CD TDDFT de estado sólido. *Eur J Org Chem,* 3206-3211.

Katoch, M., Singh, G., Sharma, S., Gupta, N., Sangwan, P.L. e Saxena, A.K. (2014) Actividades citotóxicas e antimicrobianas de fungos endofíticos isolados de *Bacopa monnieri* (L.) Pennell (Scrophulariaceae). *BMC Complementary and Alternative Medicine,* 14:52.

Khan, A.L., Hamayun, M., Kim, Y.H., Kang, S.M. e Lee, I.J. (2011) Simbiose benéfica do endófito *(Penicillium funiculosum* sp. LHL06) sob stress salino elevou o crescimento das plantas de *Glycine max* L. Plant. *Physiol Biochem,* 49(8):852-862.

Khan, R., Shahzad, S., Choudhary, M.I., Khan, S.A. e Ahmad, A. (2007) Biodiversidade dos lungi endofíticos isolados de *Calotropis procera* (Ait.) R. Br. *Pakistan Journal of Botany,* 39(6):2233-2239.

Khan, R., Shahzad, S., Choudhary, M.I., Khan, S.A. e Ahmad, A. (2010) Comunidades de fungos endofíticos na planta medicinal *Withania somnifera. Pak. J. Bot.,* 42(2):1281- 1287.

Kharwar, R.N., Maurya, A.L., Verma, V.C., Kumar, A., Gond, S.K. e Mishra, A. (2012) Diversidade e atividade antimicrobiana da comunidade fúngica endofítica isolada da planta medicinal *Cinnamomum camphora. Proc. Natl. Acad. Sci., Índia, Sect. B Biol. Sci.,* 82(4):557-565.

Kharwar, R.N., Verma, V.C., Strobel, G. e Ezra, D. (2008) O complexo fúngico endofítico de *Catharanthus roseus* (L.) G. Don. *Ciência atual,* 95: 228-233.

Kim, C.K., Eo, J.K. e Eom, A.H. (2013) Diversidade e variação sazonal de fungos endofíticos isolados de três coníferas no Monte Taehwa, *Coreia. Mycobiology,* 41(2):82-85.

Kim, S.H. e Breuil, K. (2002) As sequências comuns do espaçador transcrito interno do ribossoma nuclear ocorrem nas espécies irmãs *Ophiostoma piceae* e *O. quercus. Mycol Res,* 105:331-337.

Kopcke, B., Weber, R.W.S. e Anke, H. (2002) Biology and chemistry of endophytes. *Phytochemisrty,* 60:709.

Krohn, K.J., Dai, U., Florke, H.J., Aust, S., Schulz, B., (2005) Biology and chemistry of endophytes. *J Natl Prod,* 68:400.

Kumala, S. e Siswanto, E.B. (2007) Isolamento e rastreio de micróbios endofíticos de *Morinda citrifolia* e sua capacidade de produzir *substâncias* antimicrobianas. *Microbiology Indonesia,* 1(3):145-148.

Kumar, A., Patil, D., Rajamohanan, P. R. e Ahmad, A. (2013) Isolamento, purificação e caraterização de Vinblastina e Vincristina de *Fusarium oxysporum* endofítico isolado de

Catharanthus roseus. PLoS one 8(9): e71805. doi:10.1371/joumal.pone.0071805

Kumar, D.S.S. e Hyde, K.D. (2004) Biodiversidade e recorrência tecidular de fungos endofíticos em *Tripterygium wilfordii. Fungal Diversity*, 17:69-90.

Kumar, S. e Kaushik, N. (2013) Os fungos endofíticos isolados da cultura de sementes oleaginosas *Jatropha curcas* produzem óleo e exibem atividade antifúngica. *Plos one*, 8 (2):1-8.

Kurandawad, J.M. e Lakshman, H.C. (2012) Diversidade dos fungos endofíticos isolados da parede de *Andrographis paniculata* (Burm. F.), uma planta medicinal promissora. *Revista internacional de* ciências *ambientais*, 1(3): http://www.ijbb.in/index.php/ijes/article/view/272

Kurtzman, C. P. (1994) Moleculartaxonomy of the yeasts. *Yeast*, 10:1727-1740.

Kusari, S., Uhlke, S.Z. e Spiteller, M. (2009) Um fungo endofítico de *Camptotheca acuminata* que produz camptotecina e análogos. *J Nat Prod*, 72:2-7.

Lakshman, H.C. e Kurandawad, J.M. (2013) Diversidade dos fungos endofíticos isolados de *Spilanthes acmella* Linn.-uma planta medicinal promissora. *Jornal Internacional de Ciências Farmacêuticas e Biológicas*. 4(2):1259-1266.

Lakshmi, P.J. e Selvi, K.V. (2013) Potencial anticancerígeno de metabólitos secundários de endófitos de *Barringtonia acutangula* e sua caraterização molecular. *Revista Internacional de Microbiologia Atual e Ciência Aplicada*, 2(2):44-45.

Latch, G.C.M., Hunt, W.F. e Musgrave, D.R. (1985) Endophytic fungi affect growth of perennial ryegrass. *New Zealand Journal of Agriculture Research*, 28:165-168.

Leme, A.C., Bevilaqua, M.R.R., Rhoden, S.A., Mangolin, C.A., Machado, M.F.P.S. e Pamphile, J.A. (2013) Caracterização molecular de endófitos isolados de *Saccharum* sp. com base em análises de esterase e DNA ribossômico (ITS1-5.8S-ITS2). *Genética e Investigação Molecular*, 12(3):4095-4105.

Li, J.G. e Shun, X.G. (2009) Fungos endofíticos de *Dracaena cambodiana* e *Aquilaria sinensis* e a sua atividade antimicrobiana. *Afr JBiotechnol*, 8(5):731-736.

Liu, J.Y., Huang, L.L., Ye, Y.H., Zou, W.X., Guo, Z.J., Tan, R.X. (2006) Antifúngicos e novos metabolitos de *Myrothecium* sp. Z16, um fungo associado à corvina branca *Argyrosomus argentatus*. *JApplMicrobiol*, 100:195-202.

Liu, X., Dong, M., Chen, X., Jiang, M., Lv, X. e Yan, G. (2007) Antioxidant activity and phenolics of an endophytic *Xylaria* sp. from *Ginkgo biloba. Food Chem*, 105:548-554.

Luiz, H.R., Nurhayat, T., Natascha, T., David, E.W., Zhiqiang, P., Ulrich, R.B., James, J.B., Natasha, M.A., Larry, A.W. e Rita, M.M. (2012) Diversidade e atividades biológicas de fungos endofíticos associados à planta medicinal micropropagada *Echinacea purpurea* (L.) *Moench*.

American Journal of Plant Sciences, 3:1105-1114.

Lv, Y., Zhang, F., Chen, J., Cui, J., Xing, Y., Li, X. e Guo, S. (2010) Diversidade e atividade antimicrobiana de fungos endofíticos associados à planta *alpina Saussurea involucrata. Biol Pharm Bull,* 33(8):1300-1306.

Machungo, C., Losenge, T., Kahangi, E., Coyne, D., Dubois, T. e Kimenju, J. (2009) Effect of endophytic *Fusarium oxysporum* on growth of tissue-cultured Banana plants. *Afr. J. Hort. Sci,* 2:160-167.

Mahesh, B., Tejesvi, M.V., Nalini, M.S., Prakash, H.S., Kini, K.R., Ven, S. e Shetty, H.S. (2005) Endophytic mycoflora of inner bark of *Azadirachta indica* A. Juss. *Ciência Atual,* 88(2):218-219.

Mahillon, J., El-Jaziri, M., Quetin-Leclercq, J. e Corbisier, A. M. (2008) Fungos endofíticos de folhas de *Centella asiatica-.* ocorrência e interações potenciais dentro das folhas. *Antonie van Leeuwenhoek,* 93:27-36.

Maloney, KN., Hao, W., Xu, J., Gibbons, J., Hucul, J., Roll, D., Brady, S.F., Schroeder, F.C., Clardy, J. (2006) Phaeosphaeride A, um inibidor da sinalização dependente de STAT3 isolado de um fungo endofítico. *OrgLett* 8:4067-4070.

Martinez-Luis, S., Cherigo, L., Higginbotham, S., Arnold, E., Spadafora, C., Ibanez, A., Gerwick, W.H., Cubilla-Rios, L. (2011) Rastreio e avaliação das actividades antiparasitárias e anticancerígenas in vitro de fungos *endofíticos do Panamá. Microbiologia Internacional,* 14(2):95-102.

Megan, S. and Linda, M.K. (2009) Evidence for alteration of fungal endophyte community assembly by host defence compounds. New *Phytologist,* 182:229-238.

Melfei, E.B., Mario, A.T., Hiromitsu, T., Thomas Edison, E., Delà, C. e Maribel, G.N. (2013) Um novo macrólido isolado do fungo endofítico Colletotrichum species. *Philippine Science Letters,* 6(l):57-73.

Mishra, A., Gond, S.K., Kumar, A., Sharma, V.K., Verma, S.K., Kharwar, R.N. e Sieber, T.N. (2012) A estação do ano e o tipo de tecido afectam as comunidades de endófitos fúngicos da planta medicinal indiana *Tinospora cordifolia* mais fortemente do que a localização geográfica. *Microb Ecol.,* 64:388-398.

Mitchell, A.M., Strobel, G.A., Hess, W.M., Vargas, P.N. e Ezra, D. (2008) *Muscodor crispans,* um novo endófito de *Anans ananassoides* na Amazónia Boliviana. *Fungal Diversity,* 31:37-43.

Mohali, S., Burgess, T.I., Wingfield, M.J. (2005) Diversidade e associação de hospedeiros do endófito de árvores tropicais *Lasiodiplodia theobromae* revelada através de marcadores de repetição de sequência simples. *Forest Pathol,* 35(6):385-396.

Momsia, P. e Momsia, T. (2013) Isolamento, distribuição de frequência e diversidade de novos endófitos pulmonares que habitam as folhas de *Catharanthus roseus. Jornal Internacional de Ciências da Vida, Biotecnologia e Investigação Farmacêutica,* 2(4):83-87.

Montel, E., Bridge, P.D. e Sutton, B.C. (1991) An integrated approach to *Phoma systematics. Mycopathology,* 115:89-103.

Moon, C.D., Miles, C.O., Jarlfors, U., Schardl, C.L. (2002) Biology and chemistry of endophytes. *Mycologia,* 94:694.

Muhammad, S., Mamona, N., Muhammad, S.A., Hidayat, H., Yong, S.L., Naheed, R. e Abdul, J. (2010) Antimicrobial natural products: an update on luture antibiotic drug candidates. *Natural product reports,* 27:238-254.

Musavi, S.F. e Balakrishnan, R.M. (2014) Um estudo sobre os potenciais antimicrobianos de um fungo endofítico *Fusarium oxysporum* NFX 06. *Jornal de Medicina e Bioengenharia,* 3(3):162-166.

Naik, B.S., Shashikala, J. e Krishnamurthy, Y.L. (2008) Características de crescimento do hospedeiro influenciadas pela inoculação de sementes com microrganismos. *Revista Mundial de Ciências Agrícolas,* 4 (S): 891-895.

Nakarin, S., Boonsom, B., Wipompan, N., Eric, H.C.M., Kevin, D.H. e Saisamom, L. (2012) Diversidade de fungos endofíticos associados a *Cinnamomum bejolghota* (Lauraceae) no norte da Tailândia. *Jornal de Ciência de Chiang Mai,* 39(3):389-398.

Nancy, A.I.R., Hemamalini, V., Mukesh Kumar, D.J., Srimathi, S., Muthumary, J. e Kalaichelvan, P.T. (2012) *Chaetomium* sp. endofítico de *Michelia champaca* L. e sua produção de taxol. *J. Acad. Indus. Res.,* 1(2):68-72.

Nassar, H.A., El-Tarabily, K.A. e Sivasithamparam, K. (2005) Promoção do crescimento das plantas por um isolado produtor de auxinas da levedura *Williopsis saturnus* endofítica nas raízes do milho *(Zea mays). Journal of Biology and Fertility of soils.* 42:2.

Nath, A., Chattopadhyay, A. e Joshi, S.R. (2013) Atividade biológica de fungos endofíticos de *Rauwolfia serpentina* Benth: uma planta etnomedicinal utilizada em medicamentos populares no nordeste da Índia. *Actas da Academia Nacional de Ciências, Índia Secção B: Ciências Biológicas,* 10.1007/s40011-013-0184-8

Nath, A., Raghunatha, P. e Joshi, S.R. (2012) Diversidade e actividades biológicas de fungos endofíticos de *Emblica officinalis,* uma planta etnomedicinal da Índia. *Mycobiology,* 40(1):8-13.

Orlandelli, R.C., Alberto, R.N., Rubm Filho C.J. e Pamphile, J.A. (2012) Diversidade da comunidade endofítica pulmonar associada a folhas de *Piper hispidum* (Piperaceae). *Genetics andMolecular Research,* 11(2):1575-1585.

Pandi, M., Manikandan. R. e Muthumary, J. (2010) Atividade anticancerígena do taxol fúngico derivado de *Botryodiplodia theobromae* Pat., um lungus endofítico, contra a carcinogénese da glândula mamária induzida por 7, 12 dimetilbenz(a) antraceno (DMBA) em ratos Sprague Dawley. *Biomed Pharmacotherapy,* 64(1):48-53.

Pandey, P.K., Reddy, M.S. e Suryanarayanan, T.S. (2003). ITS-RFLP e análise da sequência ITS de um Phyllosticta endofítico foliar de diferentes árvores tropicais. Mycological Research 107: 439-444.

Petrini, O.T.N., Sieber, L.T. e Viret, O. (1992) Produção de metabolitos ecológicos e utilização de substratos em fungos edofíticos. *Nat Toxin,* 1:185-96.

Photita, W., Taylor, P.W.J., Ford, R., Hyde, K.D. e Lumyong, S. (2005) Caracterização morfológica e molecular de espécies de *Colletotrichum* de plantas herbáceas na Tailândia. *Fungal Diversity,* 18:117-133.

Pimentel, M.R., Molina, G., Dion'isio, A.P., Junior, R.M., Pastore, G.M., (2011) O uso de endófitos para obtenção de compostos bioativos e sua aplicação em processos de biotransformação. *Biotech Res Int.* doi: 10.4061/2011/576286.

Pineda, A., Zheng, S.J., Van Loon, J.J.A., Pieterse, C.M.J. e Dicke, M. (2010) Ajudando as plantas a lidar com insetos: o papel dos micróbios benéficos do solo. *Tendências em Ciências Vegetais,* 15:507-514.

Pongcharoen, W., Rukachaisirikul, V., Phongpaichit, S., Kühn, T., Pelzing, M., Sakayaroj, J. e Taylor, W.C. (2008) Metabolitos do fungo endofítico *Xylaria* sp. PSU- D14. *Phytochemistry, 69(9)*:900-1902.

Pragathi, D., Vijaya, T., Mouli, K.C. e Anitha, D. (2013) Diversidade de endófitos fúngicos e seus metabolitos bioactivos de plantas endémicas das colinas de Tirumala - *reserva* da biosfera de Seshachalam. *Revista Africana de Biotecnologia,* 12(27):4317-4323.

Pramuan, S., Wanchai, P., Siripom, S. e Li, C. (2010) Isolamento e identificação primária de fungos endofíticos de árvores *Cephalotaxus mannii. Maejo International Journal of Science and Technology,* 4(3):446-453.

Prasad, R., Kamal, S., Sharma, P.K., Oelmüller, R., Varma, A. (2013) O endófito de raiz *Piriformospora indica* DSM 11827 altera a morfologia das plantas, aumenta a biomassa e a atividade antioxidante da planta medicinal *Bacopa monniera. Jornal de Microbiologia Básica,* 53:1016-1024.

Qadri, M., Johri, S., Shah, B.A., Khajuria, A., Sidiq, T., Lattoo, S.K., Abdin, M.Z. e Riyaz-Ul-

Hassan, S. (2013) Identificação e potencial bioativo de fungos endofíticos isolados de plantas selecionadas do Himalaia Ocidental. *Springer plus,* 2(8):1-14.

Radji, M., Nugraheni, F.A. e Sumiati, A. (2009) Identificação molecular de fungos endofíticos isolados de *Garcinia porrecta* e *Garcinia forbesii. Journal Farmasi Indonesia,* 4(4):156-160.

Radji, M., Sumiati, A., Rachmayani, R. e Elya, B. (2011) Isolamento de endófitos fúngicos de *Garcinia mangostana* e sua atividade antibacteriana. *Jornal Africano de Biotecnologia,* 10(l):103-107.

Rai, M.K., Acharya, D., Singh, A., Varma, A. (2001) Respostas positivas de crescimento das plantas medicinais *Spilanthes calva* e *Withania sonmifera* à inoculação por *Piriformospora indica num ensaio de* campo. *Mycorrhiza,* 11:123-128.

Rai, M.K. and Varma, A. (2005) Arbuscular mycorrhiza-like biotechnological potential of *Piriformospora indica,* which promotes the growth *oiAdhatoda vasica* Nees. *Elect J Biotechnol,* 8:1-4.

Rai, M.K., Varma, A. e Pandey, A.K. (2004) Potencial antifúngico de *Spilanthes calva* após inoculação de *Piriformospora indica. Mycoses,* 47:479-481.

Rajagopal, K., Kalavathy, S., Kokila, S., Karthikeyan, S., Kathiravan, G., Prasad, R. e Balasubraminan, P. (2010) Diversidade de endófitos fúngicos em algumas ervas medicinais do Sul da *Índia. Jornal Asiático de Ciências Biológicas Experimentais,* 1(2): 415-418.

Rakotoniriana, E.F., Munaut, F., Decock, C., Randriamampionona, D., Andriambololoniaina, M., Rakotomalala, T., Rakotonirina, E.J., Rabemanantsoa, C., Cheuk, K., Ratsimamanga, S.U.,

Randa, A., Kirstin, S., Hans-Martin, D., Isabel, S., Christian, H. (2010) Botryorhodines A-D, depsidonas antifúngicas e citotóxicas de *Botryosphaeria rhodina,* um endófito da planta medicinal *Bidenspilosa. Photochemistry* ,71(l):110-116.

Ratklao, S., Hiroshi, K., Shigeru, K., Yasuhiro, I., Kanokthip, P., Watanalai, P. e Takuya, N. (2014) Bipolamides A e B, trieno amidas isoladas do fungo endofítico *Bipolaris* sp. MU34. *The Journal of Antibiotics,* 67:167-170.

Raviraja, N.S. (2005) Fungal endophytes in five medicinal plant species from Kudremukh Range, Western Ghats of India. *Journal of Basic Microbiology,* 54(3):230-235.

Raza, M.G., Rokiah, H., Othman, S., Mohd, F.B.A., Sayed, H.M. e Fumio, K. (2011) Perfil quimiotaxonómico de impressão digital GC-TOFMS da madeira e casca da árvore de mangue *Sonneratia caseolaris* (L.) Engl. *Journal of Saudi Chemical Society,* 15(3):229- 237.

Rebecca, A.I.N., Mukesh Kumar, D.J., Srimathi, S., Muthumary, J. e Kalaichelvan, P.T. (2011) Isolamento de espécies de *Phoma* de *Aloe vercr* como endófito e seleção do fungo para a produção de taxol. *Revista Mundial de Ciência e Tecnologia,* 1(11):23-31.

Redman, R.S., Sheehan, K.B., Stout, R.G., Rodríguez, R.J., Henson, J.M. (2002) Thermo tolerance generated by plant fungal symbiosis. *Science,* 298:1581.

Refaei, J., Jones, E.B.G., Sakayaroj, J. e Santhanam, J. (2011) Endophytic fungi from *Rafflesia cantleyr.* species diversity and antimicrobial activity. *Mycosphere,* 2(4):429- 447.

Riyaz Ahmad Rather, Vijayalakshmi. S e Kathiravan. G(2010) Endophytic Fungi of Asparagus racemosus andtheiral Recurrence. Inti. J. of Appl. Biol. 1(1): 59-62 Rodrigues-Heerklotz, K.F., Drandarov, K., Heerklotz, J., Hesse, M., Werner, C. (2001) Guignardic Acid, a Novel Type of Secondary Metabolite Produced by the Endophytic Fungus *Guignardia* sp.: Isolamento, Elucidação da Estrutura e Síntese Assimétrica. *Helv Chim Ata 84.,* 3766.

Rodríguez, R.J., White, Jr.J.F., Arnold, A.E. e Redman, R.S. (2009) Fungal endophytes: diversity and functional roles. *New Phylology,* 1-17.

Rukachaisirikul, V., Sommart, U., Phongpaichit, S., Sakayaroj, J. e Kirtikar, K. (2007) Metabolitos do fungo endofítico *Phomopsis* sp. PSU-D15. *Phytochemistry,* 9:783-787.

Sadrati, N., Daoud, H., Zerroug, A., Dahamna, S. e Bouharati, S. (2013) Rastreio de metabolitos secundários antimicrobianos e antioxidantes de fungos endofíticos isolados do trigo *(Triticum durum). Jornal de investigação sobre proteção de plantas,* 53(2):128-136.

Saiki, R., Scharf, S., Faloona, F., Mullis, K. D., Hom, G. T., Erlich, H. A. e Amheim,N. (1985). Amplificação enzimática de sequências genómicas de B-globina e análise de sítios de restrição para o diagnóstico da anemia falciforme. *Science,* 230: 1350-1354.

Sánchez, M.S., Bills, G.F. e Zabalgogeazcoa, I. (2008) Diversity and structure ofthe fungal endophytic assemblages from two sympatric coastal grasses. *Fungal Diversity,* 1-17.

Sawmya, K., Vasudevan, T.G. and Murali, T.S. (2013) Fungal endophytes from two orchid species pointer towards organ specificity. *CzechMycol,* 65(l):89-101.

Schardl, C.L. e T.D. Phillips (1997) Grass endophytes. *Doenças das Plantas,* 81:5.

Schmid, E. e Oberwinkler, F. (1993) Biology and chemistry of endophytes. *New Phytology,* 124:69.

Schulz, B., Boyle, C., Draeger, S., Rommert, A.K. e Krohn, K. (2002) Endophytic fungi: a source of novel biologically active secondary metabolites. *Mycology Res.,* 106:9961004.

Schwarz, M., Kopcke, B., Weber, R.W.S., Sterner, O., Anke, H. (2004) 3-Hydroxypropionic acid as a nematicidal principle in endophytic fungi. *Phytochemistry,* 65:2239-2245.

Selvanathan, S., fndrakumar, I. e Johnpaul, M. (2011) Biodiversidade dos fungos endofíticos isolados de *Calotropis gigantea* (L.) R.B.R. Recent *Research in Science and Technology*, 3(4): 94-100.

Sette, L.D., Passarini, M.R.Z., Delarmelina, C., Salati, F. e Duarte, M.C.T. (2006) Caracterização molecular e atividade antimicrobiana de fungos endofíticos de plantas de café. *Jornal de Microbiologia e Biotecnologia*, 22:1185-1195.

Sharma, R. e Vijaya Kumar, B.S. (2013) Isolamento, caraterização e potencial antioxidante de fungos endofíticos de *Ocimum sanctum* Linn. (Lamiaceae). *Revista indiana de investigação aplicada*, 3(7):5-10.

Shaw, A.J., Cox, C.J. e Boles, S.B. (2003) Global patterns in peat moss biodiversity. *Molecular Ecology*, 12:2553-2570.

Shen, X., Zheng, D., Gao, J. e Hou, C. (2012) Isolamento e avaliação de fungos endofíticos com capacidade antimicrobiana de *Phyllostachys edulis*. *Bangladesh Journal of Pharmacology*, 7: 249-257.

Sherameti, I., Tripathi, S., Varma, A. e Oelmuller, R. (2008) O endófito colonizador de raízes *Pirifomospora indica* confere tolerância à seca em *Arabidopsis*, estimulando a expressão de genes relacionados com o stress da seca nas folhas. *Mol Plant Microb Interaci.*,21:799-807.

Shipunov, A., Newcombe, G., Raghavendra, A.K.H. e Anderson, C.L. (2008) Diversidade oculta de fungos endofíticos numa planta invasora. *Am JBot.*, 95(9):1096-1108.

Shobana, G., Rather, R.A. e Kathiravan, G. (2011) Recorrência sazonal de fungos endofíticos de *Orthosiphon spiralis*. *I.J.S.N.*, 2(4):723-726.

Shoji, S. (1991) Effects of triamcinolone acetonide on plasma amino acids and urinary urea output in rabbits. *International Journal of Biochemistry*. 23(3): 361-364

Srinuan, T., Surachai, P., Sophon, R., Amom, P., Nongnuj, M., Prakitsin, S. e Narongsak, C. (2007) Benzoquinonas antimaláricas de um fungo endofítico, *Xylaria* sp. *Journal of natural products* 70 (10),1620-1623

Siegel, M.R., Latch, C.M., Bush, L.P., Fannin, F.F., Rowan, D.D., Tapper, B.A., Bacon, C.W., Hohnson, M.C. (1990) Biology and chemistry of endophytes. *J Chem Ecol.*, 16: 3301.

Singh, B., Bhagat, J., Chadha, B.S. e Kaur, A. (2014) Potencial inibidor da colinesterase de diferentes *Alternaria* sp. e suas relações filogenéticas. *Biologia*, 69(1):10-14.

Smith, S.A., Tank, D.C., Boulanger, L.A., Bascom-Slack, C.A., Eisenman, K., David Kingery, D., Babbs Song, Y.C., Huang, W.Y., Sun, C., Wang, F.W., Tan, R.X. (2005) Caracterização da grafislactona A como substância antioxidante e eliminadora de radicais livres da cultura de *Cephalosporium* sp. IFB-E001, um fungo endofítico em *Trachelospermum jasminoidesBiol*

Pharma Bull, 28:506-509.

Souwalak, P., Nattawut, R., Vatcharin, R. e Jariya, S. (2006) Atividade antimicrobiana em culturas de fungos endofíticos isolados de espécies de *Garcinia. FEMS Immunol Med Microbiol* 48:367-372

Srinuan, T., Surachai, P., Sophon, R., Amom, P., Nongnuj, M., Prakitsin, S. e Narongsak, C. (2007) Benzoquinonas antimaláricas de um fungo endofítico, *Xylaria* sp. *Journal of natural products,* 70(10):1620-1623.

Stierle, A., Strobel, G. e Stierle, D. (1993) Taxol and taxane production by *Taxomyces andreanae,* an endophytic fungus ofPacific yew. *Science,* 260:214-216.

Strobel, G. (2006) *Muscodor albus* e a sua promessa biológica. *J Ind Microbiol Biotechnol,* DO! 10.1007/S10295-006-0090-7

Strobel, G.A., Ford, E., Worapong, J., Harper, J.K., Arif, A.M., Grant, D.M., Fung, P., e Chau, R.M.W. (2002) fsopestacin, uma isobenzofuranona única de *Pestalotiopsis microspora* com propriedades antifúngicas e antioxidantes. *Phytochemistry,* 60:179183.

Strobel, G. e Daisy, B. (2003) Bioprospecção de endófitos microbianos e seus produtos naturais. *Microbiol Mol Biol Rev,*

Strobel, G., Yang, X., Sears, J., Kramer, R., Sidhu, R.S. e Hess, W.M. (1996) Taxol from *Pestalotiopsis microspora,* an endophytic fungus of *Taxus wallachiana. Microbiologia,* 142:435-440.

Strobel, G.A. (2002) Rainforest endophytes and bioactive products. *Critical Reviews in Biotechnology,* 22:315-333.

Strobel, G.A. (2014) Métodos de descoberta e técnicas para estudar fungos endofíticos que produzem hidrocarbonetos relacionados com o combustível. *Natural Product Reports,* 31(2):259-272.

Strobel, G.A., Dirkse, E., Sears, J. e Markworth, C. (2001) Volatile antimicrobials from *Muscodor albus,* anovel endophytic *fungas. Microbiologia,* 147:2943-2950.

Sudha, Hurek, T. e Varma, A. (1998) Translocação ativa de fosfato (P32) para o arroz e a cenoura por *Piriformospora indica.* In: Ahonen-Jonnarth U, Danell E, Fransson P, Karen O, Lindahl B, Rangel I, Finlay R (eds) Second International Congress on Mycorrhiza, Uppsala, Suécia. 5-10.

Sumarah, M.W., Puniani, E., Sorensen, D., Blackwell, B.A., Miller, J.D. (2010) Metabolitos secundários de extractos anti-insectos de fungos endofíticos isolados de *Picea rubens. Phytochemistry,* 71(7):760-765.

Sun, J., Guo, L., Zang, W., Ping, W. e Chi, D. (2008) Diversidade e distribuição ecológica de fungos endofíticos associados a plantas medicinais. *Ciência na China Série C: Ciências da Vida,* 51(8):751-759.

Sun, S., Chen, X. e Guo, S. (2014) Análise de fungos endofíticos em raízes de *Santalum album* Linn, e sua planta hospedeira Kuhnia rosmarinifolia Vent. *Jornal da Universidade de Zhejiang-SCIENCE B (Biomedicina e Biotecnologia),* 15(2):109-115

Sunitha, V.H., Nirmala Devi, D. e Srinivas, C. (2013) Atividade enzimática extracelular de estirpes de fungos endofíticos isolados de plantas medicinais. *Revista Mundial de Ciências Agrícolas,* 9(1):1-9.

Suryanarayanan, T.S. e Thennarasan, S. (2004) Variação temporal nos conjuntos de endófitos das folhas de *Plumeria rubra. Fung. Div.,* 15:197-204.

Suryanarayanan, T.S., Thirunavukkarasu, N., Govindarajulu, M.B., Sasse, F., Jansen, R. e Murali, T.S. (2009) Fungal endophytes and bioprospecting. *Fungal Biology Reviews,* 23(1-2):9-19.

Suryanarayanan, T.S., Venkatesan, G. e Murali, T.S. (2003) Comunidades de fungos endofíticos em folhas de árvores de florestas tropicais: Diversidade e padrões de distribuição. *Ciência atual,* 85(4):489-493.

Suryanarayanan, T.S., Wittlinger, S.K. e Faeth, S.H. (2005) Fungos endofíticos associados a cactos no *Arizona. MycolRes.,* 109(5):635-639. 1

Syed, S., Qadri, M., Riyaz-Ul-Hassan, S. e Johri, S. (2013) Uma nova exocelulase de uma estirpe fúngica endofítica DEF 1. *Revista Internacional de Investigação em Ciências Farmacêuticas e Biomédicas,* 4(2):573-577.

Tamura, K., Stecher, G., Peterson, D., Filipski, A. e Kumar, S. (2013) MEGA6: Molecular Evolutionary Genetics Analysis versão 6.0. *Biologia Molecular e Evolução,* 30:2725-2729.

Tan, R.X. e Zou, W.X. (2001) Endophytes: a rich source of functional metabolites. *Nat Prod Rep.,* 18:448-459.

Tayung, K., Barik, B.P., Jagadev, P.N. e Mohapatra, U.B. (2011) Investigação filogenética de estirpes de *Fusarium* endofítico que produzem metabolitos antimicrobianos isolados da *casca de* teixo dos Himalaias. *Jornal malaio de microbiologia,* 7(1):1-6.

Tayung, K., Barik, B.P., Jha, D.K. e Deka, D.C. (2011) Identificação e caraterização do metabolito antimicrobiano de um fungo endofítico, *Fusarium solani,* isolado da casca do teixo dos Himalaias. *Mycosphere,* 2(3):203-213.

Tejesvi, M.V., Kini, K.R., Prakash, H.S., Subbiah, V., Shetty, H.S. (2008) Propriedades antioxidantes, anti-hipertensivas e antibacterianas de espécies de *Pestalotiopsis* endofíticas de plantas medicinais. *Jornal Canadiano de Microbiologia,* 54(9):769-80.

Tejesvi, M.V., Tamhankar, S.A., Kini, K.R., Rao, V.S. e Prakash, H.S. (2009). Análise filogenética de espécies de Pestalotiopsis endofíticas de árvores medicinais de importância etnofarmacêutica. Fungal Diversity 38: 167-183.

Thalavaipandian, A., Ramesh, V., Bagyalakshmi, Muthuramkumar, S. e Rajendran, A. (2011) Diversidade de endófitos fúngicos em plantas medicinais das colinas de Courtallam, Ghats Ocidentais, *Aadia. Mycosphere,* 2(5):575-582.

Thompson, J.D., Gibson, T.J., Plewniak, F., Jeanmougin, F. e Higgins, D.G. (1997) Clustal X windows interface: estratégias flexíveis para o alinhamento de sequências múltiplas com o auxílio de ferramentas de análise de qualidade. *Nucleic acids research,* 24:4876-4882.

Tiwari, K. e Chittora, M. (2013) Avaliação da diversidade genética e distribuição de comunidades de fungos endofíticos de isolados de *Alternaria solani* associados às plantas dominantes de Karanja na região de Sanganer do Rajastão. *Springer Plus,* 2:313.

Tong, W.Y., Darah, I. e Latiffah, Z. (2011) Actividades antimicrobianas de isolados de fungos endofíticos da erva medicinal *Orthosiphon stamineus* Benth. *Journal of Medicinal Plants Research,* 5(5):831-836.

Usuki, F., e Narisawa, K. (2007) Uma simbiose mutualista entre um fungo endofítico escuro e septado, *Heteroconium chaetospira* e uma planta não micorrízica, a couve chinesa. *Mycologia,* 99:175-184.

Van Loon, L.C. (2007) Plant responses to plant growth-promoting rhizobacteria. *Eur. J. Plant Pathol,* 119:243-254.

Vanessa, M.C. e Christopher, M.M.F. (2004) Análise da população de actinobactérias endofíticas nas raízes do trigo *(Triticum aestivum* L) por polimorfismo de comprimento de fragmentos de restrição terminal e sequenciação de clones 16S rRNA. *Appl Envr Microbiol,* 70:31787-1794.

Varma, S., Varma, A., Rexer, K.H., Hasse, G., Kost, A., Sarbhoy, P., Bisen, B., Bütehom, Franken P. (1998) *Piriformospora indica,* gen. sp. nov., um novo fungo colonizador de raízes. *Mycologia,* 90:898-905.

Varvas, T., Kasekamp, K. e Kullman, B. (2013) Estudo preliminar de fungos endofíticos em rabo-de-gato *(Phleum pratense)* na Estónia. *Ata Mycology,* 48(1):41-49.

Vennila, R., Thirunavukkarasu, S.V., Muthumary, J. (2010) Avaliação do taxol fúngico isolado de um fungo endofítico *Pestalotiopsis pauciset* AVM1 contra o cancro da mama induzido experimentalmente em ratos sprague dawley. *Res J Pharmacol,* 4(2):38-44.

Verma, S.K., Gond, S.K., Mishra, A., Sharma, V.K., Kumar, J., Singh, D.K., Kumar, A., Goutam, J. e Kharwar, R.N. (2013) Impacto das variáveis ambientais no isolamento, diversidade e atividade antibacteriana das comunidades de fungos endofíticos de *Madhuca indica* Gmel. em diferentes locais na Índia. *Ann Microbiol,* DOI 10.1007/S13213-013-0707-9

Verma, V.C., Gond, S.K., Kumar, A., Mishra, A., Kharwar, R.N. e Gange, A.C. (2009) Endophytic actinomycetes from *Azadirachta indica* a. juss.: isolation, diversity, and anti-microbial activity. *Fungal Microbiology,* 57:749-756.

Wagenaar, M.M., Corwin, J., Strobel, G., Clardy, J. (2000) Três novas citocalasinas produzidas por um fungo endofítico do género *Rhinocladiella. J Natl Prod.,* 63(12):1692-1695.

Wang, Y.T., Lo, H.S. e Wang, P.H. (2008) Fungos endofíticos de *Taxus mairei* em Taiwan: primeiro relatório de *Colletotrichum gloeosporioides* como um endófito de *Taxus mairei. Botanical Studies,* 49:39-43.

Wang, Y., Xub, L., Ren, W., Zhao, D., Zhu, Y. e Wu, X. (2012) Metabolitos bioactivos de *Chaetomium globosum* L18, um fungo endofítico da planta medicinal *Curcuma wenyujin. Phytomedicine,* 19:364-368.

Waqas, M., Khan, A.L., Hamayun, M., Kamran, M., Kang, S.M., Kim, Y.H. e Lee, I.J. (2012) Avaliação do filtrado cultural de fungos endofíticos na germinação de sementes de soja. *Jornal Africano de Biotecnologia,* 11(85):15135-15143.

Weber, R.W.S., Stenger, E., Meffert, A. e Hahn, M. (2004) Produção de Brefeldin A por *Phoma medicaginis* em tecido vegetal pré-colonizado morto: uma estratégia para a conquista de recursos? *.Mycol Res.,* 108(6):662-671.

Wei, J., Xu, T., Guo, L., Liu, A., Zhang, Y. e Pan, X. (2009) Espécies de *Pestalotiopsis* endofíticas associadas a plantas de *Podocarpaceae, Theaceae* e *Taxaceae* no sul da China. *Fungal Diversity,* 24:55-74.

Wen, L., Guo, Z., Li, Q., Zhang, D., She, Z. e Vrijmoed, L.L.P. (2010) Um novo derivado de Griseofulvina do fungo endofítico de mangue *Sporothrix* sp. *Química e Compostos Naturais,* 46(3):363-365.

White, J.F.J., Sullivan, R., Balady, G., Gianfagna, T., Yue, Q., Meyer, W. e Cabral, D. (2001) Um endossimbionte fúngico da gramínea *Bromus setifolius:* distribuição em algumas populações andinas, identificação e exame das propriedades benéficas. *Symbiosis,* 31:241-257.

Wilkinson, H.H., Siegel, M.R., Blankenship, J.D., Mallory, A.C., Bush, L.P. e Schardl, C.L. (2000) Biology and chemistry of endophytes. *Mol Plant Microbe Interact,* 13:1027.

Worapong, J., Ford, E., Strobel, G., Hess, W. (2002) Conversão induzida por luz UV de *Pestalotiopsis microspora* em biótipos com múltiplas formas conidiais. *Fun Div.,* 9:179193.

Wu, H., Yang, H.Y., You, X.L. e Li, Y.H. (2013) Diversidade de fungos endofíticos de raízes de *Panax ginseng* e suas capacidades de produção de saponina. *Springer plus,* 2:1-9.

Wulandari, N.F., To-Anun, C. e Hyde, K.D. (2010) *Guignardia morindae* frog eye leaf spotting disease oi*Morinda citrifolia* (Rubiaceae). *Mycosphere,* 1(4):325-331.

Xia, X., Li, Q., Li, J., Shao, C., Zhang, J., Zhang, Y., Liu, X., Lin, Y., Liu, C. e She, Z. (2011) Dois novos derivados de griseofulvina do fungo endofítico de mangue *Nigrospora* sp. (estirpe n.º 1403) de *Kandelia candel* (L.) Druce. *Planta Medica,* 77(15):1735-8.

Xiao, Y., Li, H.X., Li, C., Wang, J.X., Li, J., Wang, M.H. e Ye, Y.H. (2013) Rastreio antifúngico de fungos endofíticos de *Ginkgo biloba* para a descoberta de potentes fungicidas anti-fitopatogénicos. *FEMS Microbiology Letter,* 339(2):130-6.

Xie, J., Song, L., Li, X., Wu, Q., Wang, C., Xu, H., Cao, Y. e Qiao, D. (2013) Isolamento e identificação de fungos endofíticos oleaginosos. *Revista africana de investigação microbiológica,* 7(19):2014-2019.

Ya-li, L.V., Fu-sheng, Z., Juan, C., Jin-long, C., Yong-mei, X., Xiang-dong, L., Shun-xing, G. (2010) Diversidade e atividade antimicrobiana de fungos endofíticos associados à planta alpina *Saussurea involucrate. Biol Pharm Bull,* 33(8):1300-306. ..

Yang, R.Y., Li, C.Y., Lin, Y.C., Peng, G.T., She, Z.G., Zhou, S.N. (2006) Lactonas de um fungo endofítico de alga castanha (n.º ZZF36) do mar do Sul da China e respectivas actividades antimicrobianas. *BioorgMedChem Lett.,* 16:4205-4208. ...

Yang, X., Strobel, G., Stierle, A., Hess, W.M., Lee, J., Clardy, J. (1994) A fungal endophytetree relationship: *Phoma* sp. em *Taxus wallachiana. Plant Sci.,* 102:1-9.

Yasuhiro, I., Hiromu, O., Kazuo, F., Naoya, O., Chantra, I. e Arinthip, T. (2011) Maklamicin, um policetídeo antibacteriano de uma *Micromonospora* sp. endofítica *Journal of Natural Product,* 74:670-674.

Yi, Z., Jun, M., Yan, F., Yue, K., Jia, Z., Peng-Juan, G., Yu, W., Li-Fang, M. e Yan-Hua, Z. (2009) Fungos epifíticos e endofíticos de amplo espetro antimicrobiano de organismos *marinhos*: isolamento, bioensaio e taxonomia. *Drugs,* 7:97-112.

Yoo, J. e Eom, A. (2012) Identificação molecular de fungos endofíticos isolados de folhas de agulha de coníferas na montanha Bohyeon, *Coreia. Mycobiology,* 40(4):231-235.

Zabalgogeazcoa, I., Ciudad, A.G., Vázquez, de Aldana, B. R. e Criado, B.G. (2006) Efeitos da infeção pelo endófito fúngico *Epichloe festucae* no crescimento e teor de nutrientes *de FiFestuca rubra. Jornal Europeu de Agronomia,* 24:374-384. ...

Zhang, H.M. (2008) As bactérias do solo aumentam a fotossíntese da *Arabidopsis* diminuindo a deteção de glicose e os níveis de ácido abscísico nas plantas. *Plant J.,* 56:264-273.

Zhang, H., Deng, V., Guo, Z., Tu, X., Wang, J. e Zou, K. (2014) Pestalafuranones F-J, cinco novos análogos de Furanone do fungo endofítico *Nigrospora* sp. BM-2. *Molecules,* 19:819-825.

Zhang, H.W., Song, Y.C. e Tan, R.X. (2006) Biology and chemistry of endophytes. *Natl Prod Rep.*, 23:753-771.

Zhang, H.W., Zhang, J., Hu, S., Zhang, Z.J., Zhu, C.J., Ng, S.W. e Tan, R.X. (2010) Ardeemins e Cytochalasins de *Aspergillus terreus* residentes em *Artemisia annua*. *Planta Med.*,76:1616-1621.

Zhang, J.Y., Tao, L.Y., Liang, Y.J., Zhi-Gang, S., Yong-Cheng, L. e Fu, L.W. (2009) O ácido secalónico D induziu a apoptose das células leucémicas e a paragem do ciclo celular de G1 com o envolvimento da viaGSK-3^/^-catenina/c-Myc. *Cell Cycle,* 8:2444-2450.

Zhao, J.H., Zhang, Y.L., Wang, L.W., Wang, J.Y. e Zhang, C.L. (2012) Metabolitos secundários bioactivos de *Nigrospora* sp. LLGLM003, um fungo endofítico da planta medicinal *Moringa oleifera* Lam. *Jornal Mundial de Microbiologia e Biotecnologia,* 28:2107-2112.

Zhao, K., Ping, W., Li, Q., Hao, S., Zhao, L., Gao, T. e Zhou, D. (2009) *Aspergillus niger* var. taxi, uma nova espécie variante de fungo produtor de taxol isolado de *Taxus cuspidate* na China. *Journal of Applied Microbiology,* doi:10.1111/j.l365- 2672.2009.04305.x

Zhi-Qiang, X., Ying-Ying, Y., Na, Z. e Yong, W. (2013) Diversidade de fungos endofíticos e triagem de produtores de paclitaxel fúngico de Anglojap yew, *Taxus x media. BMC Microbiologia,* 13:71.

Zhou, X., Zhu, H., Liu, L., Lin, J., Tang, K. (2010) Uma revisão: avanços recentes e perspectivas futuras de fungos endofíticos produtores de taxol. *ChemMatl Sci.,* 86 (6):1707-1717.

Zhou, X., Zheng, W., Zhu, H. e Tang, K. (2009) Identificação de um fungo endofítico produtor de taxol EFY-36. *Jornal Africano de Biotecnologia,* 8(ll):2623-2625.

Printed by Books on Demand GmbH, Norderstedt / Germany